Michael Hofmann

Mikrocontroller für Einsteiger

FRANZIS
PC&ELEKTRONIK

Michael Hofmann

Mikrocontroller für Einsteiger

Schaltungen entwerfen und Software programmieren

Mit 102 Abbildungen

Bibliografische Information der Deutschen Bibliothek
Die Deutsche Bibliothek verzeichnet diese Publikation in der Deutschen Nationalbibliografie; detaillierte Daten sind im Internet über **http://dnb.ddb.de** abrufbar.

Hinweis
Alle Angaben in diesem Buch wurden vom Autor mit größter Sorgfalt erarbeitet bzw. zusammengestellt und unter Einschaltung wirksamer Kontrollmaßnahmen reproduziert. Trotzdem sind Fehler nicht ganz auszuschließen. Der Verlag und der Autor sehen sich deshalb gezwungen, darauf hinzuweisen, dass sie weder eine Garantie noch die juristische Verantwortung oder irgendeine Haftung für Folgen, die auf fehlerhafte Angaben zurückgehen, übernehmen können. Für die Mitteilung etwaiger Fehler sind Verlag und Autor jederzeit dankbar. Internetadressen oder Versionsnummern stellen den bei Redaktionsschluss verfügbaren Informationsstand dar. Verlag und Autor übernehmen keinerlei Verantwortung oder Haftung für Veränderungen, die sich aus nicht von ihnen zu vertretenden Umständen ergeben. Evtl. beigefügte oder zum Download angebotene Dateien und Informationen dienen ausschließlich der nicht gewerblichen Nutzung. Eine gewerbliche Nutzung ist nur mit Zustimmung des Lizenzinhabers möglich.

Satz: Fotosatz Pfeifer, 82166 Gräfelfing
art & design: www.ideehoch2.de
Druck: Bercker, 47623 Kevelaer
Printed in Germany

ISBN 978-3-7723-**4318-6**

Vorwort

Mikrocontroller sind in fast allen elektronischen Geräten zu finden. Dieses Buch zeigt, dass die Verwendung und Programmierung eines Mikrocontrollers nicht schwer ist. So manchem sträuben sich die Haare, wenn das Wort *Assembler* im Zusammenhang mit der Programmierung fällt. Nach der Lektüre dieses Buchs werden Sie feststellen, dass es nicht so kompliziert ist, wie Sie vielleicht vermutet haben.

Verschiedene Beispiele zeigen die Möglichkeiten eines Mikrocontrollers. Hierfür wird der *PIC16F876A* von Microchip verwendet. Dieser Typ verfügt über verschiedene Schnittstellen und Features und man kann damit eine große Bandbreite der Funktionalität vorstellen. Die Beispiele werden zeigen, wie Eingänge abgefragt und Ausgänge geschaltet werden. Sie werden auch lernen, wie man ein Display ansteuert, um Text und Daten anzuzeigen. Sie werden auch erfahren, wie man analoge Signale misst, diese in einem seriellen EEPROM speichert und anschließend über einen PC ausliest. Ein weiteres Beispiel zeigt die Steuerung der Ausgänge mit einer Infrarotfernbedienung. Ein Teil der Beispiele kann mit der Entwicklungsumgebung *MPLAB* simuliert werden. Daher wird keine funktionsfähige Hardwareschaltung benötigt. Da aber jeder Mikrocontroller irgendwann einmal in einer Schaltung eingesetzt werden soll, wird ein kleines Entwicklungs-Board vorgestellt, mit dem alle Beispiele in einer realen Umgebung getestet werden können. Um die Arbeit und die Fehlersuche für den Aufbau zu erleichtern, können Sie über meine Homepage (www.edmh.de) eine unbestückte Leiterplatte erwerben. Falls Sie eigene Erweiterungen vornehmen wollen, finden Sie das Layout im Eagle-Format auf der beiliegenden CD-ROM. Darauf finden Sie auch verschiedene Unterlagen zum Ausdrucken, z. B. eine Befehlsübersicht und Registerbeschreibungen. Für die Programmierung des Mikrocontrollers wird der *ICD2* von Microchip verwendet. Auf der CD-ROM finden Sie aber auch eine sehr einfache Schaltung, mit der der PIC über die serielle Schnittstelle programmiert werden kann.

Ich wünsche Ihnen viel Spaß und Erfolg bei der Mikrocontrollerprogrammierung. Für Kritik, Lob und Verbesserungsvorschläge bin ich immer offen und freue mich daher auch über eine Rückmeldung an meine E-Mail-Adresse info@edmh.de.

Michael Hofmann

Inhalt

1 Überblick über die Mikrocontroller

Einen Mikrocontroller findet man heute in nahezu jedem elektronischen Gerät. Sie werden in Thermometern zur Anzeige der Temperatur eingesetzt und steuern in Kaffeeautomaten die richtige Zusammensetzung des Kaffees. Mikrocontroller öffnen und schließen automatische Garagentore und unterstützen den Autofahrer in gefährlichen Situationen durch ABS und ESP.

Ein *Mikrocontroller* (kurz *µC*) oder auch *Mikrocomputer* ist ein elektronischer Baustein, der Berechnungen und Steuerungen ähnlich wie ein PC ausführen kann. Allerdings hat dieser häufig nur die Aufgabe, ein einzelnes Gerät zu steuern, wobei der PC viele unterschiedliche Geräte steuern und auswerten muss. Der PC wird für eine Textverarbeitung genauso genutzt wie für ein Computerspiel und muss daher sehr flexibel sein sowie ausreichend Speicherplatz und Rechenleistung zur Verfügung stellen. Ein Mikrocontroller hingegen wird für eine spezielle Aufgabe ausgewählt. Er wird z. B. nur für die Steuerung einer Heizung verwendet, wozu keine hohe Rechenleistung erforderlich ist und wenig Speicher benötigt wird. Es muss lediglich die Temperatur gemessen und ausgewertet werden. Allerdings ist die Grenze, wo der µC aufhört und ein PC anfängt, fließend. So wird in einem Mobiltelefon der Mikrocontroller für das Wählen einer Rufnummer und den Aufbau eines Telefonats benötigt. Mit Handys kann man heute aber auch E-Mails versenden, Videos aufzeichnen und Musik hören.

Da es nicht für jede spezielle Aufgabe einen speziellen Mikrocomputer gibt, kann man aus einer großen Anzahl von Bausteinen einen geeigneten auswählen. Es gibt unterschiedliche Hersteller, die viele Varianten von Controllern produzieren, die sich aber in der grundsätzlichen Funktionsweise kaum unterscheiden. Die Mikrocontroller verfügen über eine unterschiedliche Anzahl von Ein- und Ausgängen sowie über spezielle Hardwarebausteine im Innern, mit denen verschiedene Aufgaben vereinfacht werden. So verfügt nahezu jeder µC über einen Timer, mit dem man Zeiten bestimmen und Signale definierter Länge generieren kann. Ebenso haben sehr viele Bausteine einen integrierten Analog-Digital-Wandler, der es ermöglicht, analoge Signale wie z. B. Temperatur oder Batteriespannung zu messen.

Die Größe des Bausteins wird hauptsächlich von der Anzahl der Ein- und Ausgänge bestimmt. So kann ein Mikrocontroller, der nur die Batteriespannung überwachen soll und beim Unterschreiten eines Schwellwertes ein Signal ausgeben soll, mit wenigen Pins auskommen. Ein Controller hingegen, der die Temperatur mehrerer Zimmer regeln soll und die Steuerung über ein Farbdisplay mit Touchscreen visualisiert, benötigt wesentlich mehr Ein- und Ausgänge. Daher findet man auch bei den Herstellern

Mikrocontroller, die mit 6 Pins auskommen, und andere, die mehrere Hundert Pins haben. Grob kann man sagen, dass auch die Rechenleistung mit der Anzahl der Pins steigt, da bei vielen Pins auch mehr Aufgaben bewältigt werden müssen. Auch die Anzahl der Bits, die gleichzeitig verarbeitet werden, steigt mit der Größe des Mikrocontrollers. So gibt es Bausteine mit einer Busbreite von 4 Bit bis hoch zu 32 Bit. Da im PC-Bereich auch schon 64-Bit-Prozessoren eingesetzt werden, wird es auch bei Mikrocontrollern nicht mehr lange dauern, bis diese mit 64 Bit breiten Werten rechnen. Ob dies nun ein Vorteil oder eher ein Nachteil ist, muss jeder Entwickler selbst entscheiden. Mikrocontroller mit einer Wortbreite von 4 Bit findet man hauptsächlich in Museen und sehr alten Geräten. Sie werden aber auch heute noch verkauft, wenn ein altes Gerät wieder funktionstüchtig gemacht werden muss. Für eine Neuentwicklung spielen diese Bausteine keine Rolle mehr. Am weitesten verbreitet sind Mikrocontroller mit einer Wortbreite von 8 bis 16 Bit. Hier ist die Auswahl an verfügbaren Bausteinen sehr groß. Die 32-Bit-Controller werden hauptsächlich in Geräten eingesetzt, die ein Farbdisplay ansteuern, verschiedene Speichermedien wie USB oder SD-Karten unterstützen und zum Datenaustausch mit dem PC verbunden werden.

Für eine Vielzahl von Anwendungen sind 8-Bit-Mikrocontroller völlig ausreichend und zudem auch noch günstig zu erwerben. Es können auch kleine Schaltungen aufgebaut werden, ohne eine Leiterplatte herstellen zu lassen. Da die größeren Typen ähnlich funktionieren wie die kleinen, wird im Folgenden hauptsächlich auf die Entwicklung einer Schaltung mit einem 8-Bit-Mikrocontroller eingegangen. Die vorgestellten Schaltungen und Beispielprogramme lassen sich so einfach aufbauen, simulieren und ausprobieren.

Im Folgenden werden nur die Controller der Firma *Microchip* in Betracht gezogen. Alle Beispiele sind mit *PIC-Mikrocontrollern* (PIC = Programmable Integrated Circuit) programmiert worden. Die Controller anderer Hersteller, z. B. Atmel, Motorola, Renesas etc., funktionieren nach dem gleichen Prinzip und unterscheiden sich hauptsächlich in der Zusammenstellung der Features und dem Befehlssatz.

Warum in diesem Buch die Wahl auf die Produkte von Microchip fällt, liegt unter anderem daran, dass von Microchip eine komplette kostenlose Entwicklungsumgebung zur Verfügung gestellt wird, die Controller bei den bekannten Lieferanten für elektronische Bauteile gekauft werden können und sie sich großer Beliebtheit erfreuen, wodurch man viele weitere Beispiele und Diskussionen im Internet findet.

Die in diesem Buch vorgestellten Beispiele wurden mit dem *In-Circuit-Debugger ICD2* von Microchip programmiert und gestestet. Daher beziehen sich alle Bilder und Beschreibungen auf dieses Programmiergerät. Es gibt allerdings auch noch weitere Programmiergeräte von unterschiedlichen Herstellern, mit denen man die Microcontroller programmieren und debuggen kann. Ebenfalls findet man im Internet viele Selbstbauanleitungen für Programmiergeräte. Eine Bauanleitung eines einfachen PIC-Programmierers findet man auf der beiliegenden CD-ROM. Dieser eignet sich allerdings nur zum Programmieren des Controllers, ein Debuggen (engl. Entwanzen = Fehlersuchen) ist mit diesem einfachen Programmieradapter nicht möglich.

Die Programmierung wurde in Assembler durchgeführt. So lassen sich die Funktionsweise besser verstehen und die Systemressourcen optimal auszunutzen. Auch hier findet man im Internet mehrere kostenfreie C-Compiler. Zu jedem Beispiel findet man den kompletten, funktionsfähigen und kommentierten Code auf der CD-ROM. Um optimales Lernen zu gewährleisten, sollte man aber versuchen, die Beispiele selbst zu programmieren und nur im Notfall die Versionen auf der CD-ROM verwenden. Die Beispiele sind nicht auf kürzeste Ausführungszeit oder kleinsten Speicherplatz optimiert. Sie sollen lediglich die verschiedenen Features eines Mikrocontrollers demonstrieren.

Alle Beispiele in diesem Buch sind für den *PIC16F876A* programmiert. Dieser Baustein hat den Vorteil, dass er alle wichtigen Elemente eines Mikrocontrollers hat. Auch die Anzahl der I/O-Pins ist für viele Anwendungen ausreichend und ein Umstieg auf andere Typen ist sehr einfach möglich. Man sollte allerdings die Namen und Adressen der Register überprüfen, da nicht alle PICs die gleichen Adressen und Bezeichnungen verwenden.

1.1 Feature-Vergleich der Mikrocontroller

Die folgende Übersicht liefert nur einen kleinen Ausschnitt der verfügbaren Mikrocontroller. Die Tabelle verdeutlicht, wie verschieden die Mikrocontroller sind:

PIC10F222 (sehr kleiner Mikrocontroller mit 6 Pins und einer Größe von 2 x 3 mm)
PIC16F876 (8-Bit-Mikrocontroller mit 28 Pins)
PIC24FJ128 (16-Bit-Mikrocontroller mit 64 bis 100 Pins)
PIC32MX460 (32-Bit-Controller mit 64 bis 100 Pins)
ARM9 im BGA (Ball Grid Array) mit über 300 Pins
Aktueller Desktop-PC

1.2 Aufbau und Funktionsweise des PIC 16F876A

1.2.1 Blockschaltbild

Damit ein Mikrocontroller überhaupt funktioniert, sind viele kleine Funktionsblöcke nötig, die optimal zusammenarbeiten müssen. *Abb. 1.1* zeigt das vereinfachte Blockschaltbild eines PIC16F876A.

Der wichtigste Bestandteil eines Mikrocontrollers ist die *ALU* (= Arithmetic Logic Unit). Mit der ALU, die das Rechenwerk des Controllers ist, werden Additionen und logische Operationen durchgeführt. Damit sie mit den richtigen Werten rechnen kann, müssen diese zum richtigen Zeitpunkt vom richtigen Speicherort zur Verfügung gestellt werden.

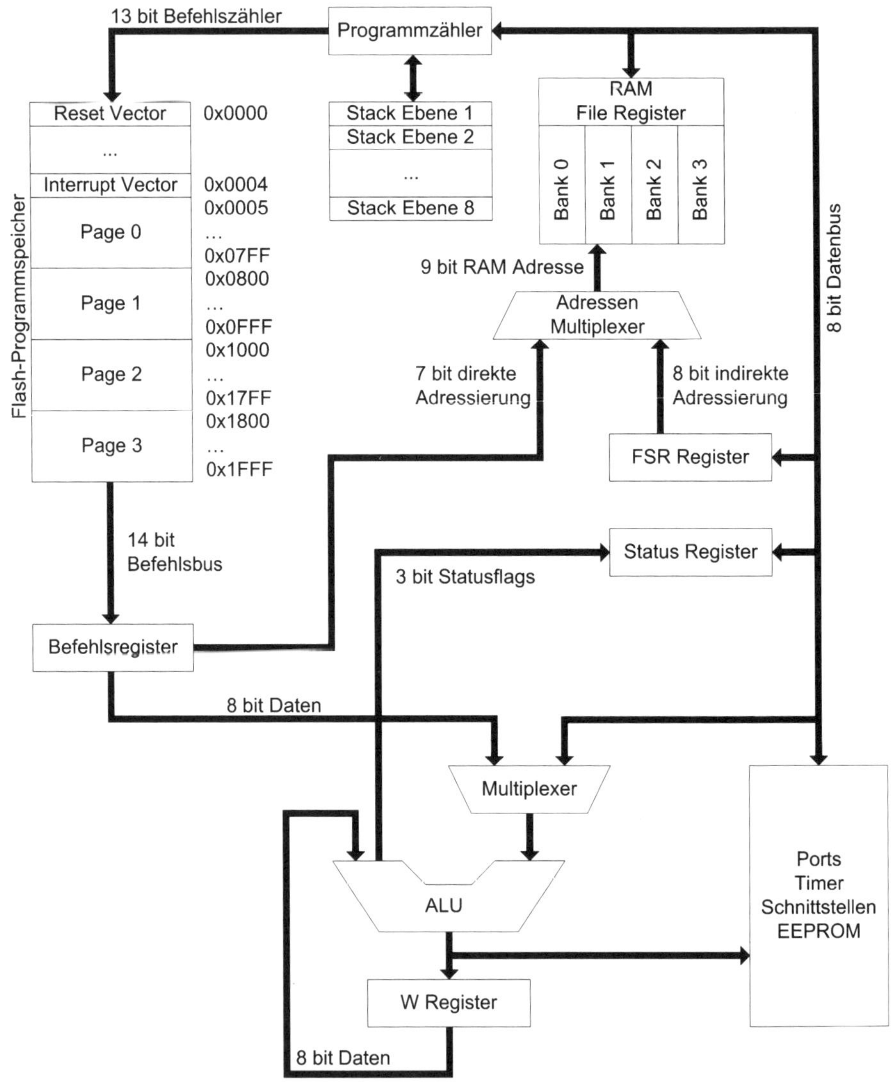

Abb. 1.1: Blockdiagramm PIC16F876A

1.2.2 Der Flash-Programmspeicher

Am Anfang steht das Problem, wie die Daten eigentlich in den Mikrocontroller kommen und wie sie generiert werden. Der Mikrocontroller versteht leider keine Programmiersprache wie Basic, C oder Assembler und muss daher mit reinen binären Werten, also Nullen oder Einsen, beschrieben werden. Diese werden dann im Flash-Programmspeicher, beginnend bei der Adresse 0x0000, abgelegt. Da der Flash-Speicher ein nicht flüchtiger Speicher ist, der die Daten auch nach dem Ausschalten behält, kann hier der Programmcode gespeichert werden. Würde man die Daten in den RAM-Speicher legen, würde das Gerät nach dem Ausschalten nicht mehr funktionieren. Um nun Daten zu generieren, die der PIC versteht, sind einige Schritte nötig. Prinzipiell könnte man direkt den Programmcode in Form von binären Werten schreiben und mit einem Programmiergerät in den Mikrocontroller laden. Dies wäre aber eine Strafarbeit für jeden Entwickler und nahezu unmöglich zu verstehen. Daher benutzt man verschiedene Sprachen für die Programmierung. Am gebräuchlichsten für die Mikrocontrollerprogrammierung ist *C* oder *Assembler*. Beide Sprachen sind hardwarenah und können daher direkt mit den physikalisch vorhandenen Registern kommunizieren. Für größere Mikrocontroller wird fast ausschließlich C verwendet und bei kleineren, wie bei dem hier vorgestellten, wird häufig Assembler verwendet, um die Hardware optimal auszunutzen. Das folgende Beispiel zeigt einen Abwärtszähler von 9 nach 0 in C, Assembler und als Maschinencode, der am Ende im PIC steht.

C-Code	Assembler	Maschinencode

`for(i=9; i>0; i--);`	`movlw 0x09`
	`movwf 0x20`
	`zaehler`
	`decfsz 0x20, 1`
	`goto zaehler`
		`000C 3009`
		`000D 00A0`
		`000E 0BA0`
		`000F 280E`

Wie man am Beispiel erkennen kann, wäre es viel zu unverständlich, direkt in Maschinencode zu programmieren. Daher benutzt man ein Programm, das den C-Code oder den Assemblercode in die Maschinensprache übersetzt. Man nennt dieses Tool *Compiler*. Ein Compiler geht Schritt für Schritt durch den Code und interpretiert die vom Entwickler programmierten Befehle. Dies geschieht häufig nicht in nur einem Durchgang, sondern in mehreren. Nach dem Kompilieren müssen noch einzelne Module mit einem weiteren Tool, dem *Linker*, verbunden werden. Wenn alles richtig funktioniert und man keinen Fehler gemacht hat, erhält man dann den Maschinencode, der prinzipiell nur auf dem vorgesehenen Controller lauffähig ist. Während des Übersetzungsvorgangs wird eine Datei mit der Endung „.hex" generiert, die beschreibt, an welcher Stelle im Speicher die einzelnen Befehle stehen sollen. Dieses File kann nun mit einem Programmiergerät in den Mikrocontroller geladen werden.

Das Programm liegt jetzt im Flash-Programmspeicher. Sieht man sich den obigen Maschinencode an, kann man an den ersten vier hexadezimalen Ziffern die Stelle im Programmcode erkennen. Der Code würde im Speicher an der Stelle 0x000C beginnen und bei 0x000F enden. Um jetzt mit der Ausführung des Programms zu beginnen, muss ein Startpunkt definiert werden. Dies ist die Adresse 0x0000, an der das Programm nach dem Start oder nach einem Reset beginnt. Durch einen externen oder internen Takt wird der Programmzähler schrittweise hochgezählt und führt so einen Befehl nach dem anderen aus. Würden im Programm keine Sprungbefehle und Schleifen auftreten, würde es bis maximal zur Adresse 0x1FFF (=8292 Befehle) laufen, und danach wieder von vorn beginnen. Der Befehlszähler hat 13 Bit (2^13 = 8.192) und kann somit maximal 8.292 Befehle ansprechen. Die Befehle selbst haben eine Breite von 14 Bit (z. B. movlw 0x09 = 0x3009 = 11 0000 0000 1001). Sie werden im Befehlsregister verarbeitet und die Daten und RAM-Adressen werden über die internen Leitungen an die ALU oder den RAM-Speicher weitergeleitet.

1.2.3 Datenverarbeitung in der ALU

Nachdem nun die Daten bei dem Rechenwerk, der ALU, angekommen sind, können sie verarbeitet werden. Der Befehl *movlw 0x09* bedeutet: „Lade den hexadezimalen Wert 0x09 in das W-Register". Ohne das W-Register läuft beim PIC nichts. Hierüber müssen nahezu alle Werte laufen. Um einen Wert in eine RAM-Speicherzelle zu schreiben, muss diese zuerst in das W-Register geladen werden (movlw 0x09) und erst danach kann der Wert an ein Register, auch *F-Register* oder *File Register* genannt, weitergeleitet werden. Dies kann z. B. durch den Befehl *movwf 0x20* geschehen und bedeutet nichts anderes als: „Verschiebe den Wert aus dem W-Register an die Speicheradresse 0x20 im File-Register".

1.2.4 Das Statusregister

Da man bei einigen Befehlen wissen möchte, ob nach einer mathematischen oder logischen Operation der Wert zu Null geworden oder ein Übertrag aufgetreten ist, werden im Statusregister einzelne Bits in Abhängigkeit vom Befehl gesetzt. Es handelt sich hierbei um sogenannte *Statusflags*. *Flag* bedeutet „Flagge" und ist ein Zeichen, um zu erkennen, was bei einer Operation geschehen ist. Es handelt sich dabei um das *Carry-Flag* (C), das *Digit-Carry-Flag* (DC) und das *Zero-Flag* (Z). Das Carry-Flag zeigt einen Übertrag an, wenn z. B. nach einer Addition, das Ergebnis nicht mehr mit 8 Bit dargestellt werden kann. Das Digit-Carry-Flag ist ähnlich dem Carry-Flag und zeigt einen Übertrag nach dem vierten Bit an. Und schließlich zeigt das Zero-Flag an, ob nach einer Operation das Ergebnis Null ist.

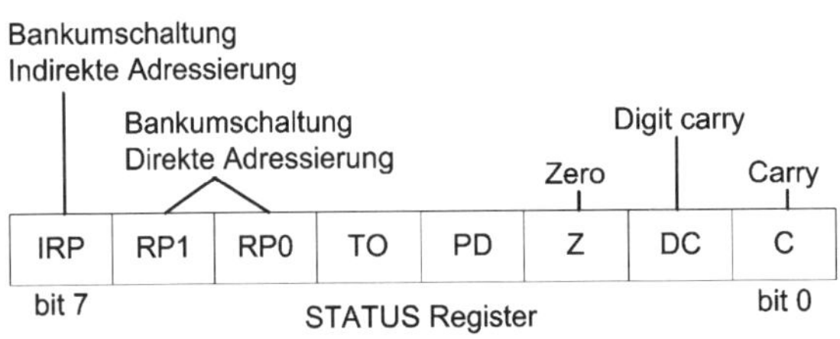

Abb. 1.2: Bankumschaltung im Register *STATUS*

1.2.5 Adressierung des RAM oder des File-Registers

Bei dem Ansprechen eines File-Registers tritt nun ein kleines Problem auf. Die Adressierung erfolgt über eine 9 Bit breite RAM-Adresse. Mit 9 Bit kann man maximal 2^9 = 512 Byte (0x000 –0x1FF) ansprechen. Allerdings unterstützt der PIC nur eine direkte Adressierung mit 7 Bit = 128 Byte (0x00 – 0x7F). Um dieses Problem zu lösen, wurde auf folgenden Trick zurückgegriffen: Der Speicherbereich ist in vier Bänke aufgeteilt und jede Bank hat 128 Register. Um nun ein Register anzusprechen, muss zuerst die Bank ausgewählt werden, in der das gewünschte Register zu finden ist. Diese Bankumschaltung wird über zwei Bits im Statusregister gemacht. Durch diese zwei zusätzlichen Bits erhält man über den kleinen Umweg eine 9-Bit-Adresse. Die unteren sieben Bit werden von der direkten Adressierung gestellt und die beiden höchstwertigen Bits werden über das Statusregister eingestellt. Hier lauert allerdings auch eine Falle, die bei der Programmierung gerne übersehen wird: Wenn man während des Programmierens noch Codezeilen einfügt, die auf Register einer anderen Bank zugreifen, kann man die Umschaltung der Bank leicht vergessen. Das Programm wird dann zwar richtig übersetzt, verhält sich allerdings nicht wie gewünscht. Besonders gefährlich wird es, wenn eine Bankumschaltung innerhalb eines Makros (Textersatz zur Vereinfachung der Programmierung) oder eines Unterprogramms gemacht wird. Dann ist nach dem Rücksprung in den Programmablauf eine andere Bank aktiv, ohne dass man dies bemerkt.

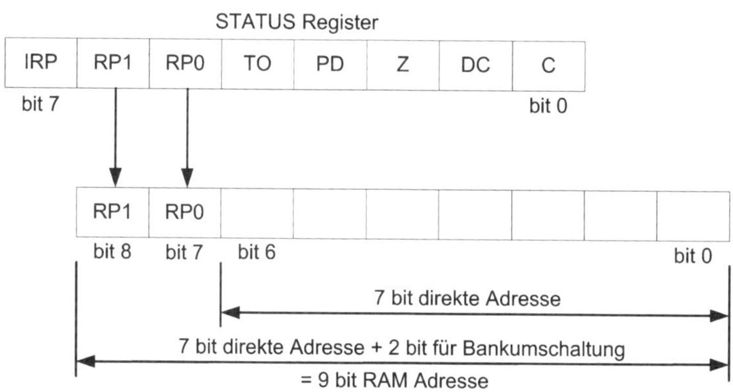

Abb. 1.3: Zusammensetzung der RAM-Adresse

1.2.6 Aufruf von Unterprogrammen

Es ist auch möglich, Unterprogramme aufzurufen. Sie dienen der Vereinfachung des Programmablaufs und werden für häufig benutzte Befehlsabfolgen geschrieben (z. B. „Übertrage Daten über die serielle Schnittstelle"). Ein Unterprogramm wird nur einmal

RP0 = 0 RP1 = 0	RP0 = 1 RP1 = 0	RP0 = 0 RP1 = 1	RP0 = 1 RP1 = 1
0x000	0x080	0x100	0x180
0x001	0x081	0x101	0x181
BANK 0	BANK 1	BANK 2	BANK 4
0x07E	0x0FE	0x17E	0x1F0
0x07F	0x0FF	0x17F	0x1FF

Abb. 1.4: Adressbereiche der Speicherbänke

programmiert und belegt daher auch nur einmal den Speicherplatz im Programmspeicher. Das Unterprogramm kann dann so oft aufgerufen werden, wie man möchte. Um ein Unterprogramm aufzurufen, ist eine kleine Prozedur erforderlich. Da das Unterprogramm nur einmal im Programmspeicher steht, aber mehrmals aufgerufen werden soll, kann man die Speicherstelle nicht ohne Weiteres über den Programmzähler erreichen. Um dies dennoch zu ermöglichen, führt man einen Sprungbefehl zu der Speicherstelle des Unterprogramms aus (call Unterprogramm). Der Programmzähler wird dann auf diese Adresse eingestellt und arbeitet wie gewohnt weiter. Da nun die Unterprogramme an jeder beliebigen Stelle im Hauptprogramm stehen können, muss man nach der Bearbeitung auch wieder den Weg zurückfinden. Dies geschieht mit dem Befehl *return* (= zurück). Nur wohin soll der Programmzähler springen? Dazu hat der PIC beim Aufruf des Unterprogramms den Wert des Programmzählers auf dem Stack zwischengespeichert. Der Stack ist ein Stapelspeicher, von dem die zuletzt gespeicherten Werte zuerst wiedergeholt werden. Es wird also immer ein neuer Wert oben auf den Stapel gelegt. Dieser muss dann auch zuerst wieder heruntergeholt werden. Entsprechend funktioniert es mit dem Wert des Programmzählers beim Aufruf eines Unterprogramms. Mit dem Befehl *call* wird der aktuelle Wert des Programmzählers oben auf den Stack gelegt und mit dem Befehl *return* wird der oberste Wert des Stacks wieder in den Programmzähler geladen. Auf diese Weise kann das Hauptprogramm an der entsprechenden Stelle weiterarbeiten. Der Stack hat eine Tiefe von 8 Ebenen. Die zusätzlichen Ebenen kommen ins Spiel, wenn ein Unterprogramm in einem Unterprogramm aufgerufen wird. Der *call*-Befehl in einem Unterprogramm legt auch hier wieder den Wert des Programmzählers oben auf den Stack und kehrt mit dem Befehl *return* wieder in das aufrufende Unterprogramm zurück. Das bedeutet auch, dass maximal 8 verschachtelte Unterprogrammaufrufe gemacht werden können. Danach ist der Stack voll und es kann keine Rücksprungadresse mehr gespeichert werden.

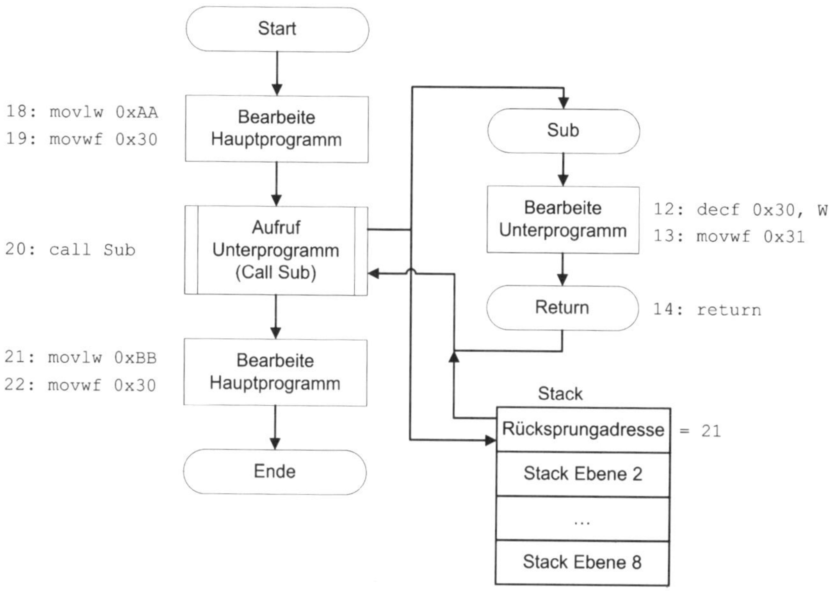

Abb. 1.5: Unterprogrammaufruf

1.2.7 Die indirekte Adressierung

Gelegentlich kommt es vor, dass man sich eine Adresse berechnet und indirekt auf sie zugreifen muss. „Indirekt" bedeutet hierbei, dass man die genaue Adresse nicht direkt eingibt, sondern nur einen Verweis angibt, an dem die Adresse steht. Es wird nur ein sogenannter *Zeiger* angegeben. Dieses Verfahren kann z. B. benutzt werden, um mehrere Register hintereinander zu beschreiben oder zu löschen. Das folgende Beispiel zeigt, wie 8 Werte nacheinander von dem Eingangsport A eingelesen und im RAM-Speicher abgelegt werden.

Bei dem beschriebenen Beispiel werden die Eingänge von Port A eingelesen und im RAM an den Adressen 0x30 bis 0x37 abgelegt.

Da man bei der indirekten Adressierung nur die 8 Bit des FSR-Registers zur Verfügung hat, kann man auch hiermit nicht alle RAM-Register ansprechen. Daher muss man sich wieder mit dem STATUS-Register weiterhelfen. Um eine Auswahl zwischen den Bänken 1-2 und 3-4 zu treffen, muss man das Bit IRP setzen oder zurücksetzen. Wird das Bit IRP auf 0 gesetzt, kann man Bank 1 und 2 adressieren. Hat das Bit IRP den Wert 1, werden die Bänke 3 und 4 adressiert. Der Wert des FSR-Registers wird nun mit dem IRP-Bit verknüpft und so die 9 Bit breite RAM-Adresse gebildet. Soll nun auf die indirekte Adresse zugegriffen werden, spricht man das Register INDF an, das in jeder Bank an der Adresse 0x00 zu finden ist. Das Register ist im Mikrocontroller nicht physikalisch vorhanden, sondern wird nur als Hilfsmittel für die Adressierung verwendet.

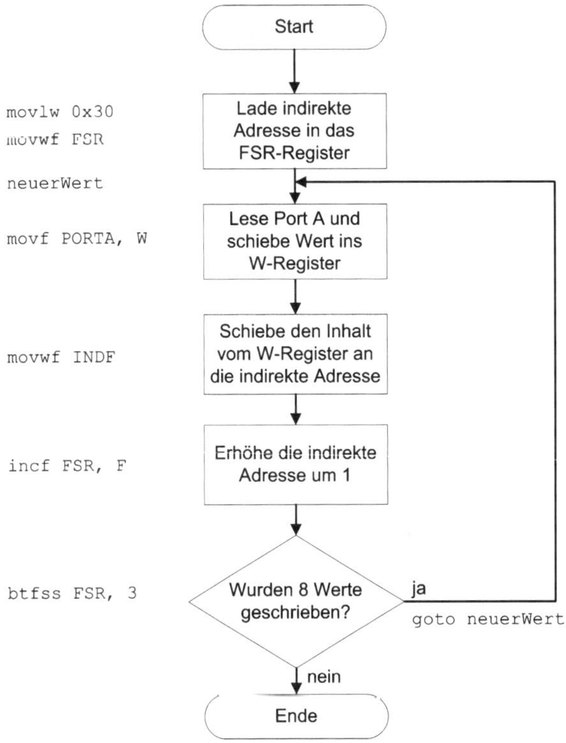

Abb. 1.6: Indirekte Adressierung

Schreibt man etwas in dieses Register, wird in das physikalisch vorhandene Register, dessen Adresse im FSR-Register steht, geschrieben. Das Gleiche passiert genauso beim Lesen des INDF-Registers.

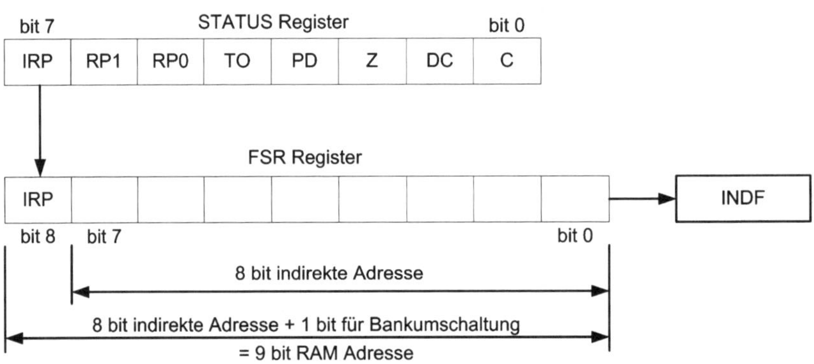

Abb. 1.7: Zusammensetzung der RAM-Adresse für die indirekte Adressierung

1.2.8 Lesen und Schreiben vom internen EEPROM

Da die Daten, die in den RAM-Registern gespeichert wurden, nach dem Ausschalten des Mikrocontrollers verloren gehen, ist es vorteilhaft, wenn Daten dauerhaft gespeichert werden können. Bei kleinen Datenmengen, z. B. beim Speichern des letzten Betriebszustands vor dem Abschalten, kann dies über das interne *EEPROM* (= Electronic Erasable Programmable Read Only Memory) erfolgen. Dort kann man Daten dauerhaft abspeichern. Das Beschreiben und Auslesen ist leider nicht ganz so einfach wie bei den RAM-Registern. Man kann dies schon alleine an der Tatsache sehen, dass es sechs spezielle Register für das Beschreiben und Lesen des EEPROM gibt. Der PIC16F876A verfügt über 256 Byte EEPROM-Speicher. Sollte dieser Speicherplatz nicht ausreichen, kann man auch noch den nicht verwendeten Speicherplatz für die Programmdaten im Flash benutzen. Allerdings sollte man hier sehr vorsichtig sein, wenn das Programm noch erweitert werden soll. Es kann auch passieren, dass man in der Software einen nicht beachteten Fehler eingebaut hat und so die Daten des Hauptprogramms überschrieben werden. Der PIC wäre dann nicht mehr funktionstüchtig und müsste neu programmiert werden – diesmal allerdings mit einem fehlerfreien Programm.

Die bessere Alternative ist die Erweiterung mit einem externen EEPROM, in das die Daten abgelegt werden. Wie ein externes EEPROM angeschlossen und angesteuert wird, wird in einem späteren Kapitel noch genau erklärt. Die Verwendung des Programmspeichers als Datenspeicher sollte daher nur in Anwendungen erfolgen, die sehr kosteneffektiv sein müssen. Ein externes EEPROM mit 32 kBit Speicherplatz kostet in Einzelstückzahlen ca. 0,40 €. Im Folgenden wird daher nur der Datenaustausch mit dem internen EEPROM besprochen. Allerdings bietet das Beschreiben des Flash-Programmspeichers noch den Vorteil, dass man das Programm während der Laufzeit austauschen kann. So kann z. B. auch ein Firmwareupdate gemacht werden, das über die serielle Schnittstelle geladen wird.

Das folgende Diagramm beschreibt das Schreiben eines Datums an eine Adresse im EEPROM. Das Beschreiben des EEPROM dauert im Vergleich zum RAM relativ lang. Für ein Datenwort muss man mit einer Zeit von ca. 4 bis 8 ms rechnen. Bei einem Prozessortakt von 4 MHz entspricht dies der Bearbeitung von 4.000 Befehlen. Glücklicherweise läuft das Schreiben im Hintergrund ab und man muss nicht abwarten, bis man im Hauptprogramm weiterarbeiten kann. Die Dauer für das Schreiben verdeutlicht auch, dass das EEPROM nicht für Daten verwendet werden kann, die sich häufig ändern. Da das EEPROM auch noch einer Alterung unterliegt, ist die Anzahl der maximalen Schreib- und Lesezugriffe beschränkt. Der Hersteller gibt hier eine Anzahl von mindestens 100.000 Zyklen an. Das bedeutet, dass, will man jede Sekunde einen neuen Wert ins EEPROM speichern, es schon nach einer Zeit von ca. 28 Stunden unbrauchbar sein kann. Das Lesen des EEPROM hingegen benötigt die gleiche Zeit wie das Lesen einer indirekten Adresse.

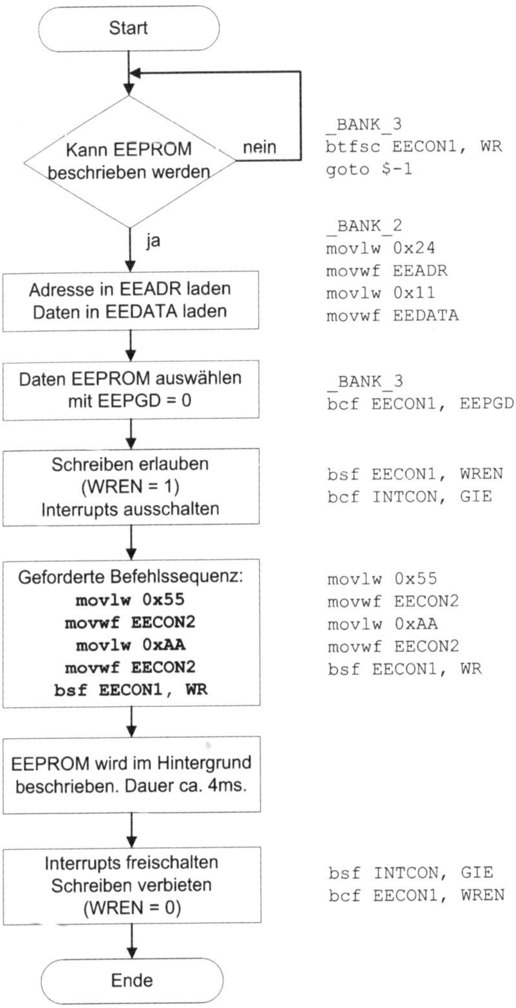

Abb. 1.8: Schreiben in das interne EEPROM

Für das Beschreiben des EEPROM werden von den 6 Registern nur 4 benötigt.

EECON1: Kontrollregister mit Einstellungen, ob gelesen oder geschrieben werden soll.
EECON2: zum Starten des eigentlichen Schreibens
EEADR: Adresse, an die geschrieben wird oder von der gelesen wird
EEDATA: Daten, die in das EEPROM geschrieben werden sollen

Die beiden Register *EEADRH* und *EEDATH* werden für das Beschreiben des Flash-Programmspeichers benötigt. Da dieser eine Breite von 14 Bit hat, werden auch mehr Bits für die Adressierung benötigt.

Wie man am Programmablauf erkennen kann, muss man eine spezielle Befehlssequenz einhalten, um das Schreiben zu starten. Diese Sequenz muss eingehalten werden, da sonst das EEPROM nicht beschrieben wird. Ebenfalls sollte man darauf achten, dass während dieser Sequenz die Interrupts ausgeschaltet sind, da sonst durch einen Sprung in die Interrupt-Service-Routine die geforderte Sequenz nicht eingehalten wird.

Das Lesen aus dem EEPROM ist nicht mehr so kompliziert. Das folgende Diagramm verdeutlicht die wenigen Schritte, die für das Lesen erforderlich sind.

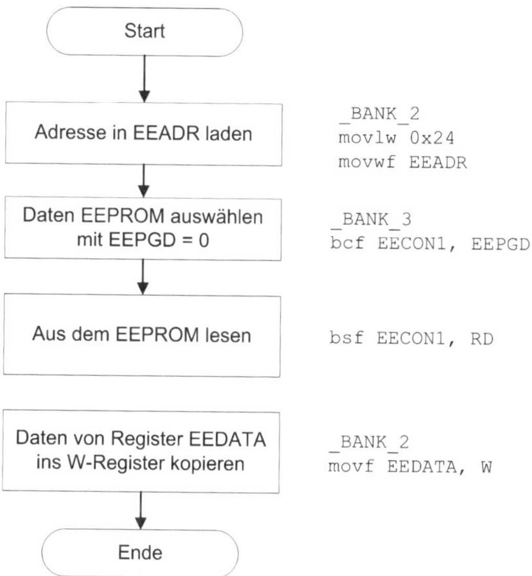

Abb. 1.9: Lesen aus dem internen EEPROM

Das EEPROM ist ein relativ langsamer Speicher, der nur selten beschrieben werden sollte. Er eignet sich sehr gut für das Speichern von Kalibrierdaten oder Seriennummern. Daher ist auch für die meisten Anwendungen die Größe von 256 Byte ausreichend.

2 Die Assemblerbefehle des PIC16F876A

Der PIC16F876A ist ein sogenannter *RISC-Prozessor*. RISC steht für *Reduced Instruction Set Computer* und bedeutet übersetzt „Computer mit reduzierten Befehlen". Das heißt, dass der Controller mit einem begrenzten Befehlssatz auskommt. Im Fall des PIC16F876A stehen 35 Assemblerbefehle zur Verfügung. Es sind allerdings nur einfache logische und arithmetische Befehle möglich. Ein Vorteil ist die schnelle Bearbeitung eines einzelnen Befehls. Ein Befehl wird, bis auf wenige Ausnahmen, in einem Befehlstakt ausgeführt. Aber Vorsicht: Der Befehlstakt ist nicht gleich der Prozessortakt, sondern um den Faktor 4 kleiner. Das heißt, dass bei einem Prozessortakt (Oszillator oder Quarzfrequenz) von 4 MHz der Befehlstakt gleich 1 MHz ist. Es können daher ca. 1 Million Befehle pro Sekunde bearbeitet werden. Die Ausführungsdauer eines Befehls beträgt 1 µs.

Das Gegenteil eines RISC-Prozessors ist der *CISC-Prozessor*. CISC bedeutet *Complex Instruction Set Computer* und verfügt, wie der Name schon sagt, über einen komplexeren Befehlsumfang. Bei einer CISC-Architektur werden mehrere kleine Befehle zu einem Befehl zusammengefasst. Der Vorteil dabei ist, dass die Programmierung vereinfacht wird. Allerdings muss man mehr Befehle erlernen und jeder Befehl hat, je nach Umfang, eine unterschiedlich lange Ausführungsdauer von meist mehreren Befehlstakten. Um den gleichen Komfort mit einem RISC-Prozessor zu haben, kann man sich eigene Befehle definieren und sich diese in Form eines Makros ablegen. Ein Makro ist ein Textersatz und fasst mehrere Befehle zusammen. Diese werden dann vor der Übersetzung des Programms an die Stelle geschrieben, an der das Makro aufgerufen wird. Wie genau ein Makro funktioniert und wo die Stärken und Schwächen liegen, wird in Kapitel 5 noch genauer erklärt.

Da die ALU nur einfache logische Operationen ausführen kann, sind alle Befehle auf die grundlegenden logischen Verknüpfungen aufgebaut. Es ist möglich, Register durch UND (AND), ODER (OR) und XODER (XOR) zu verknüpfen. Die Register können auch rotiert werden, um die Bits eine Position nach links oder rechts zu schieben. Die Daten können nur addiert und subtrahiert werden, eine Multiplikation oder Division ist nicht möglich und muss durch die Kombination der Grundbefehle aufgebaut werden. Bei den restlichen Befehlen handelt es sich um Sprungbefehle, um zu einer anderen Programmadresse zu gelangen. Diese werden z. B. für Schleifen und Unterprogrammaufrufe benötigt.

2.1 Befehlsübersicht

Einen Überblick über die Befehle kann man sich anhand von Tabelle 2.1 verschaffen. Hier sind die Befehle aufgelistet, sodass man auch später schnell einen Befehl nachschlagen kann. Die Befehlsübersicht findet man auch auf der beiliegenden CD-ROM zum Ausdrucken.

Erklärung der verwendeten Zeichen:

f: bezeichnet ein RAM-Register (File-Register); es kann jedes Register im RAM-Speicher sein. Da es aber nur mit 7 Bit adressiert werden kann, muss man vor der Ausführung des Befehls die entsprechende Bank wählen.

w: W-Register, steht für *Working-Register* (Arbeitsregister)

b: hiermit ist ein einzelnes Bit gemeint, das in einem Register steht

k: mit k wird eine Konstante (literal) angegeben

d: Auswahl des Ziels (Destination). Mit d wird angegeben, wo das Ergebnis einer Operation gespeichert werden soll. Ist d = 0, wird das Ergebnis im W-Register abgelegt, und ist d = 1, wird das Ergebnis in das angegebene File-Register geschoben.

Tabelle 2.1: Befehlsübersicht

Befehl	Parameter	Erklärung
Logische Verknüpfungen		
andwf	f, d	UND-Verknüpfung von W und F
andlw	k	UND-Verknüpfung einer Konstante k mit W
iorwf	f, d	ODER-Verknüpfung von W und F
iorlw	k	ODER-Verknüpfung einer Konstante k mit W
xorwf	f, d	XODER-Verknüpfung von W und F
xorlw	k	XODER-Verknüpfung einer Konstante k mit W
clrf	f	Lösche F
clrw	-	Lösche W
comf	f, d	Invertiere F
bcf	f, b	Lösche Bit b in Register F
bsf	f, b	Setze Bit b in Register F
Schiebebefehle		
rlf	f, d	Verschiebe F nach links mit Carry-Bit
rrf	f, d	Verschiebe F nach rechts mit Carry-Bit
movlw	k	Lade die Konstante k in Reg. W
movwf	f	Verschiebe den Inhalt von W nach F
movf	f, d	Verschiebe den Inhalt von F nach W (oder F)
swapf	f, d	Vertausche obere 4 Bit mit unteren 4 Bit von F

Arithmetische Befehle		
addwf	f, d	Addiere W und F
addlw	k	Addiere Konstante k zu Reg. W
subwf	f, d	Subtrahiere W von F
sublw	k	Subtrahiere Reg. W von der Konstante k
incf	f, d	Erhöhe F um 1
decf	f, d	Verringere F um 1
Sprungbefehle		
goto	k	Springe zur angegebenen Adresse
call	k	Unterprogrammaufruf
return	-	Rücksprung aus Unterprogramm
retlw	k	Rücksprung aus Unterprogramm; Übergabewert steht in Reg. W
retfie	-	Rücksprung aus der Interruptroutine
incfsz	f, d	Erhöhe F um 1; überspringe nächsten Befehl wenn 0
decfsz	f, d	Verringere F um 1; überspringe nächsten Befehl wenn 0
btfss	f, b	Prüfe, ob in Reg. F Bit b = 1 ist; wenn ja, überspringe den nächsten Befehl
btfsc	f, b	Prüfe, ob in Reg. F Bit b = 0 ist; wenn ja, überspringe den nächsten Befehl
Sonstige		
nop	-	Mach nichts
clrwdt	-	Lösche den Watchdogtimer
sleep	-	Gehe in den Stand-by-Modus

2.2 Detailierte Beschreibung der Assemblerbefehle

Man hat durch Tabelle 2.1 bereits einen Überblick über die verfügbaren Befehle erhalten. Allerdings bedarf es bei den Befehlen noch einiger Erklärungen, damit man sie versteht und richtig anwenden kann. Im Folgenden werden die Befehle ausführlich erklärt und durch kleine Beispiele verdeutlicht.

2.2.1 Allgemeines

Bei der Assemblerprogrammierung werden die Befehle untereinander aufgeschrieben. Jeder Befehl steht in einer neuen Zeile. Es kann vor jeden Befehl ein *Label* gesetzt werden. Dieses kann als Sprungmarke verwendet werden. Durch die Verwendung von Labels wird auch die Lesbarkeit des Codes verbessert. Ein Label darf vor jedem Befehl stehen oder kann in einer eigenen Zeile stehen. Es bezieht sich immer auf den nächsten, folgenden Befehl.

Beispiel für die Verwendung von Labels:

```
   movlw 0x0A      ;lade das W-Register mit 0x0A (= 10)
   movwf 0x20      ;verschiebe W-Register nach F-Register 0x20
schleife           ;Das ist die Sprungmarke
   nop             ;mach nichts
   decfsz 0x20     ;Reduziere Reg. 0x20 um 1, solange bis der
   goto schleife   ;Wert 0 ist,  Ende der Schleife
```

Das Beispiel wiederholt den Befehl nop „Mach nichts" zehnmal und beendet dann die Schleife. Solange der Wert im Register 0x20 noch nicht 0 ist, springt das Programm immer wieder zum Label *schleife*, das vor dem Befehl *nop* steht.

Wie man im Beispiel sehen kann, steht hinter jeder Zeile ein Kommentar. Dieser wird mit einem Semikolon eingeleitet. Der Text, der hinter dem Semikolon steht, wird bei der Übersetzung des Programms nicht beachtet. Grundsätzlich sollte man in Assemblerprogrammen mit Kommentaren nicht sparen, auch wenn man der Meinung ist, dass es ein sehr einfaches Programm ist. Wenn man das Programm nach einiger Zeit erneut bearbeiten will, wird man dankbar für die Kommentare sein.

Bei vielen Befehlen kann man den Speicherort des Ergebnisses angeben. Es kann zwischen dem W-Register oder dem File-Register gewählt werden. Wird eine *0* angegeben, steht das Ergebnis nach der Berechnung im W-Register. Wird eine *1* angegeben ist das F-Register als Ziel ausgewählt. Da man dies am Anfang gern verwechselt, kann man sich mit einer der folgenden Eselsbrücken weiterhelfen:

W = Wenig = 0
F = „Fiel" (Viel) = 1

Oder:

Im Befehl steht das *W* vor dem *F*, genauso wie die *0* vor der *1* kommt.

Beispiel:

```
andwf f, 0  ;Ergebnis kommt ins W-Register
andwf f, 1  ;Ergebnis kommt ins F-Register
```

Um dieses Problem zu umgehen, kann man sich eine Definition anlegen, die W als *0* definiert und F als *1*. Dies ist bereits in der Datei, in der auch die Register definiert sind, geschehen.

```
W EQU H'0000'
F EQU H'0001'
```

Daher kann man die Befehle auch folgendermaßen schreiben:

```
andwf f, W  ;Ergebnis kommt ins W-Register
andwf f, F  ;Ergebnis kommt ins F-Register
```

2.2.2 Zahlenformate

In der Digitaltechnik gibt es unterschiedliche Darstellungsmöglichkeiten für Zahlen. Im Grunde sind alles binäre Zahlen, die aus Nullen und Einsen zusammengesetzt sind. Da der Umgang mit binären Zahlen bei vielen Anwendungen umständlich ist, wird auf andere Formate zurückgegriffen.

2.2.2.1 Binärformat

Bei dem Binärformat wird die Zahl nur mit 1 und 0 dargestellt. Dementsprechend hat die Zahl 234 das binäre Format 11101010. Da der Assembler nun nicht unterscheiden kann, ob bei der Zahl 110 das binäre Format oder das dezimale Format vorliegt, muss dies durch verschiedene Zeichen mitgeteilt werden. So kann die Zahl 110 im binären Format den Wert 6 haben und im dezimalen Format den Wert 110. Es ist ein gewaltiger Unterschied, ob eine Schleife nur sechsmal oder 110-mal durchlaufen wird.

Zahlen im binären Format darstellen kann man durch die Voranstellung eines B. Die binäre Zahl wird zwischen einfache Auslassungszeichen gesetzt.

234 = B'11101010'

Das binäre Format eignet sich besonders gut für das Setzen oder Rücksetzen einzelner Bits. Man kann auf den ersten Blick sehen, welche Bits in einem Register gesetzt sind und welche nicht. Dies ist bei der Angabe der dezimalen Zahl 234 nur schwer möglich.

2.2.2.2 Oktalformat

Bei dem Oktalformat werden jeweils drei Bits zu einer Ziffer zusammengefasst. Diese erhalten dann eine Wertigkeit zwischen 0 und 7. Dementsprechend wird die dezimale Zahl 234 im Oktalformat als 352 dargestellt. Die Darstellung einer Zahl im Oktalformat findet in der Praxis kaum Anwendung. Dem Assembler kann man eine Zahl im Oktalformat durch ein „O“ am Anfang mitteilen. Der Wert der Zahl steht zwischen einfachen Auslassungszeichen.

234 = O'352'

2.2.2.3 Hexadezimalformat

Ein gebräuchliches Format ist das hexadezimale Format, bei dem jeweils 4 Bits zu einer Ziffer zusammengefasst werden. Da man mit 4 Bit 16 Zahlen darstellen kann, werden die Ziffern durch *0* bis *9* und *A* bis *F* angegeben. Das hexadezimale Format ermöglicht eine sehr kurze Schreibweise eines 8-Bit-Werts. Es werden lediglich zwei Ziffern benötigt. Bei der Schreibweise kann man zwischen zwei Formaten wählen.

234 = H'EA' oder
234 = 0xEA

In diesem Buch wird für hexadezimale Zahlen das Format „0x..." verwendet.

2.2.2.4 Dezimalformat

Das Dezimalformat ist am gebräuchlichsten. Hier werden Ziffern durch 0 bis 9 dargestellt. Der Assembler interpretiert eine Zahl als dezimal, wenn eine der folgenden Formate gewählt wird:

234 = D'234' oder
234 = .234 (nur ein Punkt vor der Zahl)

Um eine Dezimale darzustellen, wird in diesem Buch die Version mit D'...' gewählt, da dies weniger missverständlich ist.

2.2.2.5 ASCII-Format

Mit dem ASCII-Format ist es möglich, Buchstaben darzustellen. ASCII steht für *American Standard Code for Information Interchange.* Dazu gibt es eine Codetabelle in der steht, wie der 8-Bit-Wert zu interpretieren ist. Diese Codetabelle enthält bei unterschiedlichen Sprachen auch unterschiedliche Zeichen. Um z. B. auch einen Zeilenrücksprung mitzuteilen, sind in der ASCII-Tabelle auch Steuerzeichen, die nicht gedruckt werden, enthalten.

Der Assembler versteht ein Zeichen als ASCII-Code, wenn ein A am Anfang steht oder das Zeichen nur in einfachen Auslassungszeichen gesetzt ist.

M = A'M' = 0x4D oder
M = 'M' = 0x4D

Tabelle 2.2: ASCII-Zeichensatz

		Höherwertige Bits (Most Significant Nibble)							
	HEX	0	1	2	3	4	5	6	7
Niederwertige Bits (Least Significant Nibble)	0	NUL	DLE	Space	0	@	P	`	p
	1	SOH	DC1	!	1	A	Q	a	q
	2	STX	DC2	„	2	B	R	b	r
	3	ETX	DC3	#	3	C	S	c	s
	4	EOT	DC4	$	4	D	T	d	t
	5	ENQ	NAK	%	5	E	U	e	u
	6	ACK	SYN	&	6	F	V	f	v
	7	Bell	ETB	’	7	G	W	g	w
	8	BS	CAN	(	8	H	X	h	x
	9	HAT	EM	)	9	I	Y	i	y
	A	LF	SUB	*	:	J	Z	j	z
	B	VT	ESC	+	;	K	[	k	{
	C	FF	FS	,	<	L	\	l	|
	D	CR	GS	-	=	M	]	m	}
	E	SO	RS	.	>	N	^	n	~
	F	SI	US	/	?	O	_	o	DEL

In dieser Tabelle sind nur 128 Zeichen aufgeführt, während man mit 8 Bit eigentlich 256 Zeichen darstellen kann. Es wurden hier nur die ersten 128 Zeichen dargestellt, da diese in allen Sprachen verwendet werden. Bei den Zeichen von 128 (0x80) bis 255 (0xFF) handelt es sich um Umlaute und Sonderzeichen.

Die bereits erwähnten Steuerzeichen findet man von der Adresse 0x00 bis 0x1F. Die wichtigsten Steuerzeichen sind *LF* (Line feed) und *CR* (Carige return). Mit LF springt der Cursor in die nächste Zeile und mit CR springt der Cursor an den Zeilenanfang. Bei der Textverarbeitung sind diese beiden Steuerzeichen in der Taste *ENTER* vereint.

2.2.2.6 Zusammenfassung

In MPLAB kann auch eingestellt werden, welches Zahlenformat gewählt werden soll, wenn keine zusätzlichen Zeichen vorangestellt wurden. Allerdings sollte man sehr vorsichtig sein, wenn dieser Wert einmal umgestellt wird. Um sicher zu sein, dass das richtige Zahlenformat ausgewählt ist, sollte man immer die entsprechenden Zeichen voranstellen.

Zum Abschluss noch eine kleine Tabelle mit den Zahlenformaten, wie sie im Buch verwendet werden. Die beiden Punkte stehen für eine beliebige Ziffernfolge.

Tabelle 2.3: Zahlenformate

Format	Syntax	Beispiel
Binär	B‘..‘	B‘01101101’
Oktal	O‘..‘	O‘736‘
Dezimal	D‘..‘	D‘259‘
Hexadezimal	0x..	0x7D
ASCII	A‘..‘	A‘j‘

2.2.3 Logische Verknüpfungen

andwf

Bedeutung: AND W with f
Syntax: andwf f, d
Beeinflusste Statusflags: Z

Mit dem Befehl *andwf* wird das W-Register mit dem angegebenen F-Register UND-verknüpft und das Ergebnis, je nach Parameter, in das W- oder das F-Register geschoben.

Ist d = 0 wird das Ergebnis im W-Register gespeichert und ist d = 1 wird das Ergebnis in das File-Register geschoben.

Beispiel:

```
movlw 0x56     ;lade den Wert 0x56 ins W-Register
movwf 0x20     ;verschiebe den Wert ins Register 0x20
movlw 0xA3     ;lade den Wert 0x43 ins W-Register
andwf 0x20, 0  ;UND-Verknüpfung von W und F
```

Nach der Ausführung des Beispiels steht der Wert 0x02 im W-Register.

Bei der UND-Verknüpfung wird Bit für Bit UND-verknüpft.

W	f	W
0	0	0
0	1	0
1	0	0
1	1	1

0x56 = B’01010110’
UND
0xA3 = B’10100011’
=
0x02 = B’00000010’

andlw

Bedeutung: AND Literal with W
Syntax: andlw k
Beeinflusste Statusflags: Z

Bei diesem Befehl wird, ähnlich wie bei andwf, cin 8 Bit-Wert mit einem zweiten Wert UND-verknüpft. Allerdings wird hier der Wert aus dem W-Register mit einer Konstante *k* verknüpft. Dieser Befehl kann z. B. genutzt werden, um einzelne Bits zu löschen. Man nennt dies auch *Maskieren*. Das folgende Beispiel löscht die vier oberen Bits des W-Registers.

Beispiel:

```
movlw 0xA7    ;lade den Wert 0xA7 ins W-Register
andlw 0x0F    ;UND-Verknüpfung von W mit 0x0F
```

Das Ergebnis dieser Operation ist 0x07 und steht im W-Register.

W	k	W
0	0	0
0	1	0
1	0	0
1	1	1

0xA7 = B'10100111'
UND
0x0F = B'00001111'
=
0x07 = B'00000111'

iorwf

Bedeutung: Inclusive OR Literal with W
Syntax: iorwf f, d
Beeinflusste Statusflags: Z

Eine logische ODER-Verknüpfung kann man mit dem Befehl *iorwf* machen. Hierbei wird das F-Register bitweise mit dem W-Register ODER-verknüpft. Das Ergebnis wird, je nach Parameter *d*, in das angegebene F- oder das W-Register geschoben. Bei d = 0 ist das W-Register das Ziel und bei d = 1 das F-Register.

Beispiel:

```
movlw 0x5F     ;lade den Wert 0x5F in das W-Register
movwf 0x20     ;verschiebe das W-Register nach Adresse 0x20
movlw 0xAC     ;lade den Wert 0xAC in das W-Register
iorwf 0x20, 1  ;ODER-Verknüpfung von Reg. 0x20 mit W-Register
```

Nach der Ausführung der Befehle steht der Wert 0xFF im F-Register.

W	f	W
0	0	0
0	1	1
1	0	1
1	1	1

0x5F = B'01011111'
ODER
0xAC = B'10101100'
=
0xFF = B'11111111'

iorlw

Bedeutung: Inclusive OR Literal with W
Syntax: iorlw k
Beeinflusste Statusflags: Z

Wie beim vorherigen Befehl werden zwei Werte miteinander ODER-verknüpft. Der Unterschied besteht darin, dass nicht zwei Register miteinander verknüpft werden, sondern das W-Register mit einer Konstanten. Dieser Befehl kann sehr gut benutzt werden, um einzelne Bits in einem Register zu setzen. Das folgende Beispiel zeigt, wie die beiden oberen Bits auf 1 gesetzt werden und alle anderen Bits unberührt bleiben.

Beispiel:

```
movlw 0x25    ;lade den Wert 0x25 ins W-Register
iorlw 0xC0    ;setze die beiden oberen Bits auf 1
```

Nach der Ausführung steht der Wert 0xE5 im W-Register.

W	k	W
0	0	0
0	1	1
1	0	1
1	1	1

0x25 = B'00100101'
ODER
0xC0 = B'11000000'
=
0xE5 = B'11100101'

xorwf

Bedeutung: Exclusive OR W with F
Syntax: xorwf f, d
Beeinflusste Statusflags: Z

Bei der XOR-Verknüpfung werden die Bits, die unterschiedlich sind, zu einer 1, und diejenigen, die gleich sind, werden 0. Bei diesem Befehl wird, wie auch schon bei der UND- und ODER-Verknüpfung das W-Register mit dem angegebenen F-Register XOR verknüpft.

Beispiel:

```
movlw 0x3A      ;lade den Wert 0x3A ins W-Register
movwf 0x20      ;verschiebe den Wert ins F-Register 0x20
movlw 0x4B      ;lade den Wert 0x4B ins W-Register
xorwf 0x20, 0   ;verknüpfe Reg. 0x20 und das W-Register XOR
```

Das Ergebnis der Verknüpfung ist 0x71 und steht im W-Register, da d = 0 ist. Wenn d = 1 wäre, würde das Resultat im Register 0x20 stehen.

W	f	W
0	0	0
0	1	1
1	0	1
1	1	0

0x3A = B'00111010'
XOR
0x4B = B'01001011'
–
0x71 = B'01110001'

xorlw

Bedeutung: Exclusive OR Literal with W
Syntax: xorlw k
Beeinflusste Statusflags: Z

Um eine Konstante exklusiv ODER mit dem W-Register zu verknüpfen, existiert der Befehl *xorlw*. Hierbei werden die angegebene Konstante *k* und das W-Register XOR-verknüpft und das Ergebnis wieder im W-Register abgelegt. Man kann mit dem folgenden Beispiel prüfen, ob der Wert im W-Register einem vorgegebenen Wert entspricht. Bei dem Beispiel wird der Wert 0xD4 der Einfachheit halber mit *movlw* in das W-Register geladen. In einem realen Programm würde der Wert von irgendwoher kommen, z. B. von der seriellen Schnittstelle.

Beispiel:

```
movlw 0xD4   ;lade den Wert 0xD4 in das W-Register
xorlw 0xD6   ;prüfen, ob der Wert im W-Register 0xD6 ist
```

Nachdem der Wert 0xD4 mit dem Wert 0xD6 verknüpft wurde, steht im W-Register der Wert 0x02. Dieser Wert ist ungleich 0 und somit sind die beiden Werte nicht identisch. Bei einem identischen Wert würde das Zero-Flag im Statusregister gesetzt werden.

W	k	W
0	0	0
0	1	1
1	0	1
1	1	0

0xD4 = B'11010100'
XOR
0xD6 = B'11010110'
=
0x02 = B'00000010'

clrf

Bedeutung: Clear f
Syntax: clrf f
Beeinflusste Statusflags: Z

Durch den Befehl *clrf* wird das angegebene Register gelöscht. Egal, welcher Wert vorher im Register stand, nach der Ausführung des Befehls stehen nur noch Nullen im Register.

Beispiel:

```
movlw 0x34   ;lade den Wert 0x34 in das W-Register
movwf 0x20   ;verschiebe den Wert in das F-Register 0x20
clrf 0x20    ;lösche das F-Register 0x20
```

Im Register 0x20 steht nach der Befehlskette der Wert 0x00.

clrw

Bedeutung: Clear W
Syntax: clrw
Beeinflusste Statusflags: Z

Um das W-Register zu löschen oder mit Nullen zu beschreiben, kann man den Befehl *clrw* verwenden. Prinzipiell könnte man das W-Register auch mit *movlw 0x00* löschen. Allerdings beeinflusst der Befehl *movlw* nicht das Zero-Flag im Statusregister. Diese Beeinflussung durch den *clrw*-Befehl kann aber sehr hilfreich sein, wenn man ein Unterprogramm beendet und prüfen will, ob der zurückgegebene Wert im W-Register gleich Null ist oder im W-Register ein Wert ungleich Null steht. Ansonsten wäre noch ein zusätzlicher Befehl nötig, um den Inhalt des W-Registers zu prüfen.

Beispiel:

```
movlw 0x56   ;lade den Wert 0x56 ins W-Register
movlw 0x00   ;lösche das W-Register mit dem Befehl movlw
movlw 0x56   ;lade den Wert 0x56 ins W-Register
clrw         ;lösche das W-Register mit dem Befehl clrw
```

Im W-Register steht in beiden Fällen der Wert 0x00.

comf

Bedeutung: Complement f
Syntax: comf f, d
Beeinflusste Statusflags: Z

Das englische Wort *Complement* heißt übersetzt „Ergänzung“ oder „Gegenstück“. Es wird also ein Wert ausgegeben, der den vorgegebenen Wert vervollständigt. Da diese Erklärung etwas umständlich ist, kann man auch einfach sagen, dass der Wert *invertiert* wird. Addiert man den invertierten Wert (complement) mit dem nicht invertierten Wert (vorgegeben), erhält man einen binären Wert, der nur aus Einsen besteht (0xFF). Benutzt wird dieser Wert auch, um negative Zahlen im Zweierkomplement darzustellen. Es muss dann zu dem Wert nur noch 1 addiert werden. (+4 = 0x04 → invertieren → 0xFB → 1 addieren → 0xFC = –4).

Beispiel:

```
movlw 0x5C     ;lade den Wert 0x5C ins W-Register
movwf 0x20     ;verschiebe den Wert ins Reg. 0x20
comf 0x20, 0   ;invertiere den Wert in Reg. 0x20
```

Nach der Ausführung des Beispiels steht der Wert 0xA3 im W-Register. Würde man noch den Befehl addwf 0x20, 0 ergänzen, würde der Wert 0xFF im W-Register stehen. Der Wert wäre dann vervollständigt.

bcf

Bedeutung: Bit Clear f
Syntax: bcf f, b
Beeinflusste Statusflags: keine

Da es sehr häufig vorkommt, dass ein einzelnes Bit zurückgesetzt werden muss, d. h., auf 0 gesetzt wird, hat man einen eigenen Befehl dafür spendiert. Bei dem Befehl wird das Register angegeben, in dem das Bit gelöscht werden soll. Außerdem wird die entsprechende Position des Bits im Register gezeigt. Durch eine Definition kann man dem Bit auch einen Namen zuweisen, über den es dann angesprochen werden kann.

Beispiel:

```
BIT4 EQU D'4'         ;weise dem Namen ‚BIT4' den Wert 4 zu
   movlw 0x3F         ;lade den Wert 0x3F ins W-Register
   movwf 0x20         ;verschiebe den Wert ins Reg. 0x20
   bcf 0x20, BIT4     ;lösche Bit 4 in Reg. 0x20
```

Das Bit 4 wurde, wie erwartet, gelöscht und es steht der Wert 0x2F im Register 0x20.

bsf

Bedeutung: Bit Set f
Syntax: bsf f, b
Beeinflusste Statusflags: keine

Um ein Bit zu setzten, kann man den Befehl *bsf* benutzten. Dieser setzt das angegebene Bit im entsprechenden Register. Wie in der Digitaltechnik üblich, beginnt man mit der Zählung der Bits bei 0. Demnach ist Bit 0 das Bit ganz rechts mit der geringsten Wertigkeit (LSB).

Beispiel:

```
   movlw 0x2F      ;lade den Wert 0x2F in das W-Register
   movwf 0x20      ;verschiebe den Wert ins Reg. 0x20
   bsf 0x20, 4     ;setze das Bit 4 in Reg. 0x20 auf 1
```

Mit der Befehlsfolge wird das Bit 4 gesetzt und es steht danach der Wert 0x3F im Register 0x20.

2.2.4 Schiebebefehle

rlf

Bedeutung: Rotate Left f through Carry
Syntax: rlf f, d
Beeinflusste Statusflags: C

Das *Carry* ist das Übertragsbit. Hier wird im Prinzip das 9. Bit eines Werts gespeichert. Das Carry-Bit wird benutzt, wenn die 8 Bits des Registers nicht ausreichen. Bei dem

Befehl verschieben sich die Bits um eine Stelle nach links. Das höchstwertige Bit 7 (MSB) wird dabei in das Carry-Bit geschoben, das sich im Statusregister befindet. Das Carry-Bit nimmt dann die Stelle des Bit 0 (LSB) an. Somit wurde der Wert nach links rotiert. Das Ganze entspricht einer Multiplikation mit 2.

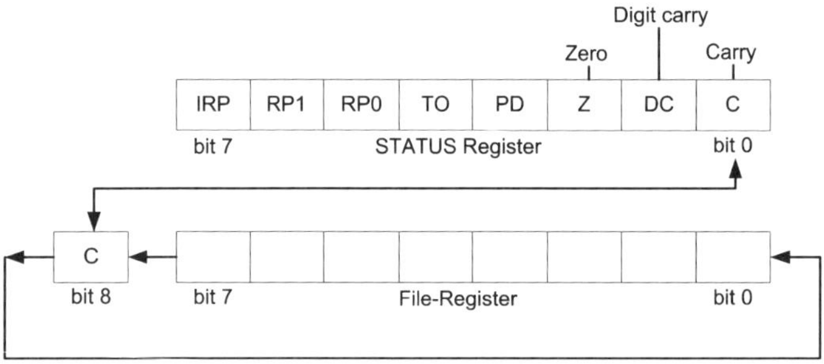

Abb. 2.1: Bitrotation nach links

Beispiel:

```
movlw 0x8C     ;lade den Wert 0x8C ins W-Register
movwf 0x20     ;verschiebe den Wert ins Reg. 0x20
rlf 0x20, 0    ;multipliziere den Wert im Reg. 0x20 mit 2
```

Die Multiplikation von 0x8C (D'140') mit 2 ergibt 0x18 (D'24') und steht im W-Register. Da der Wert größer als 255 ist, muss man das höchstwertige Bit (Carry-Flag) aus dem Statusregister auslesen. Kombiniert man das Carry-Flag mit dem Wert im W-Register, erhält man das komplette Endergebnis (0x8C * 2 = 0x118 =D'280').

Will man diesen Wert nochmals mit 2 multiplizieren, um eine Multiplikation mit 4 zu erhalten, muss man das Carry-Flag in einem anderen Register zwischenspeichern und danach im Statusregister löschen. Es würde nämlich nach einer erneuten Rotation der Bits die Stelle des LSB einnehmen und so die Multiplikation um den Wert 1 verfälschen.

Mit dem Befehl *rlf* können auf einfache Art serielle Daten von einem Portpin eingelesen werden. Dazu wird der Portpin abgefragt und sein Wert an der niederwertigsten Stelle in ein Register verschoben. Nach einer Rotation des Registers kann erneut der Port-Eingang abgefragt und wiederum an die Stelle des Bit 0 gesetzt werden. Wiederholt man die Befehle in einer Schleife achtmal, erhält man einen 8 Bit breiten Wert der seriellen Daten.

rrf

Bedeutung: Rotate Right f through Carry
Syntax: rrf f, d
Beeinflusste Statusflags: C

Um einen Wert durch 2 zu dividieren, verwendet man den Befehl *rrf*. Hierbei werden die Bits um eine Stelle nach rechts rotiert bzw. geschoben. Will man eine Division durch 2 ausführen, muss man darauf achten, dass das Carry-Bit vor der Division entsprechend gesetzt ist, da es sonst an die Stelle des höchstwertigen Bits (MSB) geschoben wird. Das niederwertigste Bit (LSB) wird in das Statusregister an die Stelle des Carry-Flags geschoben.

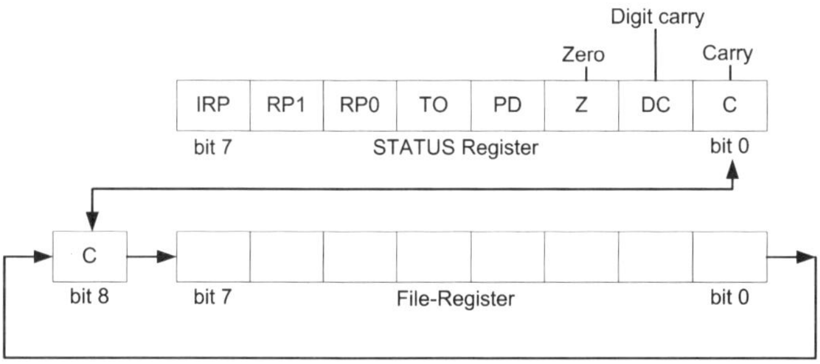

Abb. 2.2: Bitrotation nach rechts

Beispiel:

```
movlw 0x73     ;lade den Wert 0x73 in das W-Register
movwf 0x20     ;verschiebe den Wert in das F-Register 0x20
rrf 0x20, 0    ;verschiebe alle Bits um eine Stelle nach rechts
```

War das Carry-Flag vor der Ausführung gesetzt, erhält man den Wert 0xB9 im W-Register. Bei nicht gesetztem Bit steht der Wert 0x39 im W-Register.

Der Rotationsbefehl rrf kann sehr gut für eine serielle Datenausgabe verwendet werden. Dazu wird ein 8 Bit breiter Wert in ein Register geladen, das niederwertigste Bit auf einem Port ausgegeben, anschließend der Inhalt um eine Stelle nach rechts rotiert und das niederwertigste Bit erneut ausgegeben. Diese Befehle führt man so oft aus, bis alle Bits ausgegeben wurden.

movlw

Bedeutung: Move Literal to W
Syntax: movlw k
Beeinflusste Statusflags: keine

Um eine Konstante in das W-Register zu laden, verwendet man *movlw*. Damit kann man einen beliebigen Wert zwischen 0 und 255 in das W-Register laden und mit diesem Wert dann weiterarbeiten.

Beispiel:

```
movlw D'129'    ;lade den Dezimalwert 129 in das W-Register
```

Es handelt sich hier um einen einfachen und sehr gebräuchlichen Befehl, der in jedem Assemblerprogramm mindestens ein Mal vorkommen muss, da man für eine weitere Verarbeitung immer zuerst das W-Register mit einem Wert laden muss.

movwf

Bedeutung: Move w to f
Syntax: movwf f
Beeinflusste Statusflags: keine

Soll ein Wert aus dem W-Register in ein File-Register verschoben werden, um z. B. einen Wert auf einem Ausgangsport auszugeben, muss der Wert mit dem Befehl *movwf* vom W-Register in das angegebene F-Register verschoben werden.

Beispiel:

```
movlw 0xF2   ;lade das W-Register mit dem Wert 0xF2
movwf 0x20   ;speichere den Wert in Reg. 0x20
```

Dieser Befehl ist ebenso gebräuchlich wie *movlw*, da in einem Programm ständig Werte im RAM-Speicher zwischengespeichert werden, um mit diesen zu einem späteren Zeitpunkt weiterzuarbeiten oder eine spezielle Funktion zu initialisieren. So wird z. B. durch das Schieben eines Werts in das Register TRISA festgelegt, welche Portpins Eingänge oder Ausgänge sind.

movf

Bedeutung: Move f
Syntax: movf f, d
Beeinflusste Statusflags: Z

Wird ein Wert aus dem RAM-Speicher für die Weiterverarbeitung benötigt, holt man ihn mit dem Befehl *movf* in das W-Register zurück. Dieser Befehl hat eine kleine Besonderheit: Es kann angegeben werden, wo der Wert gespeichert werden soll. Bei d = 0 wird der Wert, wie gewünscht, im W-Register abgelegt und bei d = 1 wird er erneut im F-Register abgelegt. Da er bereits im F-Register steht, ist das auf den ersten Blick sinnlos. Allerdings ist es eine gute Möglichkeit, um zu prüfen, ob das angegebene F-Register den Wert 0 enthält, da bei dem Aufruf dieses Befehls das Zeroflag im Statusregister beeinflusst wird.

Beispiel:

```
movlw 0x24       ;lade den Wert 0x24 ins W-Register
movwf 0x20       ;speichere den Wert im F-Register 0x20
movf 0x20, 1     ;prüfe, ob der Wert im Reg. 0x20 = 0 ist
```

```
btfss STATUS, Z    ;ist der Wert gleich 0 -> überspringe den
                   ;nächsten Befehl
movf 0x20, 0       ;ist der Wert ungleich 0 -> hole ihn ins
                   ;W-Register
```

Man kann mit movf z. B. prüfen, ob ein Zähler (Inhalt eines F-Registers) bis auf 0 heruntergezählt wurde.

swapf

Bedeutung: Swap nibbles in f
Syntax: swapf f, d
Beeinflusste Statusflags: keine

Sollte es einmal nötig sein, die oberen vier Bits eines 8-Bit-Worts mit den unteren vier Bits zu vertauschen, kann dies mit dem Befehl *swapf* erfolgen. Im Gegensatz zu den anderen Schiebebefehlen wird dieser Befehl eher selten verwendet. Eine mögliche Verwendung ist das Einlesen eines 4 Bit breiten Werts von einem Eingangsport. Liegt z. B. an den Pins PB4 bis PB7 ein hexadezimaler Wert an, der interpretiert werden soll, kann der Port gelesen und die Nibbles können getauscht und nach einer Maskierung interpretiert werden. Es ist dann kein 4-faches Rotieren nötig und kann so mit nur einem Befehl verwirklicht werden.

Beispiel:

```
swapf PORTB, 0     ;lese Port B und vertausche die Nibbles
andlw 0x0F         ;maskiere die oberen 4 Bits
```

Nach den beiden Befehlen steht der hexadezimale Wert der oberen vier Bits von Port B im W-Register. Liegt an PORTB der Wert B'01101100' an, ist das Ergebnis der beiden Befehle ein Wert von 0x06 im W-Register.

2.2.5 Arithmetische Befehle

addwf

Bedeutung: Add W and f
Syntax: addwf f, d
Beeinflusste Statusflags: C, DC, Z

Um zwei Werte zu addieren, wird der Befehl *addwf* verwendet. Nach der Ausführung steht das Ergebnis je nach Parameter d im W-Register (d = 0) oder im angegebenen F-Register (d = 1).

Beispiel:

```
movlw 0x39        ;lade das W-Register mit dem Wert 0x39
movwf 0x20        ;verschiebe den Wert in das Register 0x20
movlw 0x14        ;lade den Wert 0x14 in das W-Register
addwf 0x20, 1     ;addiere das W-Reg. mit dem F-Reg.
```

Nach der Addition von 0x39 und 0x14 steht das Ergebnis 0x4D in Register 0x20. Bei diesem Beispiel tritt kein Übertrag auf. Würde bei der Addition zweier Werte ein Wert größer als 255 herauskommen, wäre das Carry-Flag im Statusregister gesetzt. Ergibt die Addition genau 0x100 (D'256'), wird zusätzlich noch das Zeroflag gesetzt.

addlw

Bedeutung: Add Literal and W
Syntax: addlw k
Beeinflusste Statusflags: C, DC, Z

Soll lediglich eine Konstante zu dem Wert, der aktuell im W-Register steht, addiert werden, kann dies durch einen Aufruf von addlw geschehen.

Beispiel:

```
movlw 0x39     ;lade den Wert 0x39 ins W-Register
addlw 0x0A     ;addiere die Konstante 0x0A zu dem Wert
```

Nach der Addition der beiden Zahlen hat das W-Register den Wert 0x43. Bei diesem Beispiel tritt ein Übertrag bei dem 4. Bit auf und es wird daher das Digit-Carry-Flag (DC) im Statusregister gesetzt.

subwf

Bedeutung: Subtract W from f
Syntax: subwf f, d
Beeinflusste Statusflags: C, DC, Z

Bei dem Befehl *subwf* wird der Inhalt des W-Registers von dem angegebenen F-Register subtrahiert. Das Ergebnis beeinflusst die angegebenen Statusflags und wird entsprechend dem Parameter d im W-Register (d = 0) oder im File-Register (d = 1) abgelegt.

Beispiel:

```
movlw 0x71        ;lade den Wert 0x71 ins W-Register
movwf 0x20        ;verschiebe das W-Register ins Reg. 0x20
movlw 0xA7        ;lade das W-Register mit dem Wert 0xA7
subwf 0x20, 1     ;subtrahiere W von F (F-W->F)
```

Das Ergebnis der Subtraktion ist 0xCA (D'202') und steht im F-Register.

0x71 (D'113') – 0xA7 (D'167') = 0xCA (D'-54') → Carry-Flag ist 0
0x71 (D'113') – 0x37 (D'55') = 0x3A (D'58') → Carry-Flag ist 1

Bei der Subtraktion muss man beachten, dass die Polarität des Carry-Bits umgekehrt ist. Daher wird eine Zahl, bei der das Carry-Bit auf 0 gesetzt ist, als negative Zahl interpretiert und das Ergebnis steht als Zweierkomplement im Zielregister. Um den negativen Zahlenwert zu erhalten, muss das Ergebnis invertiert und 1 addiert werden.

```
comf 0x20, 1     ;invertiere das Register 0x20
incf 0x20, 1     ;addiere 1 zu dem Wert im F-Register
```

Nach der Bildung des Zweierkomplements erhält man den Betrag der negativen Zahl.

0xCA (D'202') → Zweierkomplement bilden → 0x36 (D'54')

sublw

Bedeutung: Subtract W from Literal
Syntax: sublw k
Beeinflusste Statusflags: C, DC, Z

Der *sublw*-Befehl hat eine kleine Stolperfalle, die man beachten muss. Es wird hier das W-Register von der Konstante abgezogen und nicht umgekehrt. Es kann leicht passieren, dass man die Reihenfolge der Buchstaben „l" und „w" im Befehl falsch interpretiert.

Beispiel:

```
movlw 0x43   ;lade das W-Register mit dem Wert 0x43
sublw 0x83   ;subtrahiere W von k (k-W->W)
```

Das Ergebnis dieser Subtraktion ist 0x40 und kann dem W-Register entnommen werden.

incf

Bedeutung: Increment f
Syntax: incf f, d
Beeinflusste Statusflags: Z

Ein häufig verwendeter Befehl ist das *incf*-Kommando. Durch den Aufruf wird der Inhalt des angegebenen File-Registers um 1 erhöht (inkrementiert).

Beispiel:

```
movlw 0xFE      ;lade den Wert 0xFE in das W-Register
movwf 0x20      ;verschiebe den Wert in das Reg. 0x20
incf 0x20, 1    ;addiere 1
incf 0x20, 1    ;inkrementiere den Inhalt nochmals
```

Nach dem ersten *incf*-Befehl steht der Wert 0xFF im Register 0x20. Das ist der größte darstellbare Wert mit 8 Bit. Nach dem nächsten *incf*-Befehl ist das Register „übergelaufen" und es stehen nur noch Nullen (0x00) im F-Register. Daher wird auch das Zeroflag gesetzt. Allerdings werden die Flags Digit-Carry (DC) und Carry (C) nicht beeinflusst, da es sich um keinen Übertrag wie bei einer Addition handelt.

decf

Bedeutung: Decrement f
Syntax: decf f, d
Beeinflusste Statusflags: Z

Um einen Registerinhalt um 1 zu verringern, verwendet man *decf*. Der Befehl wird häufig verwendet, um Zähler für eine Schleife oder einen Timer zu generieren. Es wird dazu ein Wert in ein Register geladen und bei jedem Durchlauf einer Schleife um 1 reduziert. Durch Abfragen des Zeroflags kann man prüfen, ob der Inhalt des Registers 0 ist.

Beispiel:

```
movlw 0x02      ;lade den Wert 0x02 ins W-Register
movwf 0x20      ;verschiebe den Inhalt ins Register 0x20
decf 0x20, 1    ;dekrementiere den Inhalt von Reg. 0x20
decf 0x20, 1    ;verringere den Wert nochmals um 1
```

Nach der Befehlssequenz steht der Wert 0x00 im F-Register 0x20 und das Zeroflag im Statusregister wurde gesetzt. Auch hier gilt, wie bei *incf*, dass die Flags DC und C nicht beeinflusst werden.

2.2.6 Sprungbefehle

goto

Bedeutung: Unconditional Branch
Syntax: goto k
Beeinflusste Statusflags: keine

Die Bezeichnung *unconditional branch* bedeutet auf Deutsch „unbedingter Sprung". Wird der *goto*-Befehl im Programm erreicht, wird ein Sprung ausgeführt, ohne eine Bedingung zu prüfen. Eine Bedingung könnte sein: „Springe, wenn ein bestimmtes Bit gleich 0 ist". Der Sprungbefehl wird daher sofort ausgeführt, ohne vorher einen bestimmten Zustand zu prüfen. Die angegebene Konstante kann im Falle des PIC16F876A zwischen 0 und 2047 liegen. Dies sind die unteren 11 Bits der Adresse. Die beiden anderen Bits, die für die 13-Bit-Adresse benötigt werden, kommen aus dem Register *PCLATH*. Bei einem Sprung über weite Bereiche oder bei Sprüngen über die Adressen 2048 (Anfang Page 1), 4096 (Anfang Page 2) und 6144 (Anfang Page 3) muss man daher sicherstellen, dass im Register *PCLATH* die Bits 3 und 4 richtig gesetzt sind. Da der Inhalt des Programmzählers aus zwei Teilen generiert wird, werden für die Ausführung dieses Befehls zwei Befehlszyklen benötigt.

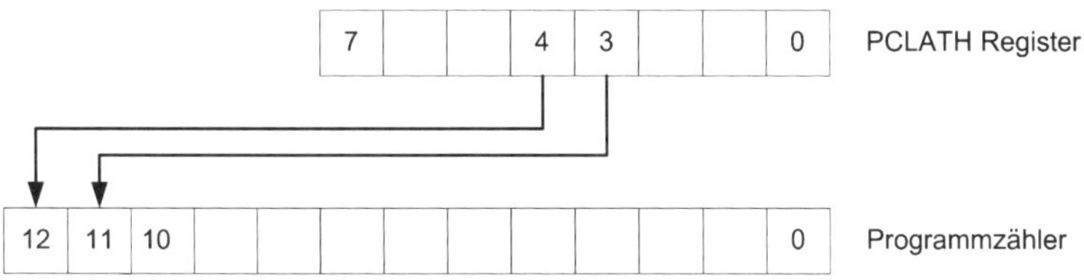

Abb. 2.3: Sprungbefehl GOTO

Beispiel:

```
main
   movlw 0x1     ;lade das W-Register mit dem Wert 0x55
   movwf PORTC   ;gebe die Daten an Port C aus
   movlw 0x0     ;lade den Wert 0xAA ins W-Register
   movwf PORTC   ;gebe die Daten an Port C aus
   goto main     ;springe zum label main (Endlosschleife)
```

Das Beispiel setzt den Pin RC0 abwechselnd auf low und high. Das Ganze wird in einer Endlosschleife ausgeführt. Bei dem *goto*-Befehl wird in fast allen Fällen die Adresse nicht in Form einer Zahl angegeben, sondern in Form eines Labels (Sprungmarke). Dies erleichtert das Programmieren ungemein, da sonst beim Einfügen einer zusätzlichen Zeile am Anfang des Programms alle angegebenen Adressen hinter dem *goto*-Befehl angepasst werden müssten.

call

Bedeutung: Call Subroutine
Syntax: call k
Beeinflusste Statusflags: keine

Der *call*-Befehl ist ähnlich dem *goto*-Befehl und es handelt sich ebenfalls um einen unbedingten Sprungbefehl. Die Besonderheit des *call*-Befehls ist, dass der Inhalt des Programmzählers vor dem eigentlichen Sprung gesichert wird. Man hat dadurch die Möglichkeit, wieder an den Ausgangspunkt zurückzuspringen. Daher wird dieser Befehl verwendet, um Unterprogramme aufzurufen. Dazu wird der Inhalt des Programmzählers im Stack gesichert und kann mit dem Befehl *return* wieder in den Programmzähler geladen werden. Die oberen beiden Bits der Sprungadresse werden durch die Bits 3 und 4 des Registers PCLATH ersetzt. Für den Aufruf eines Unterprogramms werden zwei Befehlszyklen benötigt.

Beispiel:

```
mask            ;Sprungmarke für Unterprogramm
   andlw 0x03   ;Maskierung der beiden unteren Bits
   return       ;Rücksprung aus dem Unterprogramm
main            ;Sprungmarke des Hauptprogramms
   movlw 0x55   ;lade den Wert 0x55 in das W-Register
   call mask    ;Aufruf des Unterprogramms
   movwf PORTC  ;gebe den Wert auf Port C aus
   goto main    ;springe zu main (Endlosschleife)
```

Durch den Aufruf des Unterprogramms *mask* werden alle Bits bis auf die beiden LSBs auf 0 gesetzt. Die beiden unteren Bits behalten ihren Wert bei, d. h., sie werden *maskiert*. Nach der Maskierung springt das Unterprogramm wieder an die Stelle zurück, von der der Aufruf erfolgte.

return

Bedeutung: Return from Subroutine
Syntax: return
Beeinflusste Statusflags: keine

Der *return*-Befehl ist eine Möglichkeit, um aus einem Unterprogramm zurückzuspringen. Durch den Aufruf des Kommandos wird der oberste Wert vom Stack geholt und in den Programmzähler geladen. Danach arbeitet das Programm an der Stelle des geladenen Befehls weiter. Da der Stack nur maximal acht Rücksprungadressen speichern kann, ist die Anzahl verschachtelter Unterprogrammaufrufe beschränkt.

Beispiel:

```
rotate             ;Sprungmarke für Unterprogramm rotate
   rrf 0x20, 0     ;verschiebe die Bits in Reg. 0x20 nach rechts
   return          ;Rücksprung vom Unterprogramm rotate
mask               ;Sprungmarke für Unterprogramm mask
   andwf 0x20, 1   ;maskiere das Reg. 0x20
   call rotate     ;Aufruf des Unterprogramms rotate
return             ;Rücksprung vom Unterprogramm mask
main               ;Hauptprogramm
   movlw 0xAA      ;lade den Wert 0xAA ins W-Register
   movwf 0x20      ;verschiebe den Wert ins F-Register 0x20
   movlw 0x0E      ;lade das W-Register mit dem Wert 0x0E
   call mask       ;Aufruf des Unterprogramms mask
   movwf PORTC     ;gebe den Wert des W-Registers auf Port C aus
   goto main
```

Das obige Beispiel demonstriert einen verschachtelten Aufruf von Unterprogrammen. Es verwendet zwei Stack-Ebenen für das Speichern der Rücksprungadressen. Als Ergebnis steht der Wert 0x05 im W-Register. Dieser entstand durch Maskieren von 0xAA mit 0x0E und einmal nach rechts verschieben.

retlw

Bedeutung: Return with Literal in W
Syntax: retlw k
Beeinflusste Statusflags: keine

Das Kommando *retlw* bietet eine weitere Möglichkeit, aus einem Unterprogramm zurückzuspringen. Allerdings bietet dieser Befehl noch eine kleine Besonderheit: Nach dem Rücksprung in das aufrufende Programm wird die Konstante *k* hinter dem Befehl in das W-Register gespeichert. Dies ist auch möglich, indem man einen Wert im W-Register speichert und dann mit dem Befehl *return* zurückspringt. Man spart aber mit dem *retlw*-Befehl einen Befehlszyklus, was in zeitkritischen Programmen von Vorteil sein kann. Der Befehl kann sehr gut verwendet werden, um dem aufrufenden Programm einen Rückgabewert zu liefern, der eine Aussage darüber gibt, ob die Ausführung des Unterprogramms erfolgreich war oder ein Fehler aufgetreten ist. Im folgenden Beispiel gibt das Unterprogramm bei fehlerfreier Ausführung eine 0 zurück. Im Fall eines Überlaufs wird eine 1 zurückgegeben.

Beispiel:

```
rotate               ;Sprungmarke für Unterprogramm rotate
   rlf 0x20, 1       ;verschiebe Reg. 0x20 nach links
   btfsc STATUS, C   ;prüfe, ob ein Überlauf vorliegt
   retlw 1           ;Das Carry-Bit ist gesetzt
                     ;-> Überlauf, Fehler
   retlw 0           ;Das Carry-Bit ist nicht gesetzt
                     ;-> kein Überlauf
main                 ;Hauptprogramm
   movlw 0x55        ;lade den Startwert 0x55 ins W-Register
movwf 0x20           ;verschiebe den Wert ins Reg. 0x20
loop                 ;Sprungmarke für die Schleife
   call rotate       ;Aufruf des Unterprogramms rotate
   andlw 0x01        ;UND-Verknüpfung um das LSB zu prüfen
   btfss STATUS, Z   ;prüfe, ob das Zerobit gesetzt ist
   goto main         ;Fehler, Z=1, Fang von vorne an
   goto loop         ;OK, Z=0, Wiederhole die Schleife
```

Das Hauptprogramm prüft den Rückgabewert des Unterprogramms und wiederholt im fehlerfreien Fall die Schleife. Falls ein Überlauf im Unterprogramm aufgetreten ist, wird der Startwert neu initialisiert, indem zu der Sprungmarke *main* gesprungen wird.

retfie

Bedeutung: Return from Interrupt
Syntax: retfie
Beeinflusste Statusflags: keine

Ein *Interrupt* (Programmunterbrechung) kann an jeder Stelle im Programmablauf auftreten. Daher hat auch der Programmzähler einen unbekannten Wert. Tritt ein

Interrupt ein, wird der Inhalt des Programmzählers im Stack gespeichert und es wird in die Interruptroutine gesprungen. Nach der Bearbeitung muss man wieder an die Stelle des Programms springen, die vor dem Interrupt bearbeitet wurde. Während der Interruptroutine sind keine neuen Interrupts zugelassen. Daher müssen nach dem Beenden der Routine die Interrupts wieder freigegeben werden. Dies wird mit dem Befehl *retfie* erledigt. Das Kommando sorgt dafür, dass der ursprüngliche Inhalt des Programmzählers von dem Stack geholt und das Bit *GIE* (Global Interrupt Enable) im Register *INTCON* gesetzt wird, um alle Interrupts wieder freizuschalten.

Beispiel:

```
w_temp EQU 0x70        ;temporäre Register zum Speichern des
status_temp EQU 0x71   ;W-Registers und des Statusregisters
   ORG 0x004           ;Interrupt-Adresse
   movwf w_temp        ;sichere den Inhalt des W-Registers
   movf STATUS,w       ;verschiebe STATUS-Register ins W-Register
   movwf status_temp   ;sichere den Inhalt des STATUS-Registers
   ;Ab hier steht der Code für die Interruptroutine
   movf PORTB, W       ;lese Port B
   movwf PORTC         ;gebe den Wert von Port B an Port C weiter
   movlw b'00001000'   ;setze die Interrupt-Bits zurück
   movwf INTCON
   movf status_temp,w  ;hole die Kopie des STATUS-Registers
   movwf STATUS        ;wiederherstellen des STATUS-Registers
   swapf w_temp, F     ;sichere die Daten zurück ins W-Register
   swapf w_temp, W
   retfie              ;Rücksprung vom Interrupt
main ;Hauptprogramm
   movlw b'10001000'   ;Interrupt freigeben
   movwf INTCON        ;wird ausgelöst bei Signalwechsel an PortB
loop
   movlw 0x05          ;lade den Wert 0x05 ins W-Register
   movwf PORTC         ;gebe den Wert an Port C aus
   movlw 0x0A          ;lade den Wert 0x0A ins W-Register
   movwf PORTC         ;gebe den Wert an Port C aus
   goto loop           ;wiederhole die Schleife
```

Im obigen Beispiel wird eine Schleife (loop) im Hauptprogramm dauerhaft durchlaufen. Dabei werden abwechselnd die Werte 0x05 und 0x0A an Port C ausgegeben. Tritt ein Signalwechsel an den Pins RB4, RB5, RB6 oder RB7 auf, wird ein Interrupt ausgelöst und in die Interruptroutine gesprungen. Nach dem Interrupt müssen zuerst das W-Register und das STATUS-Register zwischengespeichert werden, um es nach der Bearbeitung wieder in den ursprünglichen Zustand zurückzusetzen. In der Interruptroutine wird Port B gelesen und nach Port C kopiert, danach geht es mit dem Hauptprogramm weiter. Selbstverständlich wird auch vor dem Sprung in die Interruptroutine der Programmzähler auf dem Stack gesichert und mit dem Befehl *retfie* wieder vom Stack in den Programmzähler zurückkopiert. Das Zurückschreiben der Daten ins W-

Register über die Befehle *swapf* ist nötig, da der Befehl *movf w_temp* das Zeroflag im Statusregister wieder beeinflussen könnte. Da man beim Auftreten eines Interrupts nicht weiß, welche Bank gerade aktiv ist, müssen die temporären Register *w_temp* und *status_temp* an einer Adresse stehen, die in jeder Bank verfügbar ist. Daher wird für *w_temp* die Adresse 0x70 und für *status_temp* die Adresse 0x71 gewählt. Im Beispiel wurden die Port-Initialisierungen weggelassen, um eine bessere Übersicht zu gewährleisten.

incfsz

Bedeutung: Increment f, Skip if 0
Syntax: incfsz f, d
Beeinflusste Statusflags: keine

Der Befehl *incfsz* gehört zu den bedingten Sprungbefehlen. Das heißt, dass nur gesprungen wird, wenn nach der Inkrementierung der Wert zu 0 wurde. Bei der Verarbeitung des Befehls passiert Folgendes: Es wird der Wert im angegebenen F-Register um 1 erhöht, danach wird geprüft, ob der Wert im F-Register zu 0 wurde (0xFF + 1 = 0x00). Ist dies der Fall, wird der nächste Befehl übersprungen oder er wird gegen ein *nop* (no operation, keine Ausführung) ausgetauscht. Daher werden auch im Fall eines Sprungs zwei Befehlszyklen benötigt. Wenn nicht gesprungen wird, ist ein Befehlszyklus ausreichend.

Das Ergebnis kann je nach Parameter d in das W-Register (d = 0) oder das F-Register (d = 1) geschrieben werden.

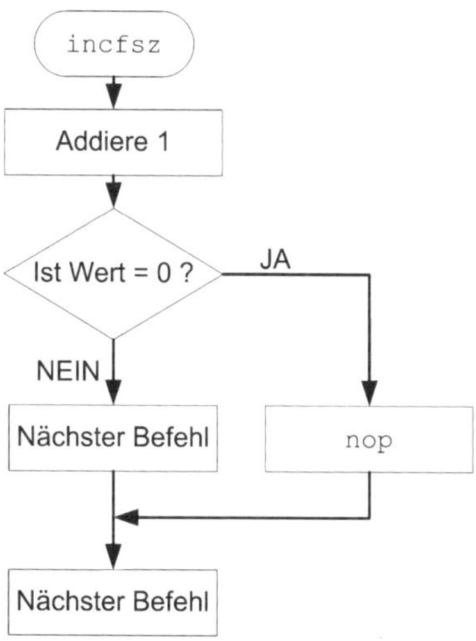

Abb. 2.4: Sprungbefehl INCFSZ

Beispiel:

```
    movlw 0xF9          ;lade den Wert 0xFA ins W-Register
    movwf 0x20          ;kopiere den Wert ins Reg. 0x20
counter                 ;Sprungmarke
    incfsz 0x20, 1      ;erhöhe den Wert in Reg. 0x20 um 1
    goto counter        ;wenn der Wert ungleich 0 springe zu counter
```

Zur Demonstration des Befehls *incfsz* wird im obigen Beispiel von 0xF9 bis 0x00 (0xFF+1) hochgezählt. Hiermit kann z. B. eine Zeitverzögerung verwirklicht werden. Im beschriebenen Beispiel werden für die Bearbeitung der Befehle *incfsz* und *goto* 20 Befehlszyklen benötigt. Dies würde bei einem 4-MHz-Takt einer Verzögerung von 20 µs entsprechen.

decfsz

Bedeutung: Decrement f, Skip if 0
Syntax: decfsz f, d
Beeinflusste Statusflags: keine

Im Gegensatz zu *incfsz* wird bei *decfsz* der Inhalt des angegebenen F-Registers um 1 verringert und im angegebenen Register gespeichert – bei d = 0 im W-Register und bei d = 1 im File-Register. Nach der Dekrementierung wird überprüft, ob der Wert zu 0 wurde. Ist dies der Fall, wird der nächste Befehl übersprungen und erst das übernächste Kommando ausgeführt. Ist der Wert zu 0 geworden, wird anstelle des nächsten Befehls ein Befehl ausgeführt, der keine Funktion hat (nop), daher benötigt die Ausführung des Befehls zwei Befehlszyklen.

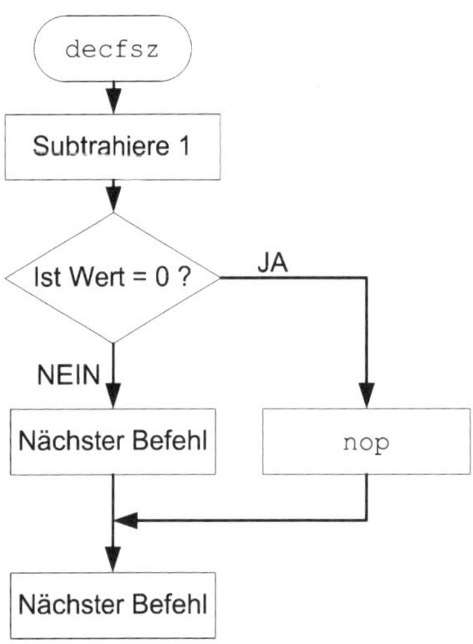

Abb. 2.5: Sprungbefehl DECFSZ

Beispiel:

```
    movlw 0x09          ;lade 0x09 ins W-Register
    movwf 0x20          ;Reg. 0x20 wird als Zähler verwendet
    movlw 0xA6          ;lade 0xA6 ins W-Register
    movwf 0x21          ;Reg. 0x21 wird als Arbeitsregister verwendet
shift                   ;Sprungmarke
    rlf 0x21, 1         ;verschiebe den Inhalt von 0x21 nach links
    decfsz 0x20, 1      ;verringere 0x20 um 1
    goto shift          ;springe zu shift bis 0x20 = 0
```

Der Inhalt des Registers 0x21 wird neunmal um eine Stelle nach links verschoben. Nach der Ausführung der Befehle steht wieder der gleiche Wert (0xA6) in Register 0x21.

btfss

Bedeutung: Bit Test f, Skip if Set
Syntax: btfss f, b
Beeinflusste Statusflags: keine

Bei der Assemblerprogrammierung kommt es häufig vor, dass man den Status eines einzelnen Bits in einem Register prüfen möchte. Zum Beispiel möchte man wissen, ob bei der Addition zweier Werte ein Übertrag aufgetreten ist. Um dies zu prüfen, wird das Carry-Flag im Statusregister gelesen. Im Prinzip sind alle Register aus einzelnen Bits aufgebaut, die, je nach Status der Operation, gesetzt oder zurückgesetzt werden.

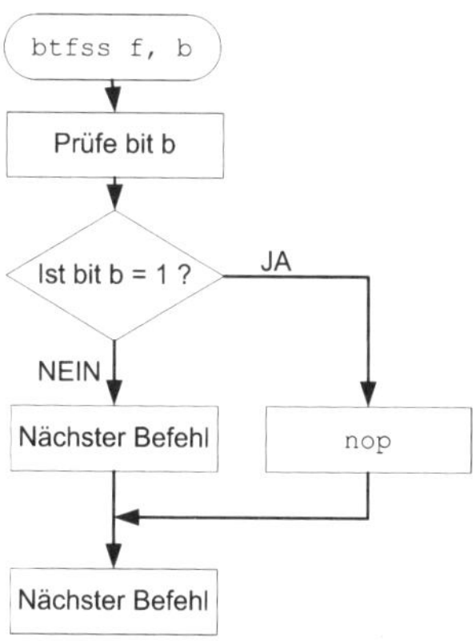

Abb. 2.6: Sprungbefehl BTFSS

Beispiel:

```
    movlw 0xD6          ;lade den Wert 0xD6 ins W-Register
    movwf 0x20          ;kopiere den Wert ins Reg. 0x20
weiter                  ;Sprungmarke
```

```
movlw d'5'         ;lade das W-Register mit dem Wert d'5'
addwf 0x20, 1      ;addiere W-Reg. und Reg. 0x20
btfss STATUS, C    ;prüfe, ob ein Übertrag aufgetreten ist
goto weiter        ;falls kein Übertrag, springe zu weiter
```

Es wird im Beispiel zum Wert in Register 0x20 so oft der dezimale Wert 5 addiert, bis ein Übertrag auftritt. Ist ein Übertrag aufgetreten, wird die Schleife beendet und der *goto*-Befehl wird gegen einen *nop*-Befehl (keine Operation) ausgetauscht.

btfsc

Bedeutung: Bit Test, Skip if Clear
Syntax: btfsc f, b
Beeinflusste Statusflags: keine

Um zu prüfen, ob ein Bit in einem Register 0 ist, verwendet man den Befehl *btfsc*. Hierbei wird der Befehl, der direkt unter dem *btfsc*-Befehl steht, übersprungen, wenn das geprüfte Bit gleich 0 ist. Die Zählung der Bits beginnt bei 0. Das höchstwertige Bit (MSB) ist demnach Bit 7 und das niederwertigste Bit 0.

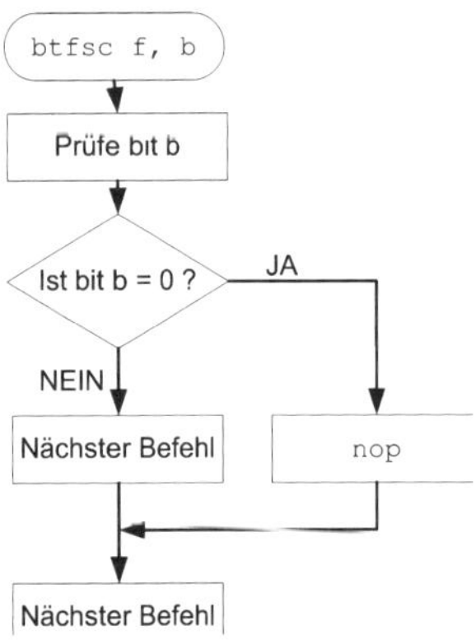

Abb. 2.7: Sprungbefehl BTFSC

Beispiel:

```
   movlw 0x00       ;lösche das W-Register
   movwf 0x20       ;lösche das Reg. 0x20
loop                ;Sprungmarke
   btfsc 0x20, 7    ;prüfe Bit 7 in Reg. 0x20
   goto add10       ;wenn Bit 7 = 1 -> springe zu add10
add5
   addlw d'5'       ;wenn Bit 7 = 0 -> addiere 5
   bsf 0x20, 7      ;setze Bit 7 in Reg. 0x20
   goto ende_add    ;springe zu ende_add
add10
```

```
    addlw d'10'      ;wenn Bit 7 = 1 -> addiere 10
    bcf 0x20, 7      ;lösche Bit 7 in Reg. 0x20
ende_add
    goto loop        ;springe zu loop
```

Im Beispielprogramm wird zu dem W-Register abwechselnd der dezimale Wert 5 oder 10 addiert. Wenn Bit 7 gesetzt ist, wird 10 addiert und ist Bit 7 nicht gesetzt, wird nur 5 zu dem Wert im W-Register addiert.

2.2.7 Sonstige Befehle

nop

Bedeutung: No Operation
Syntax: nop
Beeinflusste Statusflags: keine

Wird der Befehl *nop* im Programmablauf angegeben, macht der Prozessor an dieser Stelle nichts. Es wird keine Operation für die Dauer eines Befehlszyklus ausgeführt. Dieser auf den ersten Blick unsinnige Befehl wird gerne verwendet, um kurze Wartezeiten in ein Programm einzubauen. Soll z. B. eine Kommunikation mit einem anderen Baustein hergestellt werden, der für die Antwort auf ein Ereignis zwei Befehlszyklen benötigt, kann man im Programmablauf zweimal *nop* eingeben und gibt so dem zweiten Baustein ein wenig Zeit für die Antwort.

Beispiel:

```
    movlw d'100'     ;lade das W-Register mit 100
    movwf 0x20       ;verschiebe den Wert ins Reg. 0x20
wait2us
    nop              ;warte 1 Befehlszyklus (bei 4 MHz = 1 us)
    nop              ;warte 1 us
    incf 0x20, 1     ;inkrementiere den Wert in Reg. 0x20
```

Der Prozessor führt bei dem obigen Beispiel die Inkrementierung erst nach einer Wartezeit von zwei Befehlszyklen aus.

clrwdt

Bedeutung: Clear Watchdog Timer
Syntax: clrwdt
Beeinflusste Statusflags: TO und PD

Der *Watchdog* ist wörtlich übersetzt der „Wachhund" des Prozessors. Er ist ein Sicherheitsfeature des Mikrocontrollers und wird verwendet, um zu prüfen, ob der Prozessor noch richtig arbeitet. Dazu wird der *Watchdogtimer* gesetzt und läuft als Countdown im Hintergrund. Läuft dieser Countdown ab, wird ein Reset ausgeführt und der Prozessor zurückgesetzt. Damit der Prozessor nicht zurückgesetzt wird, muss der Watchdogtimer in regelmäßigen Abständen mit dem Befehl *clrwdt* gelöscht oder wieder auf den Startwert gesetzt werden. Dies ist eine sehr gute Maßnahme, um sicherzustellen, dass der Prozessor nicht in eine unbeabsichtigte Endlosschleife (Dead lock) gelaufen ist. Der Prozessor wäre dann nur durch Aus- und Einschalten wieder aus dieser Schleife zu holen. Es ist nicht zwingend erforderlich, dass der Watchdogtimer verwendet wird. Er kann durch Setzen der Konfigurations-Bits ein- und ausgeschaltet werden. Die Konfigurations-Bits können nur vor dem Programmieren gesetzt werden. Daher kann der Watchdog auch nicht während der Ausführung des Programms ein- oder ausgeschaltet werden.

Beispiel:

```
main                  ;Hauptprogramm
   bsf STATUS, RP0    ;umschalten auf Bank1 (für Optionregister)
   bcf STATUS, RP1
   movlw b'11001100' ;Prescaler für Watchdog = 1:16
   movwf OPTION_REG
   bcf STATUS, RP0    ;umschalten auf Bank0
   bcf STATUS, RP1
new                   ;Sprungmarke
   movlw 0xFF         ;lade W-Register mit 0xFF
   movwf 0x20         ;verschiebe den Wert in Reg. 0x20
wait                  ;Sprungmarke
   decfsz 0x20        ;verringere Reg. 0x20 um 1
   goto wait          ;ist Reg. 0x20 ungleich 0, springe nach wait
   clrwdt             ;setze Watchdog zurück
   goto new           ;springe nach new
```

Der Watchdogtimer läuft mit einem internen RC-Oszillator und benötigt daher keinen externen Takt. Die Periodendauer dieses Oszillators beträgt für den PIC16F876A typischerweise 18 ms, kann aber zwischen 7 und 33 ms liegen. Das heißt, dass ohne Prescaler (vorherige Teilung) nach spätestens 18 ms ein Reset ausgelöst wird, wenn der Watchdogtimer zwischenzeitlich nicht zurückgesetzt wurde. Durch den Prescaler kann man die Zeit bis maximal 2,3 Sekunden verlängern (1:128 = 18 ms x 128 = 2304 ms). Der Prescaler wird im Register OPTION_REG eingestellt. Im Beispiel wurde der Wert auf 1:16 eingestellt, was bedeutet, dass der Prozessor nach 288 ms zurückgesetzt wird, falls der Befehl *clrwdt* vergessen wird. Zum Testen kann dieser durch ein Semikolon auskommentiert werden. Im Beispiel wird in einer Schleife immer wieder von 0xFF auf 0x00 heruntergezählt.

sleep
Bedeutung: Power-down
Syntax: sleep
Beeinflusste Statusflags: TO und PD

Mikrocontroller werden oft in batteriebetriebenen Geräten eingesetzt. Da diese nur eine begrenzte Betriebsdauer haben, ist es sinnvoll, mit der zur Verfügung stehenden Energie möglichst sparsam umzugehen. Zum Beispiel ist es nicht erforderlich, den Prozessor ständig eingeschaltet zu lassen, wenn nur alle 2 Sekunden ein Temperaturwert gemessen werden soll. Um den Prozessor nun für eine gewisse Zeit in einen Stromsparmodus zu versetzen, ruft man den Befehl *sleep* auf. Durch diesen Befehl wird nur noch ein Teil des Mikrocontrollers am Laufen gehalten und nur ein Minimum an Energie verbraucht. Der Controller kann dann durch verschiedene Ereignisse wieder in den normalen Betriebszustand zurückgeholt werden, z. B. durch den Watchdogtimer.

Beispiel:

```
    bsf STATUS, RP0       ;umschalten auf Bank1 (für Optionregister)
    bcf STATUS, RP1
    movlw b'11001111'     ;Prescaler für Watchdog = 1:128
    movwf OPTION_REG
    bcf STATUS, RP0       ;umschalten auf Bank0
    bcf STATUS, RP1
read
    movf PORTA, 0         ;lese den Wert von Port A
    movwf 0x20            ;speichere den Wert in Reg. 0x20
    clrwdt                ;setze Watchdogtimer zurück
    sleep                 ;gehe in Stand-by-Modus
    goto read             ;lese den nächsten Wert nach dem Aufwachen
```

Im Beispiel wird ca. alle 2,3 Sekunden der Wert von Port A gelesen und im Register 0x20 gespeichert. Nach dem Lesen des Ports geht der Prozessor wieder in den Stromsparmodus. Der Prozessor kann auch durch einen externen Interrupt, einen Signalwechsel an Port B oder durch einen Interrupt von der Peripherie (z. B. USART) aus dem Schlafzustand geholt werden.

3 Die Programmierung mit MPLAB

Nachdem nun einige Grundlagen über den Aufbau eines Mikrocontrollers erklärt wurden, wird in diesem Kapitel die Entwicklungsumgebung *MPLAB* von Microchip vorgestellt. Es handelt sich dabei um ein professionelles Tool, bei dem man nichts vermisst, was für die Programmierung der Mikrocontroller benötigt wird. Die aktuelle Software kann man auf der Internetseite von Microchip (www.microchip.com) kostenfrei herunterladen und benutzen. Eine Version von MPLAB befindet sich auf der beiliegenden CD-ROM. Mit der Entwicklungsumgebung kann man die Controller von Microchip in Assembler programmieren. Es können auch verschiedene C-Compiler integriert werden, für die aber von dem entsprechenden Hersteller eine kostenpflichtige Lizenz zu erwerben ist.

Um den Mikrocontroller zu programmieren, steht ein Texteditor mit Syntax-Highlighting (farbliche Unterscheidung von Befehlen, Zahlen und Kommentaren) zur Verfügung. Es können über den Texteditor auch Breakpoints (Haltepunkte) definiert und der Code schrittweise abgearbeitet werden. Um sich den aktuellen Inhalt der Register anzusehen, kann man zwischen unterschiedlichen Anzeigearten wählen. Ein besonderes Feature ist der integrierte Simulator. Hiermit kann man die Software für einen Mikrocontroller schreiben, ohne einen solchen angeschlossen zu haben. Der PC simuliert so die Funktionsweise des Controllers. Man kann sich Signale über die Zeit anzeigen lassen, die Signalzustände der Eingangspins ändern oder eine Stoppuhr verwenden, um die Dauer einer Schleife zu bestimmen.

Um eine funktionierende Schaltung mit einem Mikrocontroller aufzubauen, müssen die Hardware und die Software ordnungsgemäß funktionieren. Durch den Simulator hat man eine sehr gute Möglichkeit, die Software von der Hardware zu trennen und so nur die Software zu untersuchen. Mögliche Fehler in der Beschaltung des Mikrocontrollers spielen dann keine Rolle und man lädt erst nach erfolgreicher Simulation die Software in den Mikrocontroller. Danach hat man dann die Möglichkeit, den Mikrocontroller über den In-Circuit-Debugger in echter Hardwareumgebung zu testen und die Fehler zu beseitigen. So können Schritt für Schritt die Fehler gesucht und berichtigt werden.

3.1 Installation von MPLAB

Die Version v8.10 von MPLAB befindet sich auf der beiliegenden CD-ROM im Verzeichnis *..\MPLAB\Installation*. Die Installation wird gestartet durch den Aufruf der Datei *Install_MPLAB_v810.exe*.

3.2 Anpassung des Projektverzeichnisses

Auf der beiliegenden CD-ROM findet man viele Beispiele, die sofort funktionieren und mit dem Simulator von MPLAB simuliert werden können. Um mit den Beispielen zu arbeiten, sollte man sie sich in ein Verzeichnis auf der Festplatte kopieren, da bei Änderungen im Programmcode die Dateien auch gespeichert werden müssen. Bei allen Beispielen wurde die Arbeitsumgebung gespeichert, sodass beim Starten bereits die richtigen Einstellungen gemacht sind und man das Programm sofort ausführen kann. Allerdings ist es dazu nötig, das komplette Beispielverzeichnis auf die Festplatte in den Pfad *C:\PIC* zu kopieren. In der Arbeitsumgebung sind die gesamten Pfadnamen gespeichert und werden bei einem abweichenden Verzeichnisnamen nicht mehr gefunden. Es müssen in der Arbeitsumgebung dann die Pfadnamen umständlich angepasst werden. Um die Beispiele dennoch in einem anderen Verzeichnis zu bearbeiten, kann man die Anpassungen über den *Project Wizard* vornehmen. Das Beispiel wird durch einen Doppelklick auf die Datei mit der Endung *.mcw* geöffnet. Danach ruft man den Project Wizard über *Project -> Project Wizard* auf. Man kann bis auf ein Fenster alle mit *Weiter* bestätigen. Nur bei *Step Three* muss man den Options-Button *Reconfigure Active Project* und *Save changes to existing project file* anklicken.

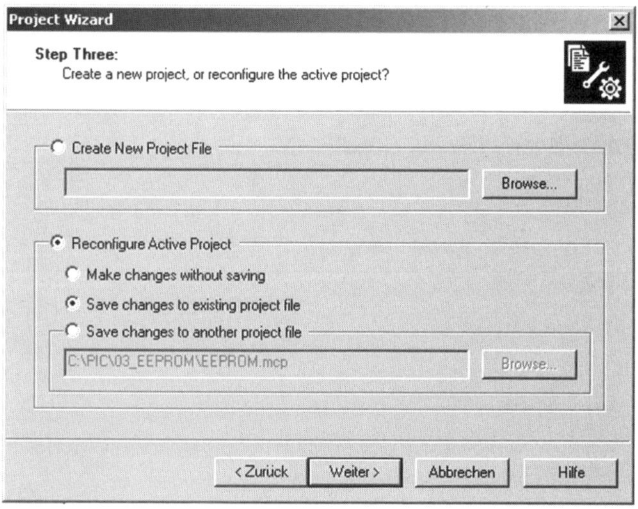

Abb. 3.1: Project Wizard Reconfigure

Nach diesem Schritt sind die Pfadnamen aktualisiert und das Programm sollte sich übersetzen lassen. Sollte diese Prozedur nicht zum gewünschten Erfolg führen, muss man sich ein neues Projekt anlegen und die benötigten Assemblerfiles importieren. Wie Projekte angelegt werden und wie der Simulator verwendet werden kann, wird im Folgenden ausführlich erklärt.

Die folgende Beschreibung erklärt nur die wichtigsten Features von MPLAB, die erforderlich sind, um die Beispiele in diesem Buch auszuführen. Für weitere Informationen findet man auf der CD-ROM oder der Internetseite von Microchip die komplette Bedienungsanleitung (in Englisch), in der alle Eigenschaften von MPLAB erklärt sind.

3.3 Anlegen eines Projekts

Nach der erfolgreichen Installation von MPLAB kann die Entwicklungsumgebung gestartet werden. Um ein Assemblerprogramm für einen Mikrocontroller zu erstellen, muss zuerst ein Projekt angelegt werden, in dem der verwendete Mikrocontroller und der Projektname festgelegt werden. Um ein Projekt anzulegen, startet man den Project Wizard über die Schaltfläche *Project -> Project Wizard...*

Abb. 3.2: Project Wizard starten

Die anschließende Begrüßung übergeht man mit *Weiter* >.

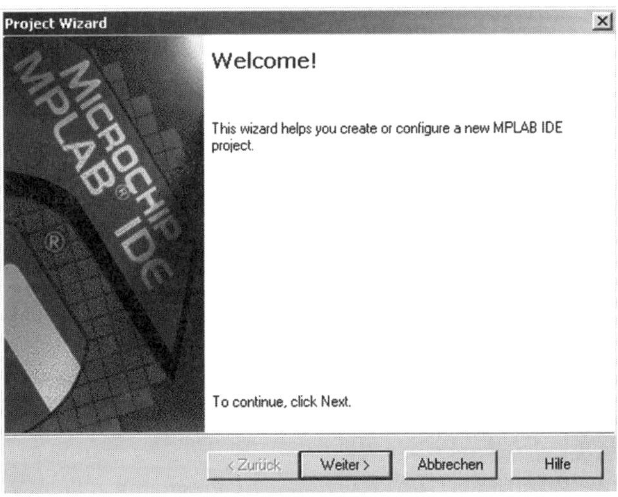

Abb. 3.3: Project Wizard Welcome

Danach öffnet sich ein Fenster für die Auswahl des verwendeten Mikrocontrollers. Für die Beispiele in diesem Buch wird der Controller PIC16F876A ausgewählt.

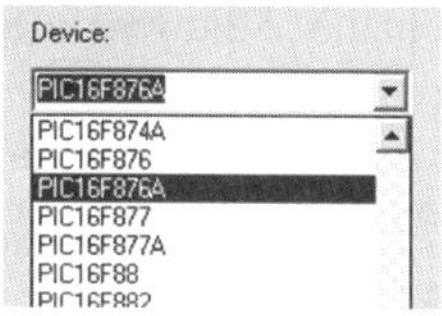

Abb. 3.4: Auswahl des Mikrocontrollers

Nachdem der Mikrocontrollertyp gewählt wurde, muss man festlegen, mit welchen Tools das geschriebene Programm übersetzt werden soll. Um Assembler zu programmieren, wählt man die Toolsuite *Microchip MPASM Toolsuite* aus. Es ist bereits vorgegeben, wo diese Tools bei der Installation von MPLAB gespeichert wurden. Sollten die Tools nicht gefunden werden, kann der Pfad über den Button *Browse...* angegeben werden.

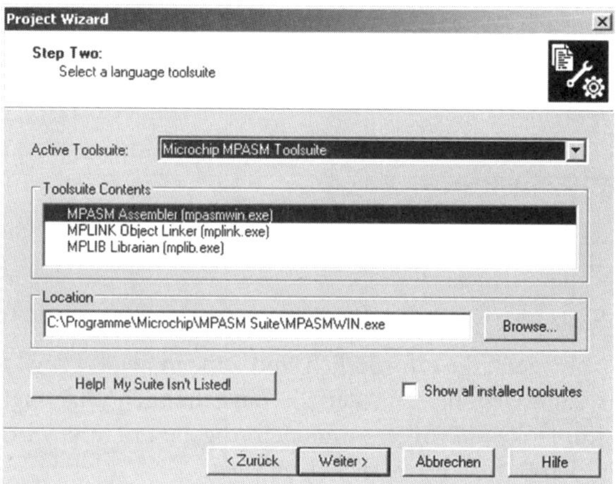

Abb. 3.5: Auswahl der Toolsuite

Im nächsten Fenster hat man die Möglichkeit, dem Projekt einen Namen zu geben und festzulegen, in welchem Verzeichnis es gespeichert werden soll. Über den Button *Browse...* kann man mit einem Explorer den entsprechenden Ordner wählen und der Projektdatei einen Namen geben.

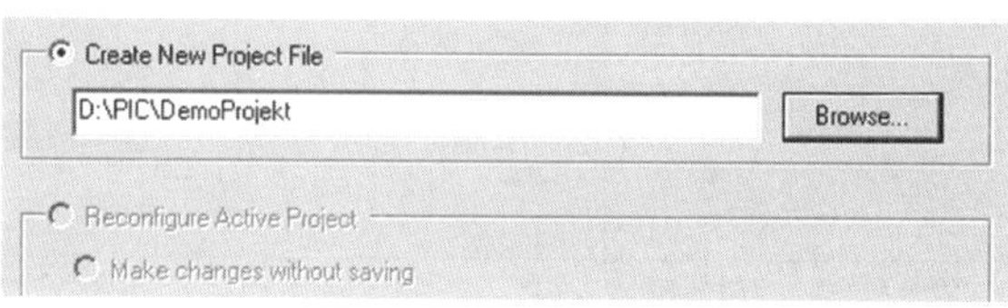

Abb. 3.6: Neues Projekt anlegen

Sind schon Dateien aus anderen Projekten vorhanden, kann man sie mithilfe des folgenden Fensters zu dem Projekt hinzufügen. Dazu sollte man sich die Dateien vorher in das Projektverzeichnis kopieren, damit die Projektdateien nicht über die gesamte Festplatte verstreut gespeichert sind. Die Dateien können auch zu einem späteren Zeitpunkt in das Projekt importiert werden, sodass man das Fenster auch ohne Angaben mit dem Button *Weiter...* übergehen kann.

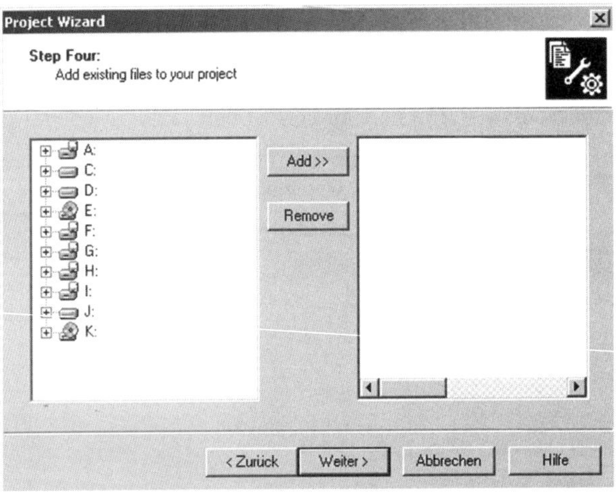

Abb. 3.7: Dateien hinzufügen

Es wurden nun alle Einstellungen gemacht, die erforderlich sind, um ein neues Projekt anzulegen. Man erhält nochmals eine Übersicht, in der die Einstellungen angezeigt werden. Sind nach einer kurzen Kontrolle die vorgenommenen Angaben richtig, wird das Projekt durch einen Klick auf den Button *Fertig stellen* angelegt.

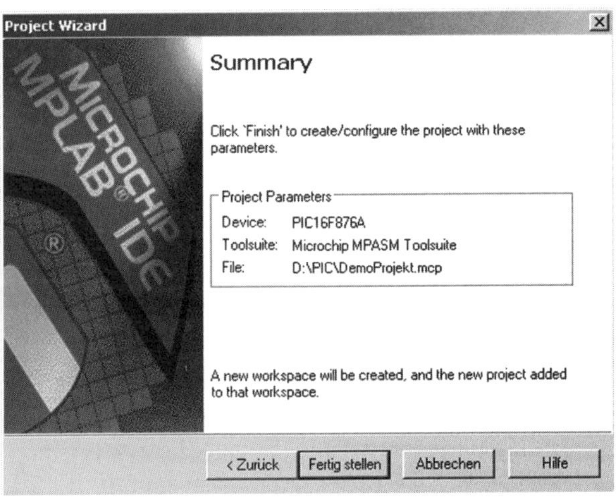

Abb. 3.8: Zusammenfassung

3.4 Die Arbeitsoberfläche

Die Arbeitsoberfläche ist noch ein wenig leer. Daher sollte man zuerst einmal zwei hilfreiche Fenster sichtbar schalten. Zum einen ist dies das Projektfenster. Dort sieht man alle Dateien, die zu dem Projekt gehören. Die Dateien können durch einen Doppelklick zum Bearbeiten geöffnet werden. Das Fenster wird sichtbar, wenn man im Menüpunkt *View* den Haken vor *Project* setzt. Ein weiteres wichtiges Fenster ist das *Output*-Fenster. Darin werden alle Meldungen, Fehler und Warnungen angezeigt, die während der Arbeit mit MPLAB entstehen. Dies ist wichtig, um zu erfahren, ob man richtig mit der Hardware verbunden ist und ob der Übersetzungsvorgang erfolgreich abgeschlossen wurde. Mit einem Haken vor *Output* wird auch dieses Fenster aktiviert. Die Fenster können nun in ihrer Größe angepasst und auf der Arbeitsfläche angeordnet werden. Beim Beenden von MPLAB wird diese Anordnung gespeichert, sodass man nach dem erneuten Aufruf des Projekts immer wieder mit der letzten Ansicht starten kann.

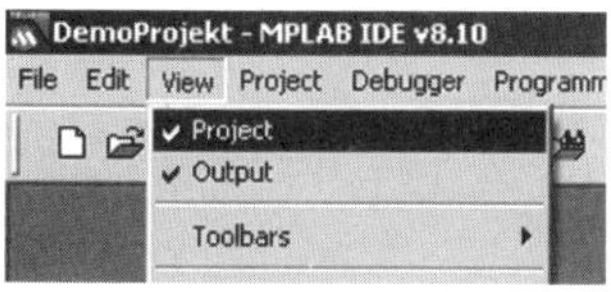

Abb. 3.9: Projektansicht

Da bei der Generierung des Projekts keine Dateien in das Projekt eingebunden wurden, ist es nun an der Zeit eine neue Assemblerdatei zu generieren. Dazu wählt man aus dem Menü *File* den Punkt *New* aus. Es wird ein Fenster geöffnet mit dem Namen *Untitled*. Der * hinter dem Namen zeigt an, dass Änderungen in diesem File vorgenommen wurden, diese aber noch nicht gespeichert wurden. In diesem Text-File kann man den Assemblercode eingeben und bearbeiten.

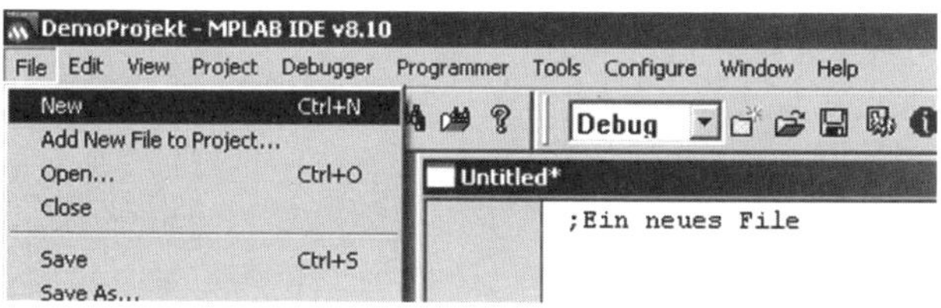

Abb. 3.10: Neue Datei

Um die Textdatei nach der Bearbeitung zu speichern, wählt man aus dem Menü *File* den Punkt *Save As...* aus. Danach wählt man den gewünschten Pfad aus und gibt der Datei einen Namen. Wichtig ist, dass hinter dem Dateinamen die Endung mit angegeben wird, damit der Assembler später weiß, um welchen Typ es sich handelt. Als Endung gibt man für Dateien, die einen Assemblercode enthalten, die Endung *.asm* an.

Für Dateien, in denen Konstanten oder Makros definiert werden, verwendet man die Endung *.inc* (Include). Nachdem die Datei unter dem Namen mit Endung abgespeichert wurde, funktioniert auch das Syntax-Highlighting. Für Kommentare, Zahlen und Schlüsselwörter (z. B. movlw) werden unterschiedliche Farben verwendet. Um sich die Arbeit bei der Erstellung der Assemblerdatei ein wenig zu vereinfachen, findet man auf der CD-ROM eine Vorlage, in der bereits das Grundgerüst einer Assemblerdatei vorhanden ist. Hier sind bereits die Konfigurationsbits gesetzt und der nötige Code für Interruptroutinen ist enthalten. Zu finden ist die Vorlage unter *\Beispiele\Vorlage.asm.*

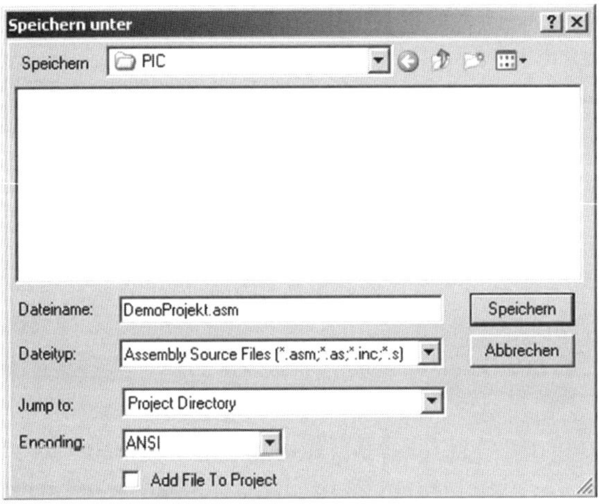

Abb. 3.11: Datei speichern

Die Datei mit dem Assemblercode ist nun gespeichert und liegt auf der Festplatte. Allerdings ist sie noch nicht im Projekt vorhanden und muss noch in das Projekt importiert werden. Dazu wählt man im Menü *Project* den Punkt *Add Files to Project...* aus und selektiert die gewünschte Datei. Auf dem gleichen Weg können auch andere bereits erstellte Dateien dem Projekt hinzugefügt werden. Die Dateien sollten sich vor dem Hinzufügen zum Projekt im Projektordner befinden, damit die bearbeiteten Dateien alle in einem gemeinsamen Verzeichnis stehen. (*Abb. 3.12*)

Nachdem die Assemblerdatei erfolgreich in das Projekt eingefügt wurde, taucht sie auch im Projektfenster auf. Hinter dem Projektnamen steht ein Sternchen, das darauf hindeutet, dass die aktuellen Änderungen noch nicht gespeichert wurden. (*Abb. 3.13*)

Hat man den Code eingegeben und die Datei abgespeichert, ist es an der Zeit das Programm zu testen und eventuelle Fehler zu beseitigen. MPLAB verfügt über einen Simulator, mit dem der PIC simuliert werden kann. Es ist daher nicht erforderlich, dass ein echter Mikrocontroller an den Rechner angeschlossen ist. Um den Simulator für die Fehlersuche (Debugger) zu verwenden, wählt man im Menü *Debugger -> Select Tool* den Punkt *MPLAB SIM*. Es wird ein Haken vor dem aktiven Debugger angezeigt. (*Abb. 3.14*)

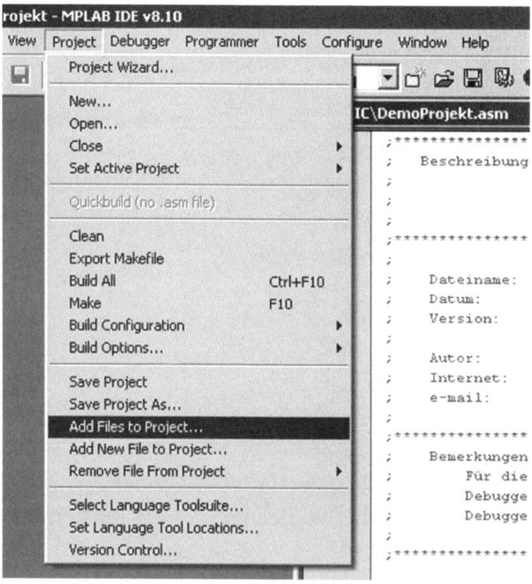

Abb. 3.12: Dateien zum Projekt hinzufügen

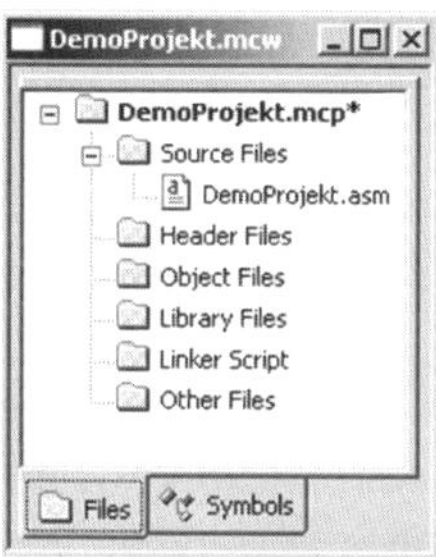

Abb. 3.13: Projektansicht

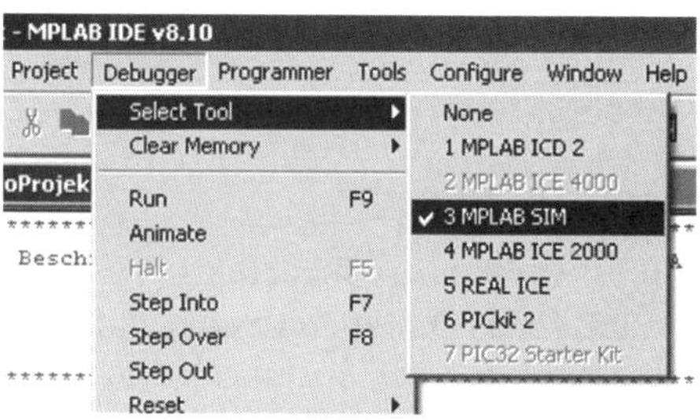

Abb. 3.14: Auswahl des Tools zum Debuggen

Nach der Auswahl erscheinen auch zusätzliche Icons in der Symbolleiste. Mit diesen Icons kann man den Debugger steuern und die Fehler im Programm schrittweise beseitigen.

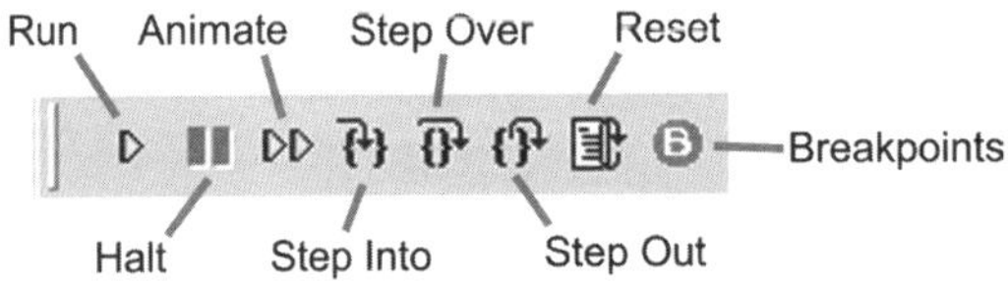

Abb. 3.15: Buttons für die Simulation

Mithilfe der Icons kann man schrittweise durch das Programm gehen und so die Auswirkung jedes einzelnen Befehls prüfen. Die folgende Beschreibung verdeutlicht die Wirkungsweise der Icons:

- **Run**: Hiermit kann man die Ausführung starten. Die Befehle werden nacheinander abgearbeitet, bis das Programm angehalten wird. Die Ausführung kann durch den Button *Halt* oder einen Breakpoint unterbrochen werden.
- **Halt**: Bewirkt eine Unterbrechung des laufenden Programms
- **Animate**: Der Programmablauf wird simuliert und ist das Gleiche wie eine schrittweise Abarbeitung. Man kann hiermit auf einfache Art erkennen, an welcher Stelle sich das Programm gerade befindet, und bei Bedarf die Ausführung stoppen.
- **Step Into**: Bei jedem Klick auf dieses Icon wird ein Befehl ausgeführt. Taucht im Programmablauf ein Unterprogrammaufruf auf, wird auch dieses schrittweise ausgeführt.
- **Step Over**: Es wird wie bei *Step Into* jeder Befehl einzeln ausgeführt, allerdings wird ein aufgerufenes Unterprogramm in einem Schritt ausgeführt und es wird nicht in das Unterprogramm, für die schrittweise Bearbeitung, gesprungen.
- **Step Out**: Ist man mit der schrittweisen Ausführung in einem Unterprogramm gelandet, kann man mit diesem Befehl alle Kommandos im Unterprogramm ausführen und wieder in das Hauptprogramm zurückspringen.
- **Reset**: Ein Klick auf dieses Icon bewirkt einen Prozessor-Reset und das Programm beginnt von vorn.
- **Breakpoints**: Hier erhält man eine Übersicht über die gesetzten Breakpoints und kann diese ergänzen oder löschen.

Bevor man das Programm ausführen kann, muss es übersetzt werden. Um ein lauffähiges Programm zu generieren, wählt man im Menü *Project* den Punkt *Build All* aus. Das funktioniert auch, wenn man auf einen Button zur Ausführung des Programms klickt (*Run*, *Step Into…*). Wurden seit der letzten Aufführung Änderungen durchgeführt, wird der Programmcode automatisch neu übersetzt.

Hat man alles fehlerfrei programmiert und erfolgreich übersetzt, erhält man im Output-Fenster die Meldung *BUILD SUCCEEDED*. Falls ein Fehler aufgetreten ist, kann man ihn durch einen Doppelklick auf die Fehlermeldung lokalisieren und beheben.

Abb 3.16: Projekt übersetzen

Abb. 3.17: Erfolgreich übersetzt

Nun ist das Programm lauffähig und kann im Detail analysiert werden.

3.5 Das Menü View

Um das Programm zu analysieren, stehen verschiedene Hilfsmittel zur Verfügung. Diese können über das Menü *View* und durch Auswahl des entsprechenden Punkts ausgewählt werden.

Abb. 3.18: Das Menü View

3.5.1 Hardware Stack

Wurden im Programm Interruptroutinen und Unterprogramme verwendet, kann man sich den Status des Stacks genau ansehen. Der grüne Pfeil zeigt die aktuelle Ebene an und in der Spalte *Return Address* stehen die gespeicherten Rücksprungadressen.

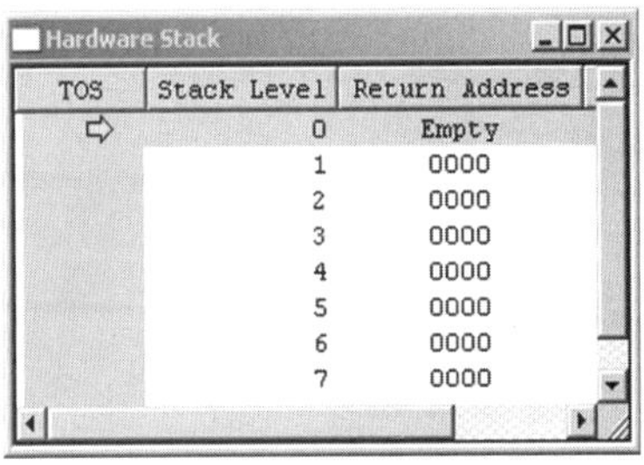

Abb. 3.19: Hardware Stack

3.5.2 Watches

Ein wichtiges Fenster ist das Fenster *Watch*. Hier kann man sich den Inhalt aller Register anzeigen lassen und sie auch während der Laufzeit verändern. Ändert sich während der Programmausführung der Inhalt eines Registers, wird der Wert in rot dargestellt und man kann sich auf diese Anzeige konzentrieren.

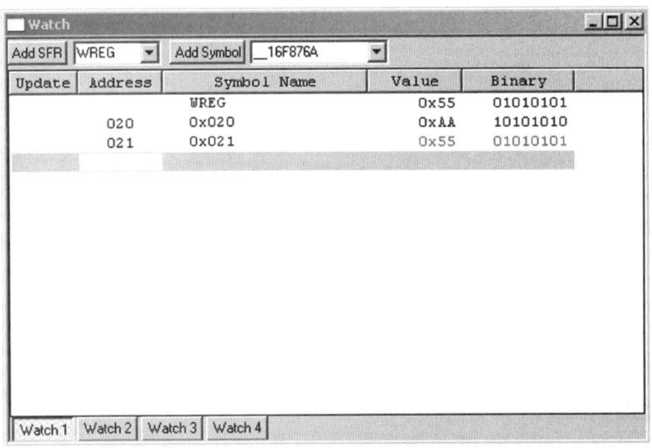

Abb. 3.20: Watches

Die Register sind in zwei Gruppen eingeteilt:
Die eine Gruppe sind die *Special Function Register* (SFR), die andere sind die selbst definierten Register mit ihren Symbolnamen. Zu den Special-Function-Registern zählen

unter anderem auch das W-Register oder die Port-Register (z. B. PORTA). Um ein neues Register zu beobachten, wählt man über das Drop-down-Menü zuerst das entsprechende Register aus und fügt es durch einen Klick auf den Button *Add SFR* oder *Add Symbol* der Liste hinzu. Es ist auch möglich, die Adresse des Registers direkt in die Liste einzugeben. Dazu wählt man die unterste Zeile aus und gibt in der Spalte *Address* die Adresse in hexadezimaler Form (ohne 0x) an. Die Reihenfolge der Register kann man per Drag'n'Drop mit der Maus verändern. Durch Klicken auf die unteren Reiter *Watch 1* bis *4* ist es möglich, sich verschiedene Zusammenstellungen der Variablen zu generieren.

3.5.3 Disassembly Listing

Gelegentlich möchte man wissen, wie der programmierte Code übersetzt und was letztlich genau in den Mikrocontroller geladen wird. Dazu gibt es den Disassembler, der den generierten Maschinencode wieder in einen lesbaren Code zurückwandelt. Leider gehen bei diesem Schritt auch alle definierten Registernamen verloren und es wird nur noch die Adresse dargestellt. Im *Disassembly Listing* sieht man in der linken Spalte die Adresse des Programmcodes und daneben den Maschinencode. In der dritten Spalte findet man den zurückübersetzten Code. Falls verfügbar, steht auf der rechten Seite der Programmcode so, wie er programmiert wurde. Der grüne Pfeil zeigt den aktuellen Stand des Programmzählers an. Sollte man sich einmal unsicher sein, an welcher Stelle sich das Programm befindet, sollte man immer das Disassembly Listing als Referenz ansehen, da dieser Code auch im Mikrocontroller steht.

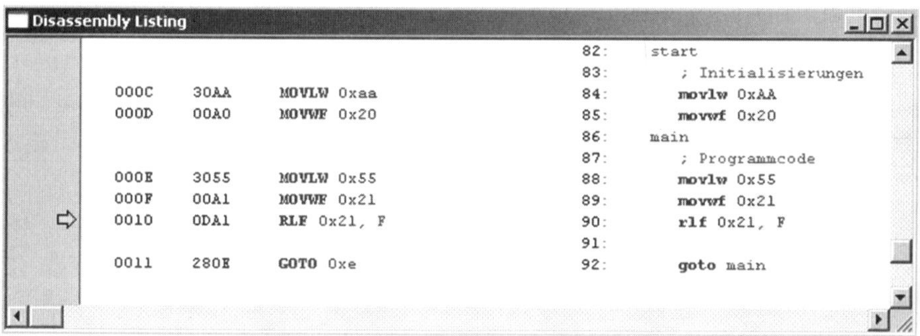

Abb. 3.21: Disassembly Listing

3.5.4 EEPROM

Da viele Mikrocontroller über ein internes EEPROM verfügen, gibt es auch in MPLAB eine Möglichkeit, sich die gespeicherten Daten im EEPROM anzusehen. Im Fenster sieht man auf der rechten Seite die Interpretation der Daten im ASCII-Format. Will man den Inhalt der Adresse 0x93 finden, geht man in der Spalte *Address* herunter bis zur Zeile 90 und dann nach rechts bis zur Spalte 03. An dieser Stelle steht der Inhalt der Adresse 0x93.

EEPROM

Address	00	01	02	03	04	05	06	07	08	09	0A	0B	0C	0D	0E	0F	ASCII
00	FF	FF	FF	FF	FF	FF	FF	FF	FF	FF	FF	FF	FF	FF	FF	FF	....
10	FF	FF	FF	FF	FF	FF	FF	FF	FF	FF	FF	FF	FF	FF	FF	FF	....
20	FF	FF	FF	FF	FF	FF	FF	FF	FF	FF	FF	FF	FF	FF	FF	FF	....
30	FF	FF	FF	FF	FF	FF	FF	FF	FF	FF	FF	FF	FF	FF	FF	FF	....
40	FF	FF	FF	FF	FF	FF	FF	FF	FF	FF	FF	FF	FF	FF	FF	FF	....
50	FF	FF	FF	FF	FF	FF	FF	FF	FF	FF	FF	FF	FF	FF	FF	FF	....
60	FF	FF	FF	FF	FF	FF	FF	FF	FF	FF	FF	FF	FF	FF	FF	FF	....
70	FF	FF	FF	FF	FF	FF	FF	FF	FF	FF	FF	FF	FF	FF	FF	FF	....
80	FF	FF	FF	FF	FF	FF	FF	FF	FF	FF	FF	FF	FF	FF	FF	FF	....
90	FF	FF	FF	FF	FF	FF	FF	FF	FF	FF	FF	FF	FF	FF	FF	FF	....
A0	FF	FF	FF	FF	FF	FF	FF	FF	FF	FF	FF	FF	FF	FF	FF	FF	....
B0	FF	FF	FF	FF	FF	FF	FF	FF	FF	FF	FF	FF	FF	FF	FF	FF	....
C0	FF	FF	FF	FF	FF	FF	FF	FF	FF	FF	FF	FF	FF	FF	FF	FF	....
D0	FF	FF	FF	FF	FF	FF	FF	FF	FF	FF	FF	FF	FF	FF	FF	FF	....
E0	FF	FF	FF	FF	FF	FF	FF	FF	FF	FF	FF	FF	FF	FF	FF	FF	....
F0	FF	FF	FF	FF	FF	FF	FF	FF	FF	FF	FF	FF	FF	FF	FF	FF	....

Abb. 3.22: EEPROM

3.6 Breakpoints

Bei der Programmierung kommt es immer wieder vor, dass man sich bestimmte Codestellen genau ansehen möchte. Um nun nicht das ganze Programm schrittweise mit *Step Into* oder *Step Over* abzuarbeiten, setzt man einen Breakpoint vor den interessanten Codeteil. Man kann das Programm mit *Run* laufen lassen, der Debugger führt nun alle Befehle zügig aus und stoppt an der gewählten Stelle. Man hat verschiedene Möglichkeiten, einen Breakpoint zu setzen. Man kann auf das Icon *Breakpoints* klicken und die Position angeben oder man macht im einfachsten Fall einen Doppelklick auf den Befehl in der gewünschten Zeile. Der aktive Breakpoint wird durch einen roten Kreis mit einem weißen „B" gekennzeichnet. Das Programm hält an dieser Stelle an und die aktuellen Registerwerte werden im Fenster *Watch* angezeigt. Danach kann man den Code schrittweise durchgehen und sich nach jedem Schritt die Veränderung der Register ansehen. Im Simulator können beliebig viele Breakpoints gesetzt werden, während im echten Mikrocontroller aufgrund der beschränkten Ressourcen meist nur ein Breakpoint möglich ist. Falls man mehrere Breakpoints in einem Programm wünscht, muss man den Breakpoint nach dem Erreichen löschen und an der nächsten Stelle aktivieren.

```
start                    ; Beginn des Programms
   ; Initialisierungen
   movlw 0xAA
   movwf 0x20
main                     ; Beginn der Hauptschleife
   ; Programmcode
   movlw 0x55
   movwf 0x21
   rlf 0x21, F

   goto main

   END                   ; Ende des Programms
```

Abb. 3.23: Breakpoints

3.7 Simulator

Mit den zuvor beschriebenen Features ist es möglich, die internen Register anzusehen, und deren Veränderung zu interpretieren. Da ein Mikrocontroller in der Regel auch über Eingänge verfügt, müssen diese auch simuliert werden können. Um eine Simulation zu ermöglichen, ruft man aus dem Menü *Debugger* den Punkt *Stimulus* und *New Workbook* auf. Es öffnet sich ein neues Fenster mit verschiedenen Reitern (Tabs).

3.7.1 Grundeinstellungen

Bevor man mit dem Simulator arbeitet, sollte man noch einige Grundeinstellungen vornehmen. Das Fenster für die Vorgaben wird über das Menü *Debugger* und den Punkt *Settings…* geöffnet. Die wichtigste Einstellung befindet sich im Tab *Osc / Trace*. Hier muss die gewünschte Taktfrequenz des Mikrocontrollers eingestellt werden, damit die Signale zum richtigen Zeitpunkt angelegt werden können. Bei allen anderen Tabs kann man die Standardeinstellungen beibehalten. (*Abb. 3.24*)

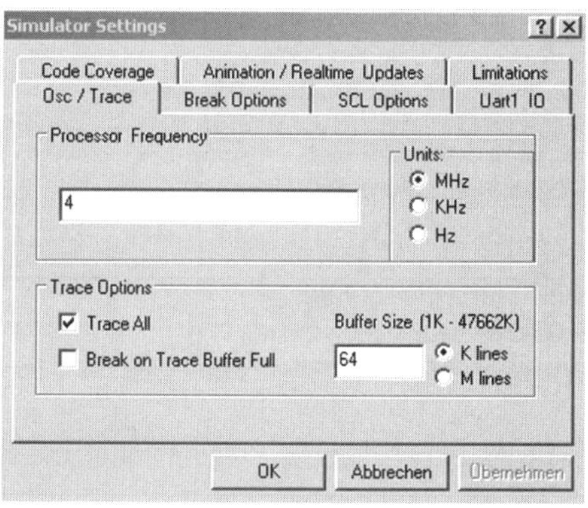

Abb. 3.24: Simulator Settings

3.7.2 Asynchroner Stimulus

Im Reiter *Asynch* im Fenster *Stimulus* hat man die Möglichkeit, asynchron zum Programmablauf einen Eingangspin auf einen zuvor festgelegten Wert zu setzen. *Asynchron* bedeutet, dass der Zustand des Pins zu einem beliebigen Zeitpunkt geändert werden kann. Nach der Definition der auszuführenden Aktion und der Auswahl des gewünschten Pins findet man unter der Spalte *Fire* ein Button mit einem „>". Drückt man während des Programmablaufs diesen Button, wird die Aktion, die in dieser Zeile steht, ausgeführt. In der ersten Spalte *Pin/SFR* wählt man den entsprechenden Eingangspin aus und kann anschließend in der Spalte *Action* zwischen fünf verschiedenen Aktionen wählen.

Toggle: Mit dieser Aktion wird der Signalzustand des entsprechenden Pins umgekehrt. Wenn aktuell ein High-Pegel anliegt, wird nach dem Klicken auf den Button ein Low-Pegel angelegt und umgekehrt.

Set High: Der Eingang wird auf einen High-Pegel gelegt, egal welcher Pegel vorher anlag.

Set Low: Der Eingang wird auf einen Low-Pegel gelegt.

Pulse High: Der Eingang wird für eine eingestellte Dauer (Spalte *Width* und *Units*) auf einen High-Pegel gelegt. Danach wird an den Eingang automatisch wieder ein Low-Pegel gelegt.

Pulse Low: Es wird ein Low-Puls für die eingestellte Dauer an dem Pin generiert.

In der Spalte *Comments / Message* kann man Kommentare eintragen, um die Aktionen verständlicher zu gestalten. Die Aktionen können im Einzelschrittbetrieb, oder wenn das Programm am Laufen ist, ausgeführt werden.

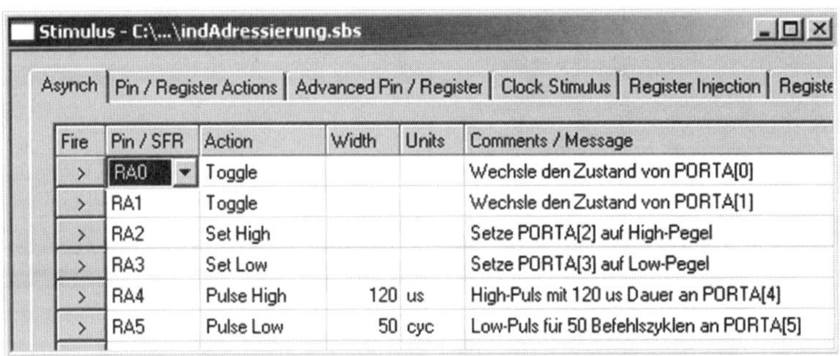

Abb. 3.25: Asynchroner Stimulus

3.7.3 Zyklischer Stimulus

Um die Eingangspins automatisch zu stimulieren, wählt man den Tab *Pin / Register Actions* aus. Hier kann man definieren, zu welchem Zeitpunkt an dem Eingang ein High- oder Low-Pegel angelegt werden soll. In der Spalte *Time* wird der Zeitpunkt angegeben, zu dem der Signalwechsel erfolgen soll, und in den Spalten rechts neben der Spalte *Time* legt man den Pegel fest, der zu diesem Zeitpunkt angelegt werden soll. Um Signale in die Tabelle einzufügen, klickt man in der obersten Zeile auf *Click here to Add Signals.*

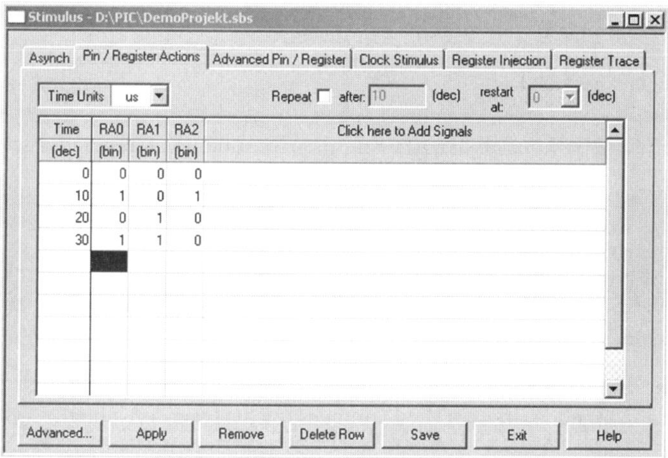

Abb. 3.26: Zyklischer Stimulus

Es öffnet sich ein weiteres Fenster, in dem man die gewünschten Signale auswählen kann. In der linken Liste (*Available Signals*) stehen die verwendbaren Signale, die mit dem Button *Add =>* in die Liste der ausgewählten Signale (*Selected Signals*), übernommen werden können. Mit dem Button *Remove <=* werden die Signale wieder aus der Liste entfernt. Die Reihenfolge der Signale kann über die Buttons *Move Up* und *Move Down* verändert werden. Der Button *Move Up* verschiebt das selektierte Signal um eine Position nach oben. Mit *Move Down* wird es um eine Position nach unten verschoben. (*Abb. 3.27*)

3.7.4 Sonstige Stimulus Tabs

Die Tabs *Advanced Pin / Register*, *Clock Stimulus*, *Register Injection* und *Register Trace* sind für das Verständnis der Grundlagen nicht von großer Bedeutung und werden daher an dieser Stelle nicht näher erklärt. Detaillierte Informationen können der Dokumentation von MPLAB entnommen werden.

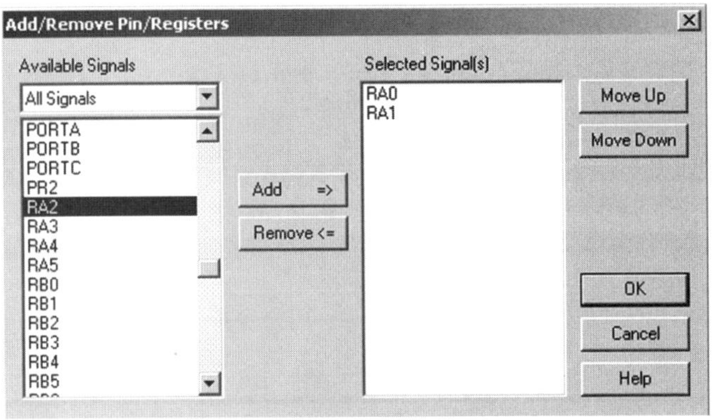

Abb. 3.27: Hinzufügen von Signalen

Im Tab *Advanced Pin / Register* können Triggerereignisse in Abhängigkeit von vorgegebenen Bedingungen definiert werden.

Der Tab *Clock Stimulus* kann verwendet werden, um Taktsignale an einen Pin anzulegen.

Mit dem Reiter *Register Injection* hat man die Möglichkeit, Werte in ein Register zu laden. Die Werte müssen zuvor in einem Text-File definiert werden.

Um die Änderung der Register zu verfolgen, kann man mithilfe des Tabs *Register Trace* einen Dateinamen angeben, in dem die Daten gespeichert werden sollen.

3.8 Logicanalyser

Da es schwer ist, Signale anhand von Registeränderungen in Abhängigkeit von der Zeit zu beurteilen, kann man den Logicanalyser aktivieren. Man findet ihn im Menü *View* unter dem Punkt *Simulator Logic Analyser*. Bevor die Signale sichtbar werden, muss man sie über den Button *Channels* auswählen. Mit den Buttons *Add =>* und *Remove <=* übernimmt oder entfernt man die gewünschten Signale. (*Abb. 3.28*)

Nachdem die gewünschten Signale ausgewählt wurden, können die Signale mit dem Logicanalyser aufgenommen und dargestellt werden. Um die Änderungen der Signale genau zu verfolgen, empfiehlt sich die Abarbeitung des Programms im Einzelschrittbetrieb. Lässt man das Programm frei laufen, wird die Anzahl der aufgezeichneten Zyklen sehr schnell sehr groß und man kann einen kurzen Impuls in der Darstellung nur schwer oder gar nicht erkennen. Man kann allerdings sehr gut das Programm bis zu einem Breakpoint laufen lassen und anschließend die dargestellten Werte näher untersuchen. Zum Vergrößern oder Verkleinern eines Bereiches kann man die Buttons mit der Lupe verwenden. (*Abb. 3.29*)

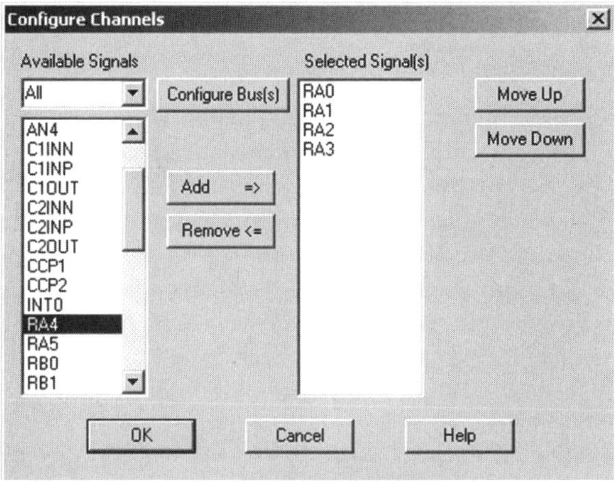

Abb. 3.28: Auswahl der Kanäle des Logicanalysers

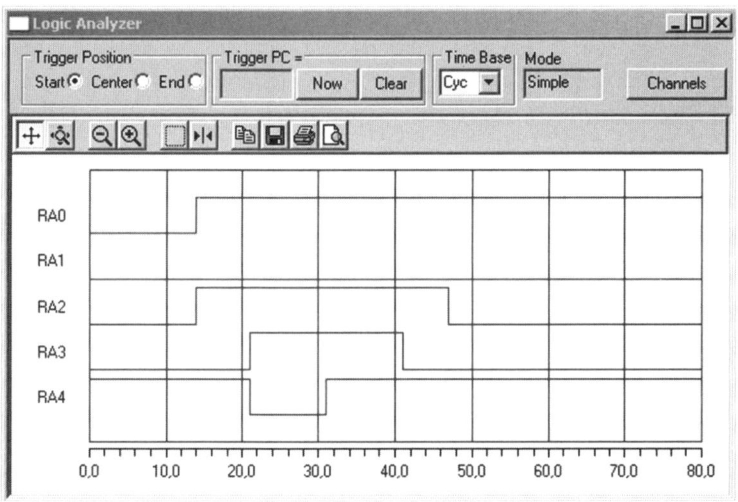

Abb. 3.29: Logicanalyser

3.9 In-Circuit-Debugger ICD2

Da man einen Mikrocontroller nicht nur simulieren, sondern auch in einer Schaltung verwenden möchte, benötigt man eine Möglichkeit, das geschriebene Programm in den Speicher des Mikrocontrollers zu laden. Hier gibt es nun eine Vielzahl von Möglichkeiten, mit denen der Flashspeicher beschrieben werden kann. Man kann den Controller mit Programmiergeräten der verschiedensten Hersteller programmieren. Viele Geräte ermöglichen nur das reine Programmieren. Es gibt aber auch die verschiedensten Geräte, mit denen der Mikrocontroller debugged werden kann, während er in einer Schaltung eingebaut ist. Der Schaltplan eines sehr einfachen Programmiergeräts ist auf der CD-ROM zu finden. Hiermit können verschiedene PIC-Mikrocontroller programmiert werden, jedoch kann der Mikrocontroller nicht in den Debug-Modus versetzt werden. Die Schaltung für das Miniprogrammiergerät lässt sich aber aus wenigen Bauteilen aufbauen, die in nahezu jedem Bastlersortiment vorhanden sind. Die aktuelle Software zum Programmieren kann man kostenfrei im Internet auf der Seite www.qsl.net/dl4yhf herunterladen. Beachten Sie bei der Verwendung aber die rechtlichen Bestimmungen des Autors. Wenn die Software mithilfe des Simulators ausreichend getestet werden kann, ist diese einfache und kostengünstige Variante oft ausreichend. Werden die Programme allerdings umfangreicher und soll mit realen Signalen ein Fehler gesucht werden, stößt man schnell an die Grenzen. Eine weitere Einschränkung des einfachen Programmiergerätes ist, dass nicht alle PIC-Mikrocontroller programmiert werden können.

Um die Fähigkeiten des Mikrocontrollers voll auszunutzen, sollte man sich ein leistungsfähiges Programmier- und Debuggerät besorgen. Es gibt im Internet auch viele Bastelvorschläge für Programmiergeräte, mit denen PICs programmiert werden können. Entscheidet man sich für ein Tool von Microchip, hat es den Vorteil, dass das Programmiergerät direkt von MPLAB aus verwendet werden kann und keine zusätzliche Software für das Programmieren erforderlich ist. Um zu sehen, welche Mikrocontroller mit welchem Programmiergerät beschrieben werden können, erhält man über das Menü *Configure* und *Select Device* eine Übersicht der verwendbaren Programmiergeräte. Ein grüner Punkt bedeutet, dass der Mikrocontroller voll unterstützt wird, ein gelber Punkt, dass es nicht komplett getestet ist und sich noch in der Ausbauphase befindet. Geräte mit rotem Punkt funktionieren nicht mit dem ausgewählten Mikrocontroller. (*Abb. 3.30*)

Im Folgenden wird die Programmierung und Analyse des Mikrocontrollers mit dem In-Circuit-Debugger *ICD2* erklärt. Dieser hat eine große Verbreitung gefunden und wird von vielen Entwicklern verwendet.

Nach der Installation kann man den Debugger über das Menü *Debugger*, *Select Tool* durch einen Klick auf *MPLAB ICD2* auswählen. (*Abb. 3.31*)

Wählt man den Menüpunkt aus und hat keinen Mikrocontroller angeschlossen, erhält man die Warnung *Invalid Target Device Id*. Dies ist im Moment nicht weiter schlimm und kann ignoriert werden. Bevor man den ICD2 mit dem Mikrocontroller verbindet, sollte man die richtigen Einstellungen vornehmen, damit es zu keinen Problemen kommt. Um die Einstellungen vorzunehmen, sollte man im ersten Schritt den MPLAB ICD2 Setup Wizard ausführen. Dieser nimmt die ersten Grundeinstellungen vor und ist unter dem Menü *Debugger* zu finden. Hier stellt man den USB-Port als Kommuni-

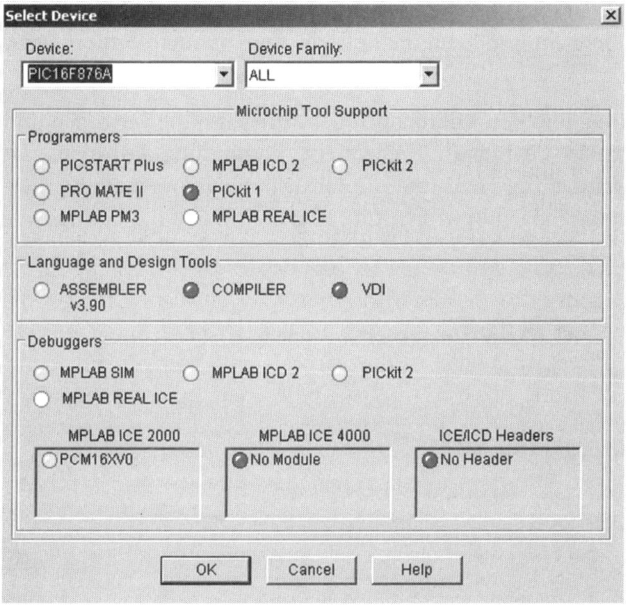

Abb. 3.30: Auswahl des Mikrocontrollers

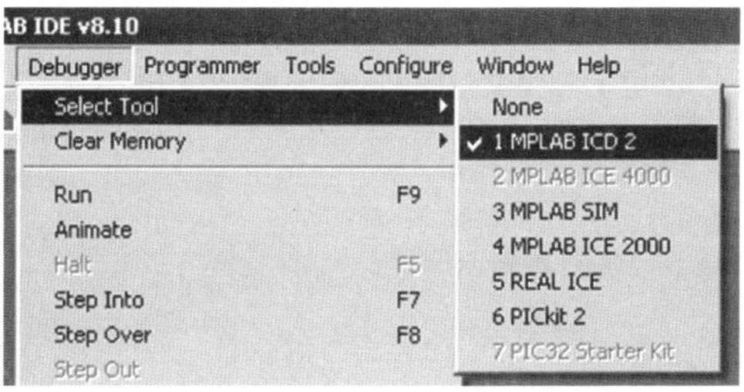

Abb. 3.31: Auswahl des ICD2 als Debugtool

kationsschnittstelle ein. Im nächsten Schritt muss man auswählen, wie der Mikrocontroller mit Spannung versorgt wird. Will man nur den Mikrocontroller in einer Schaltung mit einer geringen Stromaufnahme testen, kann man die Einstellung *Power target from the MPLAB ICD2* verwenden. Man muss dann sicherstellen, dass keine externe Spannung am Mikrocontroller anliegt. In den meisten Fällen sollte man die Einstellung *Target has own power supply* wählen, da man so die komplette Hardwareschaltung mit Spannungsversorgung testen kann. Anschließend setzt man einen Haken bei dem Punkt *MPLAB IDE automatically connects to the MPLAB ICD2* und *MPLAB ICD2 automatically downloads the required operating system.* Diese beiden Punkte erleichtern die Arbeit mit dem Debugger, da die Entwicklungsumgebung MPLAB sich automatisch mit dem Debugger verbindet und die benötigte Software hineinlädt. Zum Abschluss erhält man eine Übersicht und kann die Einstellungen mit dem Button *Fertig stellen* übernehmen.

Jetzt kann man die Schaltung und den Mikrocontroller mit Spannung versorgen und über den Menüpunkt *Connect* im Menü *Debugger* eine Verbindung aufbauen. Hat man alle Verbindungen richtig hergestellt und die Einstellungen vorgenommen, erkennt man an den Meldungen im Output-Fenster (*Abb. 3.32*), dass die Verbindung erfolgreich hergestellt wurde.

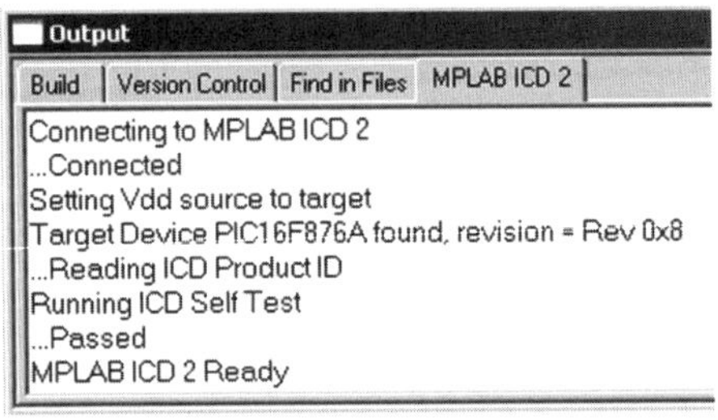

Abb. 3.32: Informationen im Ausgabefenster

Sollte es dennoch zu Problemen bei der Verbindung kommen, kann man sich über das Menü *Debugger* und den Punkt *Settings…* die Einstellungen, die mit dem Wizard gemacht wurden, nochmals ansehen. Im Tab *Status* erhält man eine Übersicht, ob der ICD2-Debugger verbunden ist und ob der Selbsttest bestanden wurde.

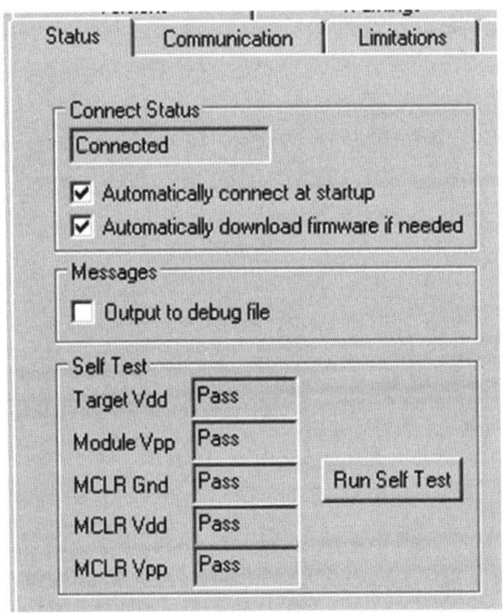

Abb. 3.33: Status des ICD2

Über den Tab *Power* kann man überprüfen, ob die angelegten Spannungen im richtigen Bereich sind. Bei einem Mikrocontroller mit einer Versorgungsspannung von 5 V sollte die angezeigte Spannung Target Vdd zwischen 4,5 V und 5,5 V liegen. Die Programmierspannung Target Vpp sollte zwischen 9,0 V und 13,5 V liegen. Sie wird vom Programmiergerät zur Verfügung gestellt. Über den Button *Update* kann man die Anzeige der Spannungswerte erneuern oder nochmals messen lassen.

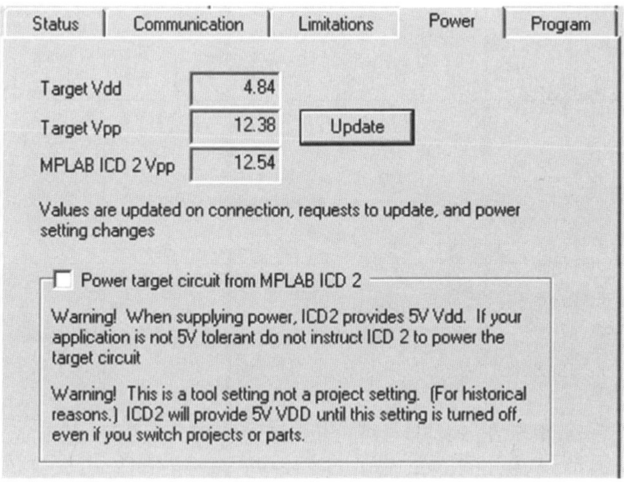

Abb. 3.34: Spannungsversorgung

Ein weiterer interessanter Tab ist *Program*. Hier kann man einstellen, welcher Speicherbereich beschrieben werden soll. In den meisten Fällen sollte es ausreichen, wenn man durch Selektion des Buttons *Allow ICD2 to select memories and ranges* dem ICD2 erlaubt, die Einstellungen selbst vorzunehmen. Es wird dann nur so viel Flash-Speicher beschrieben, wie für das Programm erforderlich ist. (*Abb. 3.35*)

Zum Abschluss kann man noch einen Blick auf die Konfigurationsbits werfen. Eine Übersicht der aktuellen Werte erhält man über das Menü *Configure* mit dem Punkt *Configuration Bits....* Falls der Chip sich einmal nicht so verhält wie erwartet, sollte man zuerst einmal diese Einstellungen prüfen und entsprechend den Anforderungen anpassen. Sind die Konfigurationsbits im Quellcode gesetzt, setzt man den entsprechenden Haken in der obersten Zeile des Fensters. Für die Fehlersuche oder das Debuggen sollten die Einstellungen wie in *Abb. 3.36* gemacht sein.

Weitere Konfigurationen bezüglich des Debuggens und Programmierens können über den Menüpunkt *Configure* und *Settings* vorgenommen werden. Im Tab *Debugger* sollte man einen Haken vor *Automatically save files before running* setzen. Damit ist man sicher, dass die Änderungen vor dem Start des Programms auf der Festplatte gespeichert werden. (*Abb. 3.37*)

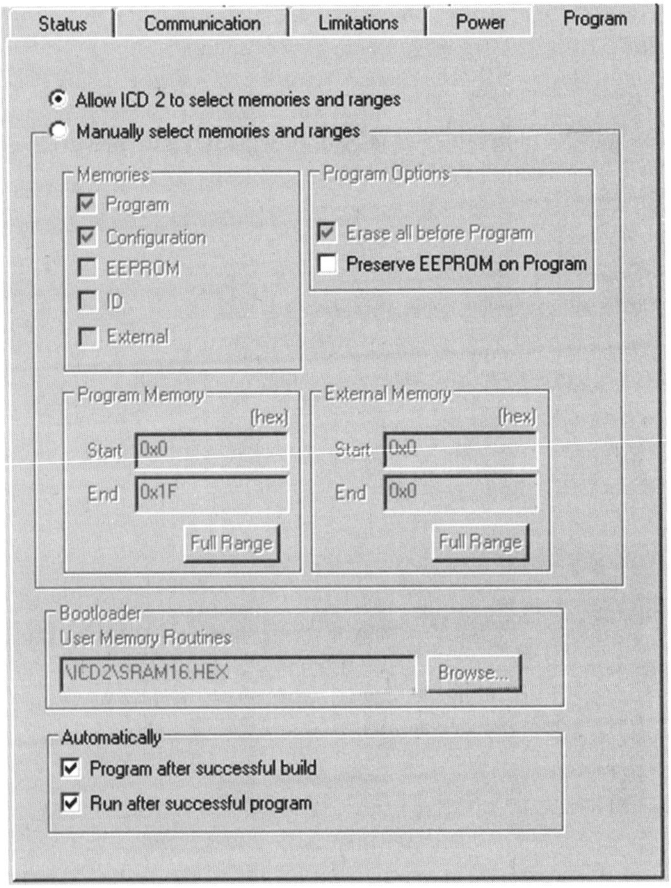

Abb. 3.35: Programmiereinstellungen

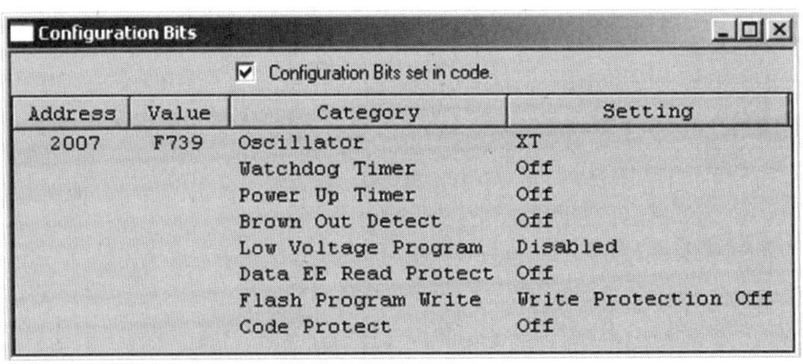

Address	Value	Category	Setting
2007	F739	Oscillator	XT
		Watchdog Timer	Off
		Power Up Timer	Off
		Brown Out Detect	Off
		Low Voltage Program	Disabled
		Data EE Read Protect	Off
		Flash Program Write	Write Protection Off
		Code Protect	Off

Abb. 3.36: Konfigurationsbits

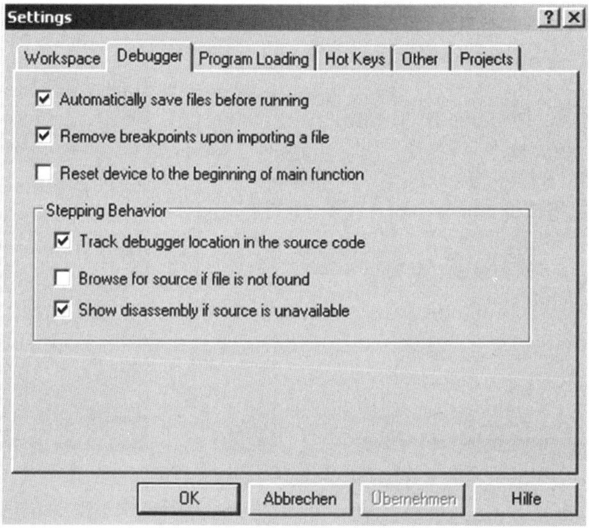

Abb. 3.37: Einstellungen des Debuggers

Im Reiter *Program Loading* kann man noch festlegen, welche Speicher vor dem Programmieren des Chips gelöscht werden sollen. Hier sollte man einen Haken vor *Clear program memory upon loading a program* setzen, um sicherzugehen, dass sich keine alten Programmteile mehr im Flashspeicher befinden. (*Abb. 3.38*)

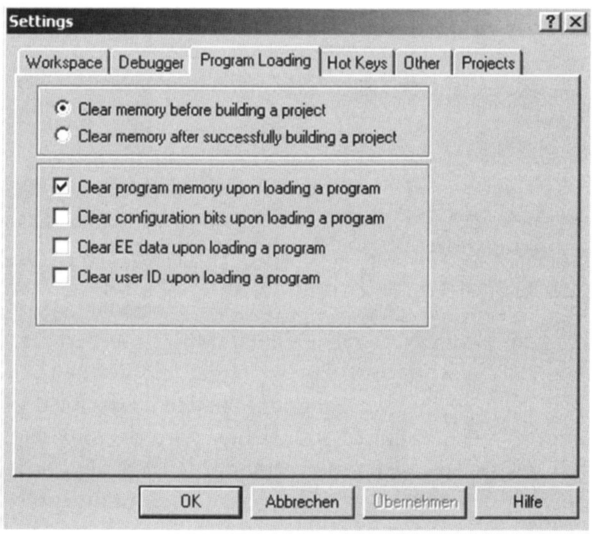

Abb. 3.38: Einstellungen für die Programmierung

3.10 Programmieren

Hat man nun alle Fehler beseitigt und möchte das Programm fest in den Flashspeicher programmieren, muss der ICD2 in den Programmiermodus versetzt werden. Dazu wählt man über das Menü *Programmer → Select Programmer* das Gerät *MPLAB ICD2* aus. Der ICD2 kann nicht gleichzeitig als Debugger und Programmiergerät funktionieren und muss daher umgeschaltet werden. Soll der Mikrocontroller in einer Schaltung eingesetzt werden, die verkauft werden soll, ist man meistens daran interessiert, dass der programmierte Code nicht von Konkurrenten ausgelesen werden kann. Dazu muss man vor dem Programmieren noch die Konfigurationsbits entsprechend setzen. Um den programmierten Code vor dem Auslesen zu schützen, setzt man das Konfigurationsbit *Code Protect* auf *ON*.

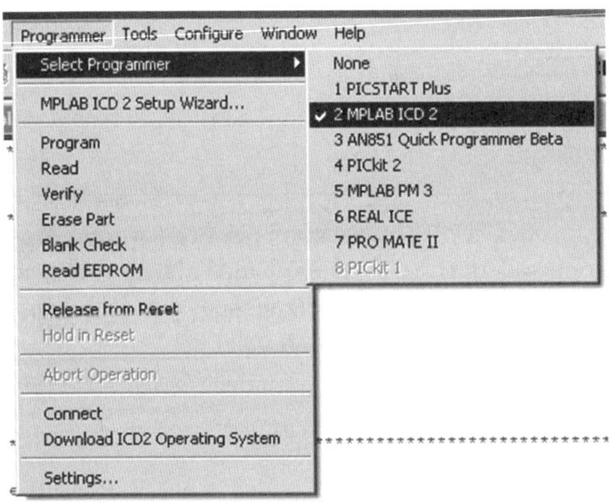

Abb. 3.39: ICD2 als Programmiergerät

Nachdem man den ICD2 als Programmiergerät ausgewählt hat, wird eine Verbindung zwischen MPLAB und den ICD2 hergestellt, der angeschlossene Mikrocontroller gesucht und ein Selbsttest durchgeführt. Ob die Verbindung einwandfrei hergestellt wurde, kann man anhand der Meldungen im Output-Fenster verfolgen. Wurde kein Fehler bei dem Verbindungsaufbau gemeldet, kann der Chip über den Menüpunkt *Programmer → Program* programmiert werden. Die Meldungen geben Auskunft über die Aktion, die gerade ausgeführt wird. Zuerst werden die Konfigurationsbits geprüft, der Speicher gelöscht und das neue Programm in den Flash-Speicher geschrieben. Wurde das Programm in den Speicher geschrieben, wird nochmals geprüft, ob alle Daten auch richtig geschrieben wurden (Verifying). Zum Schluss werden noch die Konfigurationsbits in den Mikrocontroller geschrieben und geprüft. Nach der Meldung *Programming Succeeded* ist der Mikrocontroller einsatzbereit und kann in der endgültigen Schaltung eingesetzt werden.

Abb. 3.40: Ausgabe nach erfolgreichem Programmieren

3.11 Texteditor

Alle Beispiele in diesem Buch wurden mit dem in MPLAB integrierten Texteditor geschrieben. Sollten beim Öffnen einer Datei die Befehle nicht gleichmäßig untereinander stehen, ist vermutlich der Wert für einen Tabulatorschritt falsch eingestellt. Um eine übersichtliche Darstellung zu erhalten, sollte man über das Menü *Edit* den Punkt *Properties…* aufrufen und im Tab *ASM File Types* den Wert für Tab *Size* auf 3 setzen. In diesem Tab können auch die Zeilennummern im Assemblerfile ein- und ausgeschaltet werden. Ebenfalls kann man das Setzen eines Breakpoints per Doppelklick auf die gewünschte Zeile aktivieren.

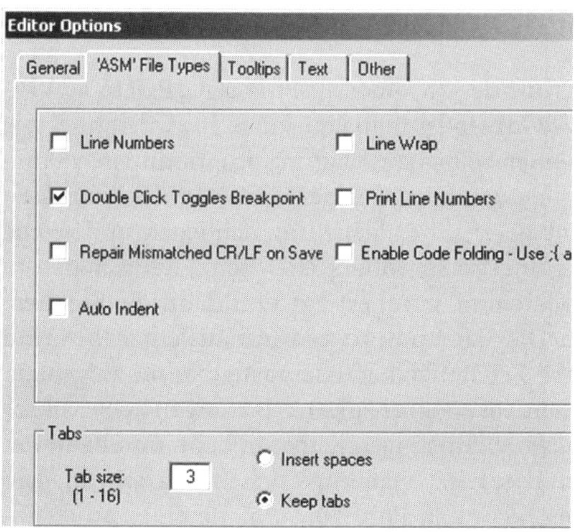

Abb. 3.41: Einstellungen des Texteditors

4 Die Programmierschnittstelle

In den vorherigen Kapiteln wurden bereits einige Grundlagen für die Programmierung erklärt. In diesem Kapitel geht es nun darum, wie man den Mikrocontroller mit dem Programmiergerät verbinden und wie die endgültige Schaltung beschaffen sein muss, damit das geschriebene Programm in der fertigen Hardware funktioniert.

Um das Programm in den PIC zu laden, werden 3-4 Pins zur Verfügung gestellt. Diese können bei Bedarf auch nach dem Programmieren für andere Zwecke als Ein- oder Ausgang verwendet werden. Es handelt sich dabei um folgende Pins:

- PGC = Programming Clock = Takt für die Programmierdaten
- PGD = Programming Data = Daten für die Programmierung
- VPP = Programming Voltage = hohe Programmierspannung ca. 11 bis 13 V
- PGM = Low-Voltage Programming Enable = Freigabe-Pin, damit der PIC ohne die hohe Programmierspannung programmiert werden kann.

Neben diesen Pins werden noch weitere für die Versorgungsspannung (VDD und VSS) benötigt. Falls der Mikrocontroller nicht in einer Schaltung, an der eine Betriebsspannung anliegt, angeschlossen ist, muss die Versorgungsspannung für die Programmierung von dem Programmiergerät zur Verfügung gestellt werden.

4.1 Programmierung mit dem ICD2

Im Folgenden wird die Programmierung des PIC über die Pins PGC, PGD und VPP mit dem ICD2 erklärt. Auf der CD-ROM findet man eine kurze Beschreibung, wie man den Mikrocontroller mit der kleinen Selbstbauschaltung programmieren kann. Die Selbstbauschaltung kostet mit allen Bauteilen weniger als 2 €. Leider kann man mit dieser Schaltung nicht die Controller in der Schaltung debuggen und so die Hardwareschnittstellen prüfen. Allerdings ist sie völlig ausreichend, wenn man z. B. ein Lauflicht erfolgreich programmiert und simuliert hat und dann die Software nur noch in den PIC laden möchte. Die Schaltung besteht nur aus einer Handvoll einfacher Bauteile und ist in kurzer Zeit auf einer Lochrasterplatine aufgebaut. Beim Aufbau der Schaltung sollte man auf möglichst kurze Leitungen zum Mikrocontroller achten, da es hier sehr leicht zu Störungen kommen kann und dann der Mikrocontroller fehlerhaft programmiert wird. Man muss sich im Klaren sein, dass man von dieser einfachen Schaltung nicht den Funktionsumfang eines professionellen Programmier- und Debug-Geräts verlangen kann. Möchte man sich tiefer mit der Programmierung der unterschiedlichen Controllertypen auseinandersetzten, kann man Details der Bedienungsanleitung des ICD2 entnehmen. Falls man Genaueres über die Programmierung des Flash-Speichers lernen möchte, sollte man sich das Dokument *FLASH Memory Programming Specification_PIC16F87XA* durchlesen.

Um Ärger beim Programmieren und Debuggen aus dem Weg zu gehen, sollte man nach Möglichkeit die Pins *PGC* und *PGD* ausschließlich für Programmierzwecke verwenden. Ist es aus irgendwelchen Gründen trotzdem erforderlich, diese Pins für andere Zwecke zu benutzen, sollte man versuchen, weniger wichtige Features (z. B. Warnung, wenn die Batteriespannung einen bestimmten Wert unterschreitet) oder einfache passive Schaltungen (z. B. Taster) an diese Pins anzuschließen. Im schlimmsten Fall kann der Mikrocontroller in der Schaltung nicht debugged werden. Der Pin *PGM* ist zwar nicht für die Programmierung erforderlich, man sollte aber auch hier einige Punkte beachten. Über diesen Pin wird dem Mikrocontroller mitgeteilt, dass das Programmieren mit geringer Spannung, also nicht mit 11 bis 13 V an VPP, erfolgt. Um den Baustein mit lediglich 5 V zu programmieren, muss zuerst das Konfigurationsbit *Enable Low Voltage Programming* gesetzt werden. Liegt dann ein High-Pegel am Pin *PGM* an, kann der PIC auch ohne hohe Programmierspannung beschrieben werden. Dies kann z. B. sinnvoll sein, wenn der Programmcode im fertigen Gerät vom Kunden aktualisiert werden soll. Der Kunde verfügt in der Regel nicht über ein Programmiergerät, um einen Mikrocontroller zu programmieren. Um sich keinen Ärger bei der Programmierung einzuhandeln, sollte man versuchen, diesen Pin nur als Ausgang zu verwenden, der auf einen Eingang eines externen Bauteils geht. Zusätzlich kann man noch einen Pull-Down-Widerstand von ca. 10 kΩ anschließen, damit der Pin erst auf High-Pegel gezogen wird, wenn dies auch gewollt ist. Schließt man z. B. den Ausgang eines externen Schwellwertschalters an diesen Pin an, kann man nie sicher sein, welcher Pegel zum Programmierzeitpunkt an diesem Pin anliegt.

Über den Eingang *MCLR/VPP* wird die hohe Programmierspannung an den Mikrocontroller angelegt. Ist diese Spannung über 9 V, wird der internen Hardware mitgeteilt, dass der Flashspeicher programmiert werden soll. Nach dem Programmieren wird dieser Pin als Reset-Pin verwendet. Wird der Pin also während des Betriebs auf Low-Pegel gelegt, wird ein Reset ausgeführt und das Programm beginnt von vorn. Um nun einen unbeabsichtigten Reset zu vermeiden, muss dieser Pin immer auf High-Pegel liegen. Aber Vorsicht: Der Pin darf nicht direkt mit der Betriebsspannung VDD verbunden werden, da sonst auch die hohe Programmierspannung an dem Spannungsversorgungspin anliegen würde und den Baustein zerstören könnte. VPP muss daher über einen Widerstand mit VDD verbunden werden. Der Widerstand hat in der Regel einen Wert von 10 kΩ. Über einen Taster oder Jumper nach Masse kann so ein kontrollierter Reset ausgeführt werden. Die vollständige Beschaltung für eine sichere Programmierung kann *Abb. 4.1* entnommen werden.

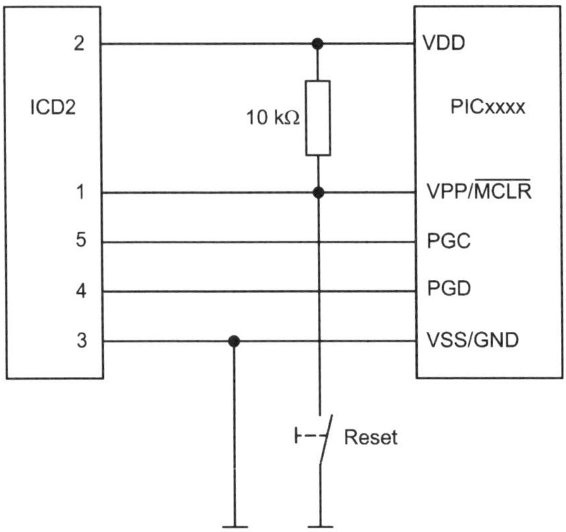

Abb. 4.1: Anschluss des ICD2 an den Mikrocontroller

4.2 Ablauf der Programmierung

Bei der Programmierung werden verschiedene Schritte durchlaufen. Um ein neues Programm in den Flashspeicher des Mikrocontrollers zu schreiben, muss dieser zuvor gelöscht sein. Nach dem Beschreiben möchte man auch sicher sein, dass die Daten richtig im Programmspeicher stehen. Daher werden die geschriebenen Daten nochmals ausgelesen und mit den Daten auf dem PC verglichen.

Selbstverständlich kann man jeden Schritt einzeln ausführen und so die Daten in den Mikrocontroller schreiben und prüfen. In der Regel läuft die Programmierung jedoch automatisiert ab und die nötigen Schritte werden nacheinander ausgeführt. Damit eine Datenübertragung vom PC in den PIC ermöglicht wird, muss zuerst der ICD2 von MPLAB initialisiert und eine Verbindung hergestellt werden. Nach dem Herstellen der Verbindung wird von MPLAB geprüft, ob der richtige Mikrocontroller angeschlossen ist. Wurde bei den Einstellungen ein falscher Typ ausgewählt, z. B. PIC16F876 statt PIC16F876A, wird an dieser Stelle eine Warnung ausgegeben. In den meisten Fällen ist dies nicht schlimm und der PIC kann trotzdem programmiert werden. Es kann aber in Einzelfällen zu Problemen bei der Programmausführung kommen. Bei MPLAB findet man die nötigen Befehle für das Programmieren im Menü *Programmer*. Mit den Befehlen können die folgenden Aktionen ausgeführt werden:

Erase Part: Bei diesem Befehl wird der interne Flash-Speicher des Mikrocontrollers gelöscht. Im Speicher stehen nach dem Löschvorgang nur Einsen.

Blank Check: Um zu prüfen, ob das Löschen erfolgreich war, führt man danach einen sogenannten *Blank Check* durch. Dabei wird der Inhalt des Flash-Speichers gelesen und geprüft, ob an jeder Speicherstelle eine Eins steht. Ist dies nicht der Fall, befindet sich noch ein altes Programm im Chip. Bei einer gestörten Übertragung, z. B. durch ein zu langes Kabel vom Programmiergerät zur Schaltung, kann es vorkommen, dass nicht alle Speicherzellen ordnungsgemäß gelöscht werden. Ist dies der Fall, sollte man die Verbindung prüfen und den Vorgang wiederholen.

Program: Nachdem keine Daten mehr im Programmspeicher vorhanden sind, kann man das Programm mit dem Befehl *Program* in den Flash-Speicher laden. Das Programm muss natürlich zuvor geladen und übersetzt werden. Bei der Programmierung werden die Konfigurationsbits erst ganz zum Schluss in den PIC programmiert. Nach der Programmierung wird automatisch die Überprüfung des Programmcodes und der Konfigurationsbits gestartet.

Read: Mit dem Befehl *Read* wird der gesamte Speicherinhalt gelesen, sofern der Chip nicht mit dem Konfigurationsbit *Code Protect* gegen Auslesen geschützt ist. Im Fall eines leeren Mikrocontrollers wird aus jeder Programmspeicherzelle der Wert 0x3FFF ausgelesen. Steht ein Programm im Speicher, sieht man den binär codierten Ausführungscode und die zurückgewandelten Assemblerbefehle (Disassembly). Das Ganze ist natürlich ohne den Kommentar und die Variablennamen, die im Quellcode angegeben wurden. Um den Programmcode zu sehen, muss man eventuell das Fenster über das Menü *View* und den Punkt *Program Memory* sichtbar schalten.

Verify: Um nicht jede Zeile einzeln mit dem programmierten Code zu vergleichen, wählt man den Befehl *Verify* aus und lässt MPLAB die Daten automatisch vergleichen und prüfen.

Nachdem der Programmspeicher erfolgreich beschrieben wurde, kann man die Betriebsspannung entfernen und wieder anlegen, ohne dass die Daten verloren gehen.

4.3 Die Konfigurationsbits

Auf das Register, in dem die Konfigurationsbits stehen, kann man nur während des Programmierens zugreifen. Nachdem der Chip programmiert wurde, können diese Bits nicht mehr verändert werden. Um eine Änderung an diesen Bits vorzunehmen, muss zuerst der gesamte Chip gelöscht und anschließend mit geänderten Einstellungen neu programmiert werden. Dies ist auch sinnvoll, da man sonst nachträglich das Bit für den Ausleseschutz zurücksetzten könnte, um so die Daten aus dem Speicher auszulesen.

Die Konfigurationsbits können entweder direkt im Code gesetzt werden oder über das Menü *Configure* im Untermenü *Configuration Bits...* . Es ist empfehlenswert, die Bits im Code zu setzen. So vergisst man auch zu einem späteren Zeitpunkt nicht, den Ausleseschutz zu aktivieren, und hat gleich die entsprechenden Einstellungen für eine Serienproduktion. Um die Konfigurationsbits im Code zu setzen, kann man die Voreinstellungen aus der *.inc*-Datei verwenden. Im folgenden Abschnitt sind die möglichen Einstellungen aus der Include-Datei ebenfalls mit angegeben. Man erkennt sie durch den Unterstrich vor dem Namen.

Das Register, in dem die Konfigurationsbits gesetzt werden, hat eine Breite von 14 Bits. Um die Konfigurationsbits im Code zu setzen, benutzt man das Schlüsselwort *__CONFIG*. Nach diesem Wort werden die Konfigurationsbits durch ein *&* verknüpft aufgelistet.

Beispiel: __CONFIG _CP_OFF & _WDT_OFF & _BODEN_OFF & ...

4.3.1 Oszillator

Da der Mikrocontroller ohne Takt nicht arbeiten kann, hat man verschiedene Möglichkeiten, das Rechenwerk mit einem Takt zu versorgen. Bei der Auswahl hängt es von den Anforderungen an die zeitliche Genauigkeit ab, welcher Oszillatortyp zu verwenden ist. Will man nur in Abhängigkeit von Eingangssignalen verschiedene Ausgänge schalten, reicht ein einfacher RC-Oszillator oft aus (RC = Widerstand-Kondensator-Oszillator). Soll aber mit dem Mikrocontroller eine Stoppuhr für Geschwindigkeitsmessungen aufgebaut werden, sind die Anforderungen an die zeitliche Auflösung deutlich höher und man sollte einen Quarzoszillator verwenden.

Man hat vier verschiedene Einstellmöglichkeiten:

```
RC: Resistor/Capacitor (_RC_OSC)
LP: Low-Power Crystal (_LP_OSC)
XT: Crystal/Resonator (_XT_OSC)
HS: High-Speed Crystal/Resonator (_HS_OSC)
```

Soll der Mikrocontroller mit einem Quarzresonator betrieben werden, verwendet man für Taktfrequenzen unter 4 MHz den XT-Mode. In der Regel ist diese Taktfrequenz für eine Vielzahl von Schaltungen ausreichend und man bekommt sehr günstige Quarze, die eine ausreichende Genauigkeit liefern. Für schnellere Anwendungen, in denen mehr Rechenleistung benötigt wird, stellt man für den Bereich zwischen 4 und 20 MHz den Hochgeschwindigkeitsmodus (HS-Mode) ein. Für die Verwendung eines Quarzes sind noch zwei zusätzliche Kondensatoren an den Pins OSC1 und OSC2 nötig. Bei einem 4-MHz-Quarz sollten die Werte der Kondensatoren zwischen 15 und 68 pF liegen.

Der Modus LP wird für Quarze mit geringer Frequenz unter 500 kHz verwendet. Durch die niedrige Taktfrequenz ist auch die Stromaufnahme des Mikrocontrollers gering. Oft wird der Mikrocontroller in einen Schlafmodus versetzt und zyklisch aufgeweckt, um zu prüfen, ob neue Daten vorhanden sind. Der Prozessor benötigt im

Schlafzustand nicht die volle Rechenleistung und kann daher mit einem geringen Takt arbeiten. Dies hat ebenfalls den Vorteil, dass interne Zähler nicht so schnell hochgezählt werden und man längere Zeiten mit kleineren Registern erreichen kann. In der Regel wird für den Low-Power-Modus ein sogenannter *Uhrenquarz* mit einer Frequenz von 32,768 kHz verwendet. Der Frequenzwert sieht auf den ersten Blick ungewöhnlich aus. Teilt man diesen Wert aber 15-mal durch 2, erhält man einen Takt von genau einer Sekunde – daher auch der Name *Uhrenquarz*.

Soll eine kostenoptimierte Schaltung aufgebaut werden, die keine hohen Anforderungen an die Oszillatorgenauigkeit stellt, kann ein externer RC-Oszillator verwendet werden. Leider kann die Frequenz nicht exakt berechnet werden und schwankt in Abhängigkeit von der Betriebsspannung und der eingesetzten Bauteile. Bei einem Widerstand von 5 kΩ und einem Kondensator von 100 pF ergibt sich eine Taktfrequenz von ca. 1,3 MHz bei 5 V Versorgungsspannung. Es gibt auch einige PIC-Mikrocontroller, die einen internen RC-Oszillator besitzen. Dieser ist vom Hersteller abgeglichen und kann ohne externe Bauteile verwendet werden. Bei diesen Mikrocontrollern gibt es ein spezielles Register, in dem der Abgleichwert steht. Über dieses Register kann auch die Taktfrequenz in gewissen Bereichen angepasst werden. Man muss allerdings darauf achten, dass man dieses Register vor dem Löschen des Mikrocontrollers sichert und nach der Programmierung wieder in den Mikrocontroller zurückschreibt, damit man wieder mit dem abgeglichenen Oszillator arbeiten kann.

Der Mikrocontroller muss nicht zwingend mit einem eigenen Oszillator versorgt werden. Der Takt kann auch von einem externen Baustein eingespeist werden. Der Takt wird dann an Pin OSC1 angelegt und Pin OSC2 bleibt offen.

4.3.2 Watchdog-Timer

Watchdog heißt übersetzt „Wachhund" – und so verhält sich auch dieser Timer. Er „hält Wache" über den Mikrocontroller. Ist dieser Timer aktiviert, läuft ein Countdown im Hintergrund. Ist dieser Countdown abgelaufen, wird der Prozessor zurückgesetzt und das Programm beginnt von vorn. Dies will man im normalen Betrieb natürlich verhindern und muss daher den Timer wieder zurücksetzen und von vorn starten lassen. Verfängt sich der Prozessor in einer unerwarteten Endlosschleife, wird der Mikrocontroller automatisch zurückgesetzt, ohne dass der Benutzer eine Reset-Taste drücken muss. Um den Watchdog-Timer zu aktivieren, setzt man das entsprechende Bit mit _WDT_ON. Deaktiviert wird der Timer durch _WDT_OFF.

4.3.3 Power-Up-Timer

Durch den Power-Up-Timer wird der Mikrocontroller nach dem Anlegen der Versorgungsspannung für die Dauer von 72 ms im Reset-Status gehalten. Der Prozessor beginnt demnach nicht sofort mit der Abarbeitung des Programms, sondern wartet noch eine kurze Zeit. Das ist sinnvoll, wenn die Betriebsspannung an den Chip angelegt wird. Da an der Versorgungsspannung des Geräts oft recht große Kondensatoren anliegen, die erst vollständig geladen werden müssen, dauert es eine gewisse Zeit, bis die volle Betriebsspannung erreicht ist. Um sicherzugehen, dass der Prozessor mit der vollen Betriebsspannung versorgt wird, schaltet man den Power-Up-Timer ein. Dadurch ist auch sichergestellt, dass die richtige Referenzspannung für eine Analog-Digital-Wandlung anliegt. Dauert der Anstieg der Versorgungsspannung auf die volle Betriebsspannung 1 ms, würden bei einem 4-MHz-Takt bereits ca. 1.000 Befehle bearbeitet werden. Daher sollte man bei Problemen am Anfang des Programms zuerst prüfen, ob stabile Zustände am Mikrocontroller vorliegen und der Mikrocontroller nicht für eine kurze Zeit außerhalb der Spezifikation betrieben wird. Will man den Power-Up-Timer aktivieren, geht dies im Programmcode durch die Konstante _PWRTE_ON. Über _PWRTE_OFF wird der Timer ausgeschaltet.

4.3.4 Brown-Out Detect

Während des normalen Betriebs sollte immer eine ausreichend hohe und konstante Spannung an dem Mikrocontroller anliegen. Sollte die Versorgungsspannung durch irgendwelche äußeren Einflüsse unter einen bestimmten Wert fallen, würde man den Prozessor im nicht stabilen Bereich betreiben und es könnte zu Fehlern in der Bearbeitung der Befehle kommen. Dieses Ereignis kann z. B. durch einen kurzzeitigen Kurzschluss an einer nach außen geführten Schnittstelle hervorgerufen werden. Um solche Ereignisse zu erkennen, verwendet man den *Brown-Out Detect*. Fällt die Betriebsspannung für eine intern festgelegte Zeit (ca. 100 µs) unter eine Schwelle (ca. 4 V), wird ein Reset ausgelöst und das Programm beginnt nach einer Wartezeit von ca. 72 ms von vorn. Aktiviert wird dieses Feature über _BODEN_ON, deaktiviert durch _BODEN_OFF.

4.3.5 Low Voltage Program

Durch das Bit *Low Voltage Program* wird es dem Benutzer ermöglicht, den Mikrocontroller mit einer geringen Spannung in Höhe der Versorgungsspannung zu programmieren. Ist das Bit durch _LVP_ON aktiviert, hat der Pin RB3/PGM die Funktion PGM. Das heißt: Wird jetzt ein High-Pegel am Pin PGM angelegt, kann der Mikrocontroller programmiert werden. Wird das Bit durch _LVP_OFF deaktiviert, verhält sich Pin RB3 wie ein digitaler I/O-Pin und es muss zum Programmieren des Speichers die hohe Spannung von ca. 12 V an den Pin MCLR angelegt werden.

4.3.6 Data EE Read Protect

Stehen Daten im internen EEPROM, die von anderen Benutzern nicht gelesen werden sollen, setzt man das Bit 8 (CPD) im Konfigurationsregister auf *0*. Dies kann über die

Konstante _CPD_ON im Quellcode geschehen. Ist die Codeprotektion aktiviert, können die Daten nicht mehr von außen gelesen werden und stehen nur noch dem internen Programm zur Verfügung. Auf diese Weise kann z. B. ein Passwort gegen unbefugtes Auslesen geschützt werden. Wünscht man den Ausleseschutz nicht, gibt man das Lesen durch die Angabe von _CPD_OFF frei.

4.3.7 Flash Program Write

Der Flash-Speicher im PIC kann auch für das Speichern von Daten während der Programmausführung verwendet werden. Auf der einen Seite kann dies eine elegante Lösung sein, den internen Speicher besser auszunutzen. Auf der anderen Seite birgt diese Möglichkeit aber auch die Gefahr, dass der Programmcode durch einen Fehler im Programm überschrieben werden kann und das Programm dadurch nicht mehr ausführbar ist. Der Mikrocontroller müsste dann neu programmiert werden. Um das Überschreiben des Programmcodes zu verhindern, wird der Flash-Speicher in vier Teile unterteilt, die durch die Konfigurationsbits vor dem unbeabsichtigten Überschreiben geschützt werden. Über die Bits WRT0 und WRT1 wird der zu schützende Bereich festgelegt. Für den PIC16F876A gelten folgende Bereiche:

- _WRT_OFF: Der Schreibschutz ist deaktiviert und der gesamte Speicherbereich kann beschrieben werden.
- _WRT_256: Der Adressbereich zwischen 0x0000 und 0x00FF ist vor dem Überschreiben geschützt. Der Speicher zwischen 0x0100 und 0x1FFF kann als Datenspeicher genutzt werden.
- _WRT_1FOURTH: Das erste Viertel (0x0000 bis 0x07FF) kann nicht beschrieben werden. Der Bereich zwischen 0x0800 und 0x1FFF kann über das Kontrollregister EECON beschrieben werden.
- _WRT_HALF: Nimmt das Programm die Hälfte des Speichers (0x0000 bis 0x0FFF) in Anspruch, kann dieser über die Bits WRT1 = 0 und WRT0 = 0 geschützt werden. Die obere Hälfte des Speichers (0x1000 bis 0x1FFF) kann dann noch für Daten verwendet werden.

4.3.8 Code Protect

Hat man ein Gerät entwickelt, will man in der Regel die Software gegen unbefugtes Auslesen schützen. Dafür setzt man das Bit *Code Protection* im Konfigurationsregister auf *0*. Jetzt kann der im Chip gespeicherte Programmcode nicht mehr ausgelesen werden und es wird verhindert, dass eine Kopie des Programms erstellt werden kann. Sollen Änderungen am Code vorgenommen werden, muss der Originalcode bearbeitet und erneut in den Speicher geladen werden. Der Leseschutz wird im Quellcode durch _CP_ALL aktiviert und über _CP_OFF deaktiviert.

4.3.9 Konfigurationsbits im Überblick

Werden keine Konfigurationsbits im Quellcode angegeben oder wird eines vergessen, steht im Konfigurationsregister an dieser Stelle eine *1* und die Schutzeigenschaften sind dadurch ausgeschaltet. Der Schreib- und Leseschutz muss daher bei Bedarf explizit eingeschaltet werden.

- _RC_OSC / _HS_OSC / _XT_OSC / _LP_OSC: Auswahl des Oszillatortyps
- _WDT_ON / _WDT_OFF: Aktivieren/Deaktivieren des Watchdogtimers
- _PWRTE_ON / _PWRTE_OFF: Aktivieren/Deaktivieren des Power-Up-Timers
- _BODEN_ON / _BODEN_OFF: Aktivieren/Deaktivieren des Brown-Out-Resets
- _LVP_ON / _LVP_OFF: Aktivieren/Deaktivieren des Low-Voltage-Programiermodus
- _CPD_ON / _CPD_OFF: Aktivieren/Deaktivieren des Leseschutzes des EEPROM
- _WRT_OFF / _WRT_256 / _WRT_1FOURTH / _WRT_HALF: Auswahl des zu schützenden Flash-Speicherbereichs
- _CP_ALL / _CP_OFF: Aktivieren/Deaktivieren des Leseschutzes des Programmspeichers

Die beschriebenen Konstanten beziehen sich alle auf den PIC16F876A. Bei anderen Typen weichen die Namen teilweise ab oder sind nicht vorhanden. Die vordefinierten Konstanten können der *Include*-Datei des Mikrocontrollers entnommen werden.

4.4 OTP-Typ

Bei der bisherigen Beschreibung der Programmierung wurde immer davon ausgegangen, dass der Programmcode im internen Flash-Speicher des Mikrocontrollers gespeichert wird. Dieser Speicher ist aber im Vergleich zu einem Speicher, der nur einmal programmiert werden kann, relativ teuer. Daher gibt es von vielen Mikrocontrollern eine Variante mit einem Speicher, der nur ein einziges Mal beschrieben werden kann. Soll dann ein anderes Programm verwendet werden, muss man den Baustein auslöten und einen neuen mit dem aktuellen Programm einlöten. OTP bedeutet daher *One Time Programmable*. Bei Microchip erkennt man die OTP-Typen durch ein „C" im Namen (z. B. PIC16C622A).

5 Das Entwicklungs-Board

Ein Mikrocontroller ist immer eng mit der Hardware verbunden und die Software wird speziell für eine Hardwareschaltung programmiert. Programmiert man Software für einen PC, ist es nicht unbedingt notwendig zu wissen, welche Grafikkarte oder welcher Prozessor verwendet wird. Anders ist dies allerdings bei der Mikrocontrollerprogrammierung. Hier ist es sehr wichtig zu wissen, welches Display angeschlossen ist und an welchen Pin die Taster und LEDs liegen. Damit die Software auch auf echter Hardware getestet werden kann, wird im Folgenden eine Schaltung für ein Entwicklungs-Board vorgestellt, mit der alle Beispiele ausprobiert und erweitert werden können. Um den Schaltplan zum Arbeiten auszudrucken, findet man auf der CD-ROM das entsprechende Dokument im PDF-Format. Man findet außerdem den Schaltplan und das Layout im Eagle-Format. Der Schaltplan und das Layout wurden mit der Demoversion von Eagle erstellt, die man kostenfrei für private Zwecke von der Internetseite des Herstellers (www.cadsoft.de) herunterladen kann. Der Schaltplan und das Layout können so auf die eigenen Bedürfnisse angepasst und erweitert werden. Um den Aufwand für die Erstellung eines eigenen Entwicklungs-Boards zu verringern, kann über die Homepage www.edmh.de eine unbestückte Leiterplatte bestellt werden.

5.1 Schaltungsbeschreibung der Hardware

Das Entwicklungs-Board besteht aus verschiedenen Schaltungsteilen, die mit dem Mikrocontroller PIC16F876A verbunden sind. Es ist so konstruiert, dass möglichst viele Eigenschaften des Mikrocontrollers demonstriert werden können. Mit dem Entwicklungs-Board können Daten mit einem PC über die serielle Schnittstelle ausgetauscht, Daten in einem externen EEPROM über I²C abgespeichert, analoge Spannungen gemessen, Infrarotsignale analysiert und über ein Display Meldungen ausgegeben werden. Auf der Leiterplatte sind auch vier Taster und vier LEDs vorgesehen, über die man den Zustand des Mikrocontrollers beeinflussen oder anzeigen kann.

5.1.1 Netzteil

Der PIC16F876A benötigt eine Versorgungsspannung von 5 V. Damit diese immer konstant anliegt, findet man auf dem Entwicklungs-Board einen Spannungsregler. Das Entwicklungs-Board kann so auch über ein ungeregeltes Netzteil versorgt werden. Damit die Verlustleistung über dem Spannungsregler nicht zu groß wird, sollte man das Entwicklungs-Board mit einer Spannung zwischen 7 und 12 V versorgen. Die beiden Keramikkondensatoren *C10* und *C11* unterdrücken hochfrequente Störungen und der Elektrolytkondensator *C12* puffert die Ausgangsspannung.

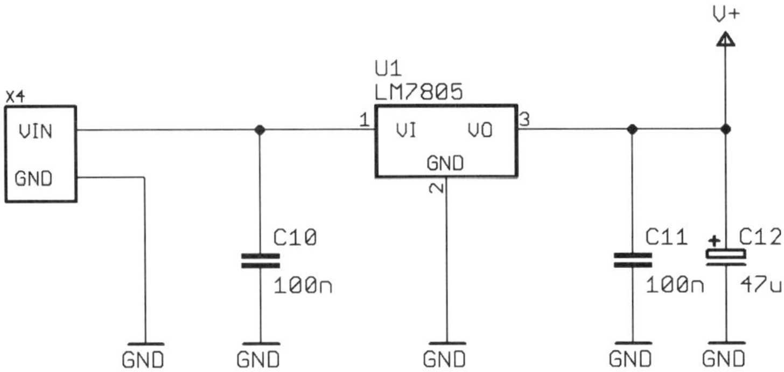

Abb. 5.1: Netzteil

5.1.2 Programmierschnittstelle

Damit die Programmierung möglichst universell erfolgen kann, wird der Mikrocontroller über eine fünfpolige Stiftleiste programmiert. Der Pin MCLR/VPP wird über einen Pull-up-Widerstand (*R9*) auf einem High-Pegel gehalten. Sollte sich das Programm, bei späteren Tests, einmal in einer Endlosschleife verfangen, kann man über den Jumper *J3* einen Reset auslösen.

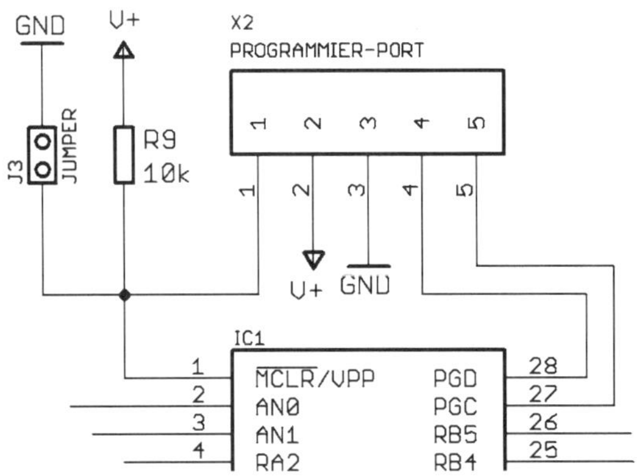

Abb. 5.2: Programmierschnittstelle

5.1.3 Taktgenerierung

Der Arbeitstakt des Prozessors wird über einen 4-MHz-Quarz erzeugt. Damit er anschwingt, sind zwei Keramikkondensatoren (*C8* und *C9*) am Quarz erforderlich.

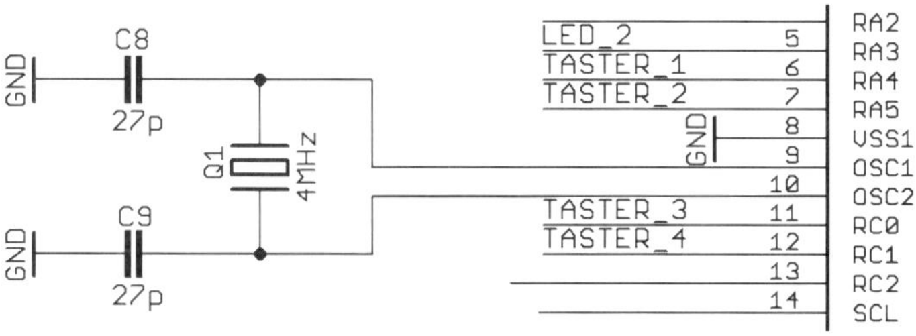

Abb. 5.3: Taktgenerierung

Beim Aufbau der Schaltung ist es wichtig, dass die Kondensatoren möglichst kurz an Masse angebunden werden. Um dies zu ermöglichen, verfügt der PIC über einen zusätzlichen Masseanschluss an Pin 8.

5.1.4 Analoge Spannungen

Mit den Potentiometern *R1* und *R2* können analoge Eingangsspannungen zwischen 0 V und 5 V simuliert werden. Soll eine externe analoge Spannung angeschlossen werden, kann man die Potentiometer über die Jumper *J1* und *J2* von den analogen Eingängen AN0 und AN1 trennen. Wird eine externe Spannungsquelle angeschlossen, muss man darauf achten, dass die Impedanz kleiner als 2,5 kΩ ist, da sich sonst die Wandlungszeit verlängert und nicht mehr mit den Werten in der Spezifikation übereinstimmt.

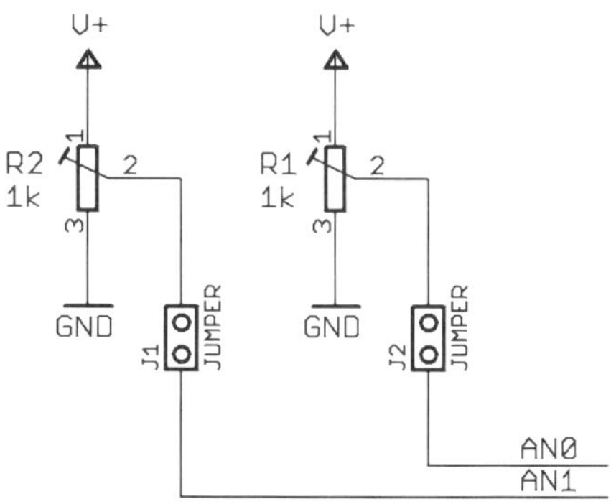

Abb. 5.4: Analoge Spannungen

5.1.5 Taster

Mit den Tastern *S1* bis *S4* können die Eingänge des Mikrocontrollers auf einen Low-Pegel gezogen werden. Wird kein Taster gedrückt, liegt an dem Eingang, durch die Pull-up-Widerstände *R5* bis *R8*, ein High-Pegel. (*Abb. 5.5*)

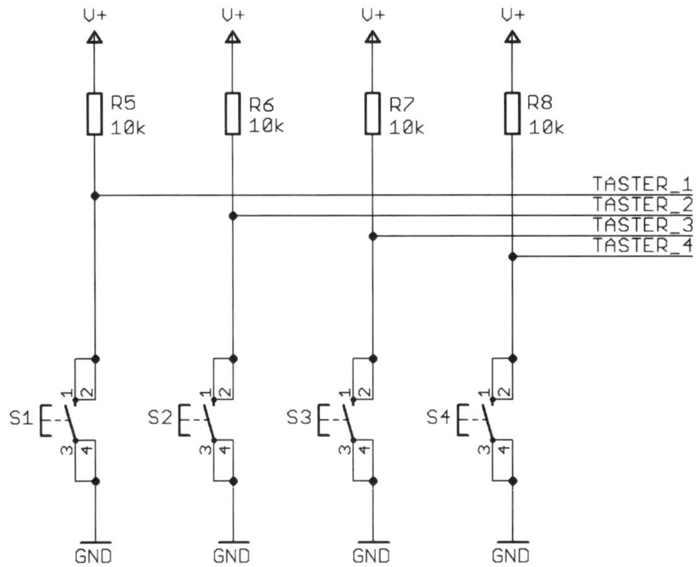

Abb. 5.5: Taster

5.1.6 Ausgangstreiber mit Leuchtdioden

Die Leuchtdioden *LED1* bis *LED4* werden über die Transistoren *T1* bis *T4* geschaltet. Prinzipiell könnten die LEDs auch direkt an den Ausgang angeschlossen werden, durch die Transistoren können aber auch höhere Ströme geschaltet werden und ermöglichen so eine einfache Erweiterung der Schaltung. Durch die Vorwiderstände *R11*, *R13*, *R15* und *R17* wird der Strom durch die LEDs auf ca. 10 mA begrenzt. (*Abb. 5.6*)

5.1.7 Infrarotempfänger

Auf dem Entwicklungs-Board ist auch ein Infrarotempfänger implementiert. Dadurch kann z. B. ein Ausgang mit einer Infrarotfernbedienung geschaltet werden. Man kann hier verschiedene Empfängermodule verwenden, um jede beliebige Fernbedienung zu unterstützen. In den Beispielen in diesem Buch wird das *RC5-Protokoll* verwendet. Dieses Protokoll ist in Europa sehr verbreitet und wird von vielen Fernbedienungen verwendet. Die Fernbedienungen arbeiten mit einer Trägerfrequenz von 36 kHz, daher wird der Infrarotempfänger TSOP1736 von Vishay eingesetzt. Sollte die Fernbedienung auf einer anderen Trägerfrequenz arbeiten, kann hier auch ein anderes Empfängermodul eingesetzt werden. Es muss lediglich darauf geachtet werden, dass der Ausgang einen 5-V-Pegel liefert. (*Abb. 5.7*)

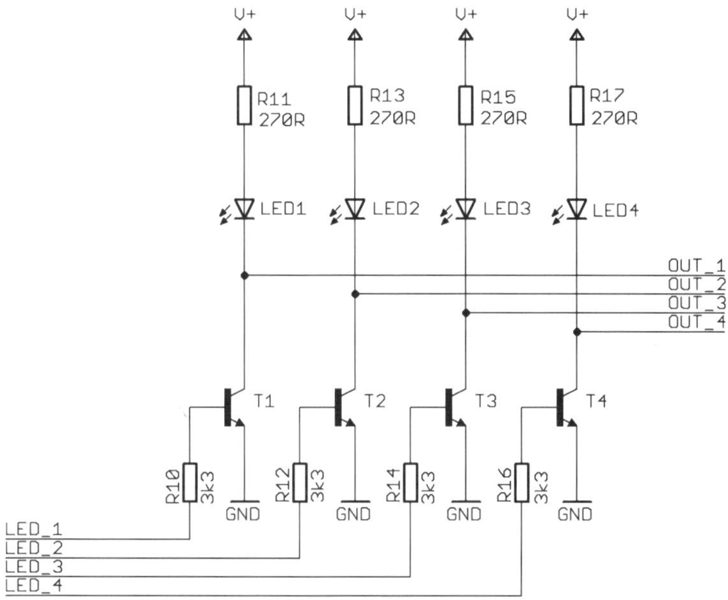

Abb. 5.6: LED-Ansteuerung

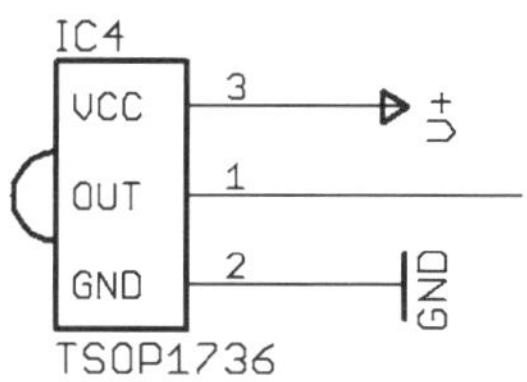

Abb. 5.7: Infrarotempfänger

5.1.8 I²C-EEPROM

Um größere Datenmengen zu speichern, ist ein externes EEPROM vorgesehen. Hier können die Daten über die I²C-Schnittstelle im EEPROM abgelegt werden. Der Keramikkondensator *C6* verringert hochfrequente Störungen auf der Versorgungsspannung und sollte so nah wie möglich an dem Versorgungsspannungs-Pin platziert werden. Die Widerstände *R3* und *R4* werden für den I²C-Bus benötigt, damit ein High-Pegel auf dem Bus anliegt, wenn die angeschlossenen Bausteine nicht aktiv sind. Schaltet ein Baustein den Pegel auf low, erkennen alle anderen I²C Bauteile, dass auf der Schnittstelle kommuniziert wird, und senden keine Daten über den Bus. (*Abb. 5.8*)

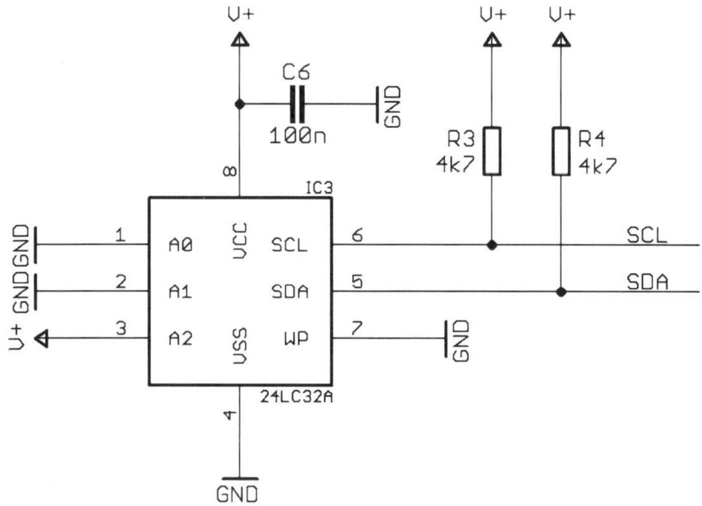

Abb. 5.8: EEPROM

5.1.9 RS-232-Schnittstelle

Für die Kommunikation mit einem PC über die serielle RS-232-Schnittstelle wird noch ein zusätzlicher Baustein benötigt, da die RS-232-Schnittstelle mit Pegeln von +/–8 V bis +/–12 V arbeitet. Damit diese Pegel aus 0 V und 5 V generiert werden können, verwendet man einen seriellen Schnittstellentreiber. In diesem Fall wurde der MAX232A eingesetzt. Im Inneren dieses Bausteins arbeitet eine Ladungspumpe, die über die Kondensatoren *C2* bis *C5* die hohen Ausgangspegel erzeugt. Die Entstörung der Versorgungsspannung erfolgt über *C1*. Die Pins 13 und 14 sind mit einem 9-poligen weiblichen Sub-D Stecker verbunden. Über die Pins 11 und 12 ist der Treiber mit dem Mikrocontroller verbunden. (*Abb. 5.9*)

5.1.10 Display

Das Display ist eine komfortable Möglichkeit, dem Benutzer Meldungen, Messergebnisse oder sonstige Texte mitzuteilen. Es handelt sich hier um ein Display mit zwei Zeilen von je 16 Zeichen. Das Display ist nur über vier Leitungen mit dem Mikrocontroller verbunden. Das eingesetzte Display von Electronic Assembly (EA-DOGM162) hat den Vorteil, dass man flexibel zwischen unterschiedlichen Farben wählen kann, da die Hintergrundbeleuchtung als eigenes Bauteil bei Bedarf mit dem Display verbunden werden kann. Der Strom der Hintergrundbeleuchtung ist über den Widerstand *R18* fest eingestellt. *C7* ist der Abblockkondensator für die Versorgungsspannung. (*Abb. 5.10*)

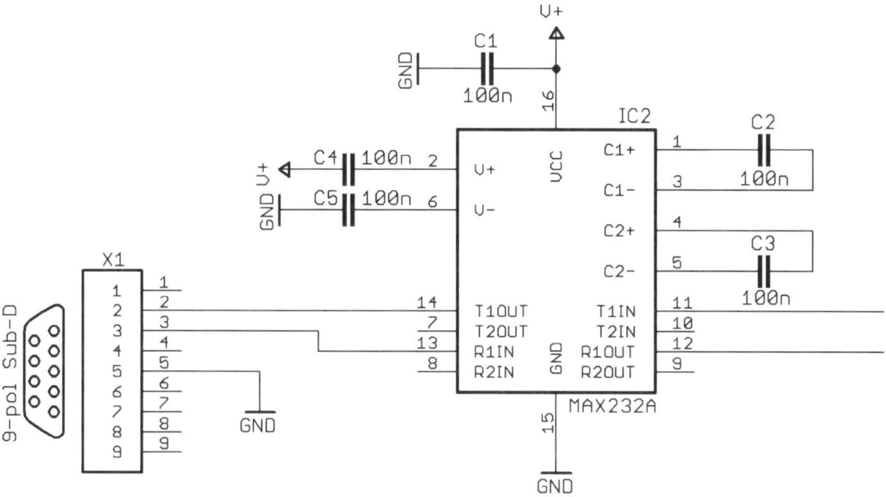

Abb. 5.9: RS-232-Schnittstelle

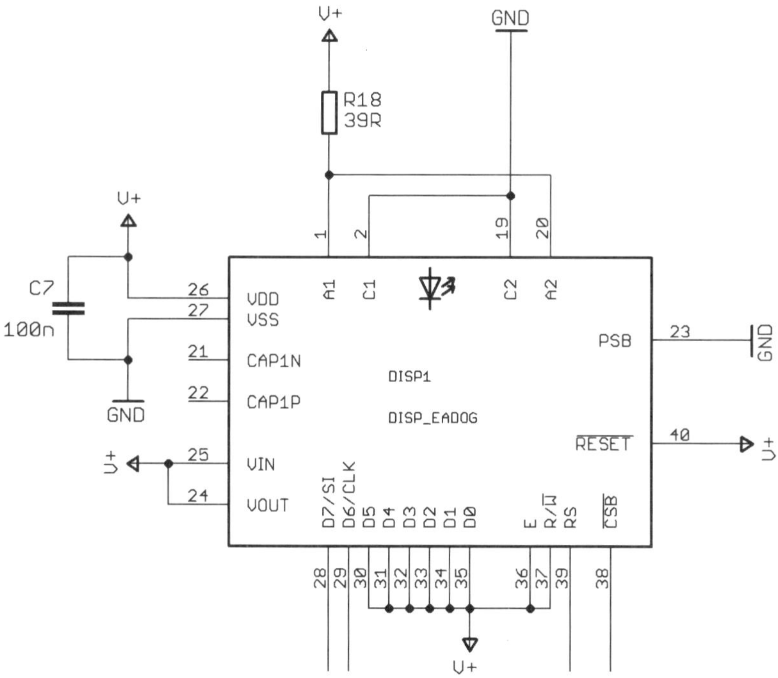

Abb. 5.10: Display

5.1.11 Stiftleiste für Erweiterungen

Eine Erweiterung des Entwicklungs-Boards ist über die vorgesehene Stiftleiste *X3* möglich. An diese Stiftleiste kann z. B. ein Flachbandkabel angeschlossen und so eine zweite Leiterplatte mit dem Entwicklungs-Board verbunden werden. Über die Stiftleiste sind vier digitale Eingänge, vier Ausgänge über die Transistoren, zwei analoge Eingänge und der I^2C-Bus verfügbar. Bei Bedarf kann auch das Display auf der zweiten Leiterplatte angeschlossen werden. Wird kein Display benötigt, stehen hier noch vier Ein- oder Ausgänge zur Verfügung.

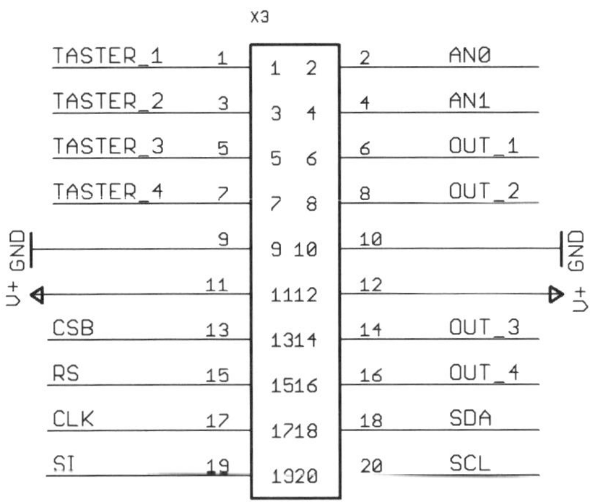

Abb. 5.11: Stiftleiste

5.2 Software

Über die Software muss dem Mikrocontroller mitgeteilt werden, welcher Pin als Eingang und welcher als Ausgang funktionieren soll. Es muss auch festgelegt werden, mit welchen Pins analoge Spannungen gemessen werden sollen und mit welchem Oszillator der Prozessor arbeiten soll. Da sich alle Beispiele auf die beschriebene Hardware beziehen, wird an dieser Stelle die Initialisierung des Mikrocontrollers im Detail beschrieben. Die Definitionen und Konstanten werden dann in allen Beispielen ohne weitere Erklärung verwendet. Man findet die Festlegungen aber auch in jedem Beispiel auf der CD-ROM am Anfang des Programmcodes.

5.2.1 Eingebundene Dateien

Der erste Befehl im Assemblerprogramm legt fest, welcher Mikrocontroller verwendet werden soll.

```
        list p=16f876a
```

Da jeder Mikrocontroller unterschiedliche Features hat, können die vordefinierten Konstanten durch Einbinden der *.inc*-Datei im Assemblerprogramm verwendet werden. In dieser Datei steht z. B., dass PORTA an Adresse 0x05 zu finden ist und das Zeroflag Z im Statusregister an Stelle 2 steht. Über *#include* <...> kann man dem Assembler auch zusätzliche Dateien für die Verwendung angeben. Man hat so die Möglichkeit, Makrodefinitionen in einer eigenen Datei zu machen und diese dann bei jedem neuen Projekt in das Programm einzubinden.

```
        #include <p16f876a.inc>
```

5.2.2 Konfigurationsbits

Über die Konfigurationsbits wird dem Mikrocontroller mitgeteilt, welche Bereiche geschützt werden sollen, welcher Oszillator verwendet wird und wie sich der Prozessor bei einem Reset verhalten soll. Die Konfigurationsbits können über das Programmiertool gesetzt oder direkt in den Code geschrieben werden. Durch das Schlüsselwort *__CONFIG* teilt man dem Assembler mit, dass nun eine Auflistung der Konfigurationsbits folgt. Diese müssen in einer Zeile stehen.

```
   __CONFIG _CP_OFF & _WDT_OFF & _BODEN_OFF & _PWRTE_OFF & _XT_OSC
         & _WRT_OFF & _LVP_OFF & _DEBUG_ON & _CPD_OFF
```

5.2.3 Definitionen

Über *#define* kann man einen Textersatz festlegen. Der angegebene Text hinter dem Schlüsselwort *#define* kann dann im Code verwendet werden und ersetzt den Text, der dahintersteht. Der Text wird vor dem Übersetzungsvorgang gegen den originalen Text ausgetauscht. Auf diese Weise kann der Assemblercode besser lesbar gestaltet werden.

```
;===========================
;  DEFINITIONEN
;===========================
#define Taster_1  PORTA, 4   ;Taster 1 liegt an Pin RA4
#define Taster_2  PORTA, 5   ;Taster 2 liegt an Pin RA5
#define Taster_3  PORTC, 0   ;Taster 3 liegt an Pin RC0
#define Taster_4  PORTC, 1   ;Taster 4 liegt an Pin RC1
#define LED_1     PORTA, 2   ;LED 1 liegt an Pin RA2
#define LED_2     PORTA, 3   ;LED 2 liegt an Pin RA3
#define LED_3     PORTB, 4   ;LED 3 liegt an Pin RB4
```

```
#define LED_4     PORTB, 5   ;LED 4 liegt an Pin RB5
#define DISP_SI   PORTB, 0   ;serielle Daten zum Display
#define DISP_CLK  PORTB, 1   ;Takt für die Displaydaten
#define DISP_RS   PORTB, 2   ;Unterscheidung zw. Befehl und Daten
#define DISP_CSB  PORTB, 3   ;Freigabe der Datenübertragung
                             ;an das Display
#define IR_RCV    PORTC, 2   ;IR-Fmpfänger liegt an Pin RC2
```

5.2.4 Variablen

Im Bereich *Variablen* werden die Register angegeben, die im Programm verwendet werden. Am Zeilenanfang steht der Variablenname oder der Name des selbst definierten Registers. Hinter dem Schlüsselwort *EQU* wird die Adresse im File-Register angegeben. Die fest vorgegebenen Register (z. B. PORTA) werden auf die gleiche Weise definiert.

```
;===========================
;  VARIABLEN
;===========================
w_temp          EQU   0x70
status_temp     EQU   0x71
```

5.2.5 Makros

Eine andere Art des Textersatzes sind Makros. Ihr großer Vorteil ist, dass man ihnen auch Werte übergeben kann, die vor dem Übersetzungsvorgang ersetzt werden. Am Anfang der Zeile steht das Wort, über das das Makro aufgerufen wird. Das Schlüsselwort *macro* kennzeichnet den Anfang des Makros. Dahinter können die Übergabewerte, die im Makro verwendet werden sollen, angegeben werden. In den nächsten Zeilen folgen die Assemblerbefehle, die gegen den Makronamen im Programmcode ausgetauscht werden. Das Ende des Makros wird mit *endm* gekennzeichnet.

```
;===========================
;  MACROS
;===========================
_BANK_0 macro           ;wählt die Register von Bank 0 aus
   BCF STATUS,RP0
   BCF STATUS,RP1
   endm
_BANK_1 macro           ;wählt die Register von Bank 1 aus
   BSF STATUS,RP0
   BCF STATUS,RP1
   endm
_BANK_2 macro           ;wählt die Register von Bank 2 aus
   BCF STATUS,RP0
```

```
   BSF STATUS,RP1
   endm
_BANK_3 macro        ;wählt die Register von Bank 3 aus
   BSF STATUS,RP0
   BSF STATUS,RP1
   Endm
```

5.2.6 Programmstart

Nachdem alle Definitionen gemacht wurden, muss dem Assembler mitgeteilt werden, ab welcher Adresse das folgende Programm im Mikrocontroller gespeichert werden soll. Da der Prozessor nach einem Reset die Ausführung an der Adresse 0x000 beginnt, wird dies durch das Wort *ORG* angegeben. Der erste Befehl steht demnach an dieser Stelle.

```
   ORG 0x000      ;Sprungadresse nach einem Reset
   clrf PCLATH    ;rücksetzen der Page-Bits
   goto start     ;springe zum Programmanfang
```

Nach einem Interrupt springt der Programmzähler nicht an die Startadresse, sondern an Adresse 0x004. Daher muss auch der Code für die Interruptroutine an dieser Adresse beginnen.

```
   ORG 0x004            ;Interrupt-Adresse
   movwf w_temp         ;sichere den Inhalt des W-Registers
   movf STATUS,w        ;verschiebe STATUS-Register ins W-Register
   movwf status_temp    ;sichere den Inhalt des STATUS-Registers
   ;Ab hier kann der Code für die Interruptroutinen stehen
   movf status_temp,w   ;hole die Kopie des STATUS-Registers
   movwf STATUS         ;sichere die Daten zurück ins STATUS-Reg.
   swapf w_temp,f
   swapf w_temp,w       ;sichere die Daten zurück in das W-Reg.
   retfie               ;Rücksprung vom Interrupt
```

Es folgt die Sprungmarke, die hinter dem Befehl ORG 0x000 angegeben wurde. Ab hier beginnt das eigentliche Hauptprogramm.

```
start            ;Beginn des Programms
   ;Initialisierungen
   _BANK_0       ;zum Start auf Bank 0 schalten
   clrf PORTA    ;alle bits von PORTA auf 0 setzen
   clrf PORTB    ;alle bits von PORTB auf 0 setzen
   clrf PORTC    ;alle bits von PORTC auf 0 setzen
```

5.2.7 Initialisierung

Bei der Initialisierung am Anfang werden in diesem Beispiel alle Ein- und Ausgänge als digitale Pins behandelt. Die speziellen Eigenschaften wie analoger Eingang oder I^2C-Schnittstelle werden dann während der Ausführung des Programms eingestellt.

```
_BANK_1               ;umschalten auf Bank 1 für TRIS Register
                      ;und ADCON1
movlw b'00000110'     ;alle Pins an PortA sind digitale I/O-Pins
movwf ADCON1
movlw b'11110011'     ;setze RA<3:2> als Ausgang, Rest Eingang
movwf TRISA
movlw b'11000000'     ;setze RB<7:6> als Eingang, Rest Ausgang
movwf TRISB
movlw b'11111111'     ;setze alle Pins von Port C als Eingang
movwf TRISC
_BANK_0               ;zurückschalten auf Bank 0
```

Die Initialisierung ist abgeschlossen und es beginnt die Hauptschleife.

```
main            ;Beginn der Hauptschleife
    ...
    Hier stehen die Assemblerbefehle des Programms
    ...
    goto main   ;bearbeite das Programm von vorn
```

Der Assembler benötigt noch das Schlüsselwort *END*, das das Ende der Befehle anzeigt. Der Code wird bis zu dieser Stelle übersetzt.

```
    END         ;Ende des Programms
```

6 Die Ein- und Ausgänge

Jeder Mikrocontroller hat Ein- und Ausgänge, über die er mit der Außenwelt kommunizieren kann. Manche Mikrocontroller haben mehr als 100 frei definierbare Ein- und Ausgänge, die oft *GPIO* (General Purpose Input Output) genannt werden. Es gibt allerdings auch sehr kleine Mikrocontroller, die nur über vier Ein- oder Ausgänge verfügen (z. B. PIC10F222). In der Regel kann man über verschiedene Register festlegen, welche Funktion diese Pins haben sollen. Sie können als analoger Eingang oder als digitaler Ein- und Ausgang verwendet werden. Sie können aber auch einer speziellen Funktion, wie z. B. der Kommunikation über die serielle Schnittstelle oder die Verwendung des I²C-Busses, zugeordnet sein. Die Funktionen können auch während des Programmablaufs geändert werden, wodurch es möglich ist, dass ein Pin zuerst als Eingang definiert ist, nach Auftreten eines Ereignisses umdefiniert wird und dann als Ausgang funktioniert.

6.1 Pinbelegung PIC16F876A

Der PIC16F876A hat 22 GPIO-Pins, die als normaler Ein- oder Ausgang verwendet oder über einen Multiplexer einer speziellen Funktion zugeordnet werden können. Da die 22 I/O-Pins nicht über ein 8-Bit-Register angesprochen werden können, werden sie in drei Ports aufgeteilt: PORTA, PORTB und PORTC. Port A enthält die Pins RA0 bis RA5, Port B enthält die Pins RB0 bis RB7 und über Port C werden die Pins RC0 bis RC7 angesprochen. Die sechs restlichen Pins werden für Spannungsversorgung (VDD, VSS), Reset (MCLR) und den Prozessortakt (OSC1, OSC2) verwendet.

In *Abb. 6.1* kann man anhand der Pin-Bezeichnung erkennen, wie viele verschiedene Funktionen über einen Pin realisiert werden. Man muss sich daher schon sehr früh entscheiden, welche Funktion er haben soll. Diese Entscheidung fließt dann in den Schaltplanentwurf und die Software ein. In der Regel verursacht es die wenigsten Probleme, wenn man Pins am Anfang eine Funktion zuweist und diese dann nicht mehr ändert. Es kann aber vorkommen, dass man einen externen Baustein über den I²C-Bus (Inter Integrated Circuit Bus = Kommunikationsschnittstelle zwischen verschiedenen ICs) und einen anderen Baustein über die SPI-Schnittstelle (Serial Peripheral Interface = serielle Schnittstelle zwischen ICs) ansprechen muss. Da die Funktionen für I²C und SPI gemeinsam auf Pin 14 und Pin 15 liegen, muss hier eine Umschaltung während des Programmablaufs erfolgen. Damit aber der Chip, der über I²C angesprochen wird, auch nur die I²C-Daten bekommt, muss man zusätzlich einen externen Umschalter vorsehen, der die Daten an den richtigen Baustein weiterleitet. Es ist demnach häufig nur durch zusätzlichen Hardwareaufwand möglich, mehrere Features an einem Pin zu verwenden.

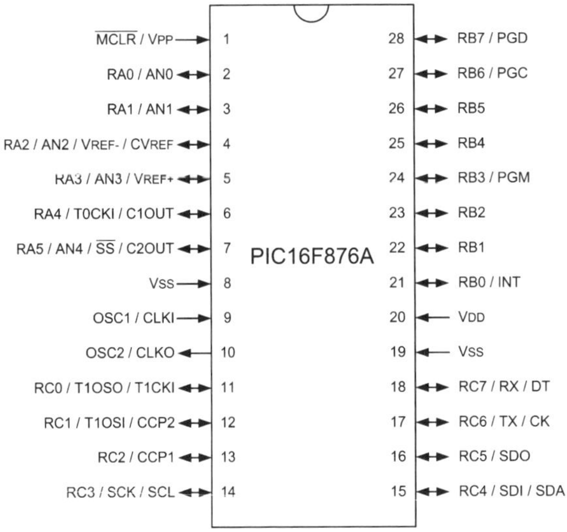

Abb. 6.1: Pinbelegung PIC16F876A

6.2 Pinfunktionen im Überblick

Im Pin-Diagramm werden die Pin-Bezeichnungen abgekürzt, damit man diese noch übersichtlich an den Pin schreiben kann. Um die Funktion, die sich hinter der Abkürzung verbirgt, besser zu verstehen, kann man die ausführlichere Erklärung Tabelle 6.1 entnehmen. Zur besseren Orientierung bei der Planung findet man an Port A die analogen Sonderfunktionen. An Port B sind nur digitale Ein- und Ausgänge und an Port C befinden sich die Schnittstellen zur Kommunikation mit anderen Bausteinen und Geräten.

Tabelle 6.1: Übersicht der Pinfunktionen

Pin	Bezeichnung	Richtung	Funktion
1	MCLR	I	Reset Eingang
	VPP	P	Eingang für Programmierspannung
2	RA0	I/O	digitaler I/O-Pin an Port A (bit 0)
	AN0	I	analoger Eingang (0)
3	RA1	I/O	digitaler I/O-Pin an Port A (bit 1)
	AN1	I	analoger Eingang (1)

Pin	Bezeichnung	Richtung	Funktion
4	RA2	I/O	digitaler I/O-Pin an Port A (bit 2)
	AN2	I	analoger Eingang (2)
	VREF-	I	Referenzspannung A/D-Wandler, negative Bezugsspannung
	CVREF	O	Ausgang der Referenzspannung des Komparators
5	RA3	I/O	digitaler I/O-Pin an Port A (bit 3)
	AN3	I	analoger Eingang (3)
	VREF+	I	Referenzspannung A/D-Wandler, positive Bezugsspannung
6	RA4	I/O	digitalter I/O-Pin an Port A (bit 4), Ausgang = Open-drain
	T0CKI	I	Takteingang für Timer0
	C1OUT	O	Ausgang von Komparator 1
7	RA5	I/O	digitaler I/O-Pin an Port A (bit 5)
	AN4	I	analoger Eingang (4)
	SS	I	Eingang um den Baustein als SPI-Slave anzusprechen
	C2OUT	O	Ausgang von Komparator 2
8	VSS	P	Masseanschluss, ermöglicht kurze Masseverbindung des Quarzes
9	OSC1	I	Anschluss 1 des Schwingquarzes
	CLKI	I	Eingang für Takt von externer Quelle
10	OSC2	O	Anschluss 2 des Schwingquarzes
	CLKO	O	gibt im RC-Mode 1/4 der Frequenz von Pin OSC1 aus
11	RC0	I/O	digitaler I/O-Pin an Port C (Bit 0)
	T1OSO	O	Ausgang von Timer1 Oszillator
	T1CKI	I	Eingang für externen Takt für Timer1
12	RC1	I/O	digitaler I/O-Pin an Port C (Bit 1)
	T1OSI	I	Eingang für Timer1 Oszillator
	CCP2	I/O	Eingang Capture2, Ausgang Compare2, Ausgang PWM2

Pin	Bezeichnung	Richtung	Funktion
13	RC2	I/O	digitaler I/O-Pin an Port C (Bit 2)
	CCP1	I/O	Eingang Capture1, Ausgang Compare1, Ausgang PWM1
14	RC3	I/O	digitaler I/O-Pin an Port C (Bit 3)
	SCK	I/O	Ein- oder Ausgang für SPI-Takt
	SCL	I/O	Ein- oder Ausgang für I²C-Takt
15	RC4	I/O	digitaler I/O-Pin an Port C (Bit 4)
	SDI	I	Eingang für SPI-Daten
	SDA	I/O	Ein- oder Ausgang für I²C-Daten
16	RC5	I/O	digitaler I/O-Pin an Port C (Bit 5)
	SDO	O	Ausgang für SPI-Daten
17	RC6	I/O	digitaler I/O-Pin an Port C (Bit 6)
	TX	O	Asynchrones Senden USART
	CK	I/O	Synchroner Takt USART
18	RC7	I/O	digitaler I/O-Pin an Port C (Bit 7)
	RX	I	asynchrones Empfangen USART
	DT	I/O	Synchrone Daten USART
19	VSS	P	Masseanschluss
20	VDD	P	Positive Versorgungsspannung
21	RB0	I/O	digitaler I/O-Pin an Port B (Bit 0)
	INT	I	Eingang für externen Interrupt
22	RB1	I/O	digitaler I/O-Pin an Port B (Bit 1)
23	RB2	I/O	digitaler I/O-Pin an Port B (Bit 2)
24	RB3	I/O	digitaler I/O-Pin an Port B (Bit 3)
	PGM	I	Freigabe-Pin für Low-Voltage-Programming
25	RB4	I/O	digitaler I/O-Pin an Port B (Bit 4)
26	RB5	I/O	digitaler I/O-Pin an Port B (Bit 5)
27	RB6	I/O	digitaler I/O-Pin an Port B (Bit 6)
	PGC	I	Takteingang zum Programmieren
28	RB7	I/O	digitaler I/O-Pin an Port B (Bit 7)
	PGD	I/O	Ein- oder Ausgang der Programmierdaten

Zeichenerklärung:

I = Input = Eingang
O = Output = Ausgang
I/O = Input/Output = Ein- oder Ausgang, je nach Registereinstellung
P = Power = Spannungsversorgung

6.3 Digitale Ein- und Ausgänge

Ein Mikrocontroller berechnet alle Werte digital, d. h. aus Nullen und Einsen. Daher liegt auch jedes Ergebnis in digitaler Form vor. Aus diesem Grund ist auch jeder Pin als digitaler Ein- oder Ausgang nutzbar. Mit den digitalen Ausgängen kann man z. B. eine Leuchtdiode (LED) schalten, die einen bestimmten Status anzeigt. Beim PIC16F876A kann eine LED auch direkt über den Ausgangspin angesteuert werden. Ein digitaler Ausgang kann Strom von 10 mA problemlos treiben, was für eine normale LED in der Regel vollkommen ausreichend ist. Soll ein größerer Strom als 10 mA geschaltet werden, muss ein Treiber, z. B. ein Transistor, an den Ausgang angeschlossen werden. Um digitale Signale einzulesen, z. B. ist ein Taster gedrückt oder nicht, können die Pins als digitaler Eingang geschaltet werden. Die Pins verhalten sich dann wie die Eingänge eines TTL-IC.

Da der Mikrocontroller nach dem Einschalten nicht wissen kann, welcher Pin als Eingang und welcher als Ausgang funktionieren soll, muss man dies dem Mikrocontroller mitteilen. Nach dem Einschalten oder nach einem Reset geht der Controller davon aus, dass alle Pins als Eingang definiert sind. Es wird daher auch keine Spannung ausgegeben. Wäre dies nicht der Fall, könnte es passieren, dass es einen Kurzschluss gibt, wenn ein angeschlossenes IC am Ausgang einen High-Pegel liefert, während der PIC an diesem Pin einen Low-Pegel liefert. Den Pins wird, in der Regel in einer Startsequenz (Initialisierung), die entsprechende Funktion zugewiesen.

Ob der Pin ein Eingang oder ein Ausgang ist, wird in den Registern TRISA, TRISB und TRISC angegeben. Die drei Register findet man alle in der *Bank1.* Man darf bei der Initialisierung nicht die Bankumschaltung vergessen. Soll der Pin ein Eingang sein, wird an der entsprechenden Stelle eine 1 in das Register geschrieben. Für den Fall eines Ausgangs schreibt man eine 0 an die gewünschte Stelle. Als „Eselsbrücke" kann man sich merken, dass die 1 aussieht wie ein I für Input und die 0 wie ein O für Output. Soll z. B. der Pin RB2 ein Eingang sein, muss im Register TRISB an der Stelle von Bit 2 eine 1 stehen. Um Pin RA4 als digitalen Ausgang zu schalten, wird an der Stelle von Bit 4 im Register TRISA eine 0 geschrieben.

Beispiel:

```
movlw b'11110011'   ;setze RA3 und RA2 als Ausgang und
                    ;den Rest als Eingang
movwf TRISA
movlw b'11000000'   ;setze RB7 und RB6 als Eingang und
```

```
                          ;den Rest als Ausgang
     movwf TRISB
     movlw b'11111111'    ;alle Pins von Port C sind Eingänge
     movwf TRISC
```

Die sechs Befehle würden prinzipiell ausreichen, um die Richtung der Pins von allen Ports festzulegen. Die Pins werden aber nicht nur als digitale Ein- und Ausgänge benutzt, sondern können auch als analoger Eingang verwendet werden. Daher gibt es noch zusätzliche Register, die beschrieben werden müssen, um einen digitalen I/O-Pin zu erhalten.

Um die digitalen Eingänge von Port A zu verwenden, muss zusätzlich noch das Register ADCON1 beschrieben werden. In diesem Register hat man 15 Möglichkeiten, festzulegen, welcher Pin ein digitaler Ein- oder Ausgang sein und welcher einer analogen Funktion zugeordnet werden soll. Für die Einstellung der Pin-Funktion sind nur die unteren vier Bits des Registers von Bedeutung. Die oberen werden erst interessant, wenn eine Analog-Digital-Wandlung gemacht werden soll. Mit welchen Werten das Register beschrieben werden muss, kann man Tabelle 6.2 entnehmen. Die Pins AN7, AN6 und AN5 sind bei dem PIC16F876A nicht vorhanden und nur bei Gehäusen mit mehr Pins relevant.

Tabelle 6.2: Pindefinition im Register ADCON1

PCFG[3..0]	AN7	AN6	AN5	AN4	AN3	AN2	AN1	AN0
0000	A	A	A	A	A	A	A	A
0001	A	A	A	A	VREF+	A	A	A
0010	D	D	D	A	A	A	A	A
0011	D	D	D	A	VREF+	A	A	A
0100	D	D	D	D	A	D	A	A
0101	D	D	D	D	VREF+	D	A	A
0110	D	D	D	D	D	D	D	D
0111	D	D	D	D	D	D	D	D
1000	A	A	A	A	VREF+	VREF-	A	A
1001	D	D	A	A	A	A	A	A
1010	D	D	A	A	VREF+	A	A	A
1011	D	D	A	A	VREF+	VREF-	A	A
1100	D	D	D	A	VREF+	VREF-	A	A
1101	D	D	D	D	VREF+	VREF-	A	A
1110	D	D	D	D	D	D	D	A
1111	D	D	D	D	VREF+	VREF-	D	A

Zeichenerklärung:

A = Analoger Eingang
D = Digitaler Ein- oder Ausgang
VREF+ = An diesem Pin wird die positive Referenzspannung angelegt
VREF- = An diesem Pin liegt die negative Bezugsspannung

Um alle Pins von Port A als digitale Ein- oder Ausgänge zu verwenden, muss in den unteren vier Bits der binäre Wert *0110* oder *0111* stehen. Sollen ein analoger Eingang und fünf digitale Eingänge verwendet werden, kann man die Einstellung *1110* verwenden. Leider ist es nicht möglich, zwei analoge Eingänge und vier digitale Ein- oder Ausgänge zu definieren. An dieser Stelle muss man sich entscheiden, ob man drei analoge Eingänge festlegt (0100) oder ob man zwei analoge Eingänge mit einem zusätzlichen Pin für die Referenzspannung verwenden möchte (0101).

Im folgenden Beispiel werden die Pins RA0, RA2 und RA3 als digitaler Eingang und die Pins RA1, RA4 und RA5 als digitaler Ausgang festgelegt.

Beispiel:

```
movlw b'00000110'    ;alle Pins von Port A sind digitale Ein-
                     ;oder Ausgänge
movwf ADCON1
movlw b'00001101'    ;legt fest, welcher Pin ein Ein- oder
                     ;Ausgang ist
movwf TRISA
```

Bei Port B handelt es sich um Pins, die nur als digitale Ein- oder Ausgänge verwendet werden können. Lediglich während des Programmiervorgangs oder des Debuggens haben diese Pins eine andere Bedeutung. Der einzige Pin mit einer besonderen Funktion ist Pin RB0/INT. Hier hat man die Möglichkeit, bei einer Signaländerung einen Interrupt auszulösen. Ob der Interrupt bei einer steigenden Flanke (von low nach high) oder bei einer fallenden Flanke (von high nach low) ausgelöst werden soll, kann im Register *OPTION_REG* eingestellt werden. Hier kann auch eingestellt werden, ob an Port B die internen Pull-up-Widerstände verwendet werden sollen. Um festzulegen, welche Pins von Port B Eingänge sind und welche Ausgänge, ist es nur erforderlich, das Register *TRISB* zu beschreiben. Der Vollständigkeit halber kann man auch noch das *OPTION_REG*-Register beschreiben, um sicherzugehen, dass am Anfang die richtigen Einstellungen für das eigene Programm in diesem Register stehen.

Beispiel:

```
movlw b'01000000'    ;Initialisierungswert für OPTION_REG
movwf OPTION_REG
movlw b'11001010'    ;RB7, RB6, RB3, RB1 sind Eingänge
movwf TRISB          ;RB5, RB4, RB2, RB0 sind Ausgänge
```

Im Beispiel werden die Pins RB7, RB6, RB3 als Eingang definiert, da diese nach Möglichkeit nur für die Programmierung verwendet werden sollten. Es wurden auch die internen Pull-up-Widerstände eingeschaltet. Dadurch haben alle Eingänge einen Pull-up-Widerstand, der den Pegel am Eingang auf High-Pegel zieht, wenn kein externer Baustein an diesen Pin angeschlossen ist. Die Verwendung der Pull-up-Widerstände kann man ausschalten, indem man Bit 7 im Register *OPTION_REG* auf 1 setzt.

Bei Port C wird es wieder etwas komplizierter, da hier verschiedene Funktionen mit einem Pin verwirklicht werden können. Solange die Pins nur als digitale Ein- oder Ausgänge benutzt werden, kann man problemlos über das Register *TRISC* festlegen, ob die entsprechenden Pins als Ein- oder Ausgang verwendet werden sollen. Will man aber im Lauf des Programms eine Kommunikation über den I²C-Bus aufbauen, entspricht die Datenrichtung nicht mehr den Einstellungen im *TRISC*-Register. Die Richtung der Pins wird dann von der I²C-Hardware im Chip gesteuert. Dadurch werden die Einstellungen im Register *TRISC* überschrieben. In der Regel haben die Pins während des Programms eine feste Funktion, sodass man am Anfang des Programms Port C entsprechend initialisieren kann. Im folgenden Beispiel sieht man die Möglichkeit einer Initialisierung von Port C. Es sollen Pin RC0 und RC1 als Eingang und Pin RC2 als Ausgang verwendet werden. Über die Pins RC3 und RC4 soll eine Kommunikation über einen I²C-Bus realisiert werden. Die Pins RC6 und RC7 ermöglichen eine Kommunikation mit dem PC über eine serielle Schnittstelle. Pin RC5 wird in der Schaltung nicht verwendet und daher als Eingang definiert. Im Beispiel wird nur gezeigt, wie die digitalen I/O-Pins festgelegt werden. Die Initialisierung der Schnittstellen ist etwas aufwendiger und wird in einem späteren Kapitel erklärt. Daher werden auch die Pins als Eingang definiert, damit sie nicht direkt nach dem Start schon Signale an die Peripherie senden.

Beispiel:

```
movlw b'11111011'   ;nur Pin RC2 ist ein Ausgang
movwf TRISC
```

Benötigt man weniger Pins, als der Mikrocontroller zur Verfügung stellt, sollte man die nicht verwendeten Pins als Eingang definieren und in der Hardwareschaltung einen Pull-up- oder Pull-down-Widerstand vorsehen. Das hat den Vorteil, dass der Pin einen definierten Pegel am Eingang hat. Lässt man den Pin offen, spart man zwar einen externen Widerstand, man kann sich aber nie sicher sein, welcher Wert von dem Port gelesen wird. Wenn man dann im Programm einen festen 8-Bit-Wert mit dem gelesenen Port vergleicht, kann man zum einen Zeitpunkt eine Übereinstimmung haben und zum nächsten Zeitpunkt eine Differenz. Ist diese Prüfung wichtig für den weiteren Programmablauf, kann man sich nicht sicher sein, wie sich das Programm verhält.

6.4 Beispielprogramm: LED-Muster

Bisher wurden nur Ausschnitte des Programmcodes gezeigt. Dies ändert sich nun mit dem folgenden Beispiel. Es kann zum einen mit MPLAB simuliert werden und zum anderen auf einer echten Hardwareschaltung, die in Kapitel 5 vorgestellt wurde, ausprobiert werden. Bei dem Beispiel werden in Abhängigkeit von einem Tastendruck unterschiedliche LEDs angesteuert. Durch das Beispiel erfährt man, wie die Taster zyklisch abgefragt werden und wie die Ausgänge angesteuert werden, damit die LED leuchtet. Das Beispiel ist, wie alle anderen Beispiele auch, auf der beiliegenden CD-ROM zu finden.

```
main                         ;Beginn der Hauptschleife
   btfss Taster_1            ;Abfrage, ob Taster 1 gedrückt wurde
   goto taster_1_gedrückt    ;schalte die LEDs für Taster 1
   btfss Taster_2            ;Abfrage, ob Taster 2 gedrückt wurde
   goto taster_2_gedrückt    ;schalte die LEDs für Taster 2
   btfss Taster_3            ;Abfrage, ob Taster 3 gedrückt wurde
   goto taster_3_gedrückt    ;schalte die LEDs für Taster 3
   btfss Taster_4            ;Abfrage, ob Taster 4 gedrückt wurde
   goto taster_4_gedrückt    ;schalte die LEDs für Taster 4
   goto main                 ;kein Taster wurde gedrückt
                             ;--> Fange von vorn an
taster_1_gedrückt            ;Taste 1 wurde gedrückt
   bsf LED_1                 ;LED 1 leuchtet
   bcf LED_2                 ;schalte LED 2 aus
   bcf LED_3                 ;schalte LED 3 aus
   bcf LED_4                 ;schalte LED 4 aus
   goto main                 ;springe zurück in die Hauptschleife
taster_2_gedrückt            ;Taste 2 wurde gedrückt
   bcf LED_1                 ;schalte LED 1 aus
   bsf LED_2                 ;LED 2 leuchtet
   bcf LED_3                 ;schalte LED 3 aus
   bcf LED_4                 ;schalte LED 4 aus
   goto main                 ;springe zurück in die Hauptschleife
taster_3_gedrückt            ;Taste 3 wurde gedrückt
   bsf LED_1                 ;LED 1 leuchtet
   bcf LED_2                 ;schalte LED 2 aus
   bsf LED_3                 ;LED 3 leuchtet
   bcf LED_4                 ;schalte LED 4 aus
   goto main                 ;springe zurück in die Hauptschleife
taster_4_gedrückt            ;Taste 4 wurde gedrückt
   bsf LED_1                 ;LED 1 leuchtet
   bsf LED_2                 ;LED 2 leuchtet
   bsf LED_3                 ;LED 3 leuchtet
   bsf LED_4                 ;LED 4 leuchtet
   goto main                 ;springe zurück in die Hauptschleife
   END                       ;Ende des Programms
```

7 Die Timer

Ein wichtiger Bestandteil eines Mikrocontrollers sind die Timer. Timer sind getaktete Zähler, die durch einen Takt hoch- oder heruntergezählt werden. Timer können für die unterschiedlichsten Zwecke verwendet werden. So wird z. B. für den Watchdog ein Timer benötigt oder man kann einen Timer für eine Warteschleife verwenden. Es können Zeiten zwischen zwei Impulsen bestimmt oder es können Impulse mit einer vorgegebenen Dauer ausgegeben werden. Jeder Timer verfügt über ein Register, in dem ein Wert gespeichert wird, der dann aufwärts oder abwärts gezählt wird. Bei einem Über- oder Unterlauf dieses Registers kann dann ein Interrupt ausgelöst werden. Einen Timer könnte man sich auch selbst programmieren, indem man ein beliebiges Register mit einem Wert lädt und dann in einer Schleife so lange herunterzählt, bis der Wert 0 ist. Dies ist eine einfache Methode, kurze Verzögerungszeiten in einem Programm zu implementieren. Bei dem folgenden Beispiel wird Pin RA2 für die Dauer von ca. 100 µs auf einen High-Pegel gesetzt. Für den Fall, dass der Prozessor mit einem Takt von 4 MHz versorgt wird, muss man in das Register *COUNTER* den dezimalen Wert 32 laden. Das ist ungefähr 100/3, da der Befehl *decfsz* 1 Befehlszyklus (= 1 µs) und der Befehl *goto* 2 Befehlszyklen (= 2 µs) benötigt.

Beispiel:

```
bsf PORTA, 2          ;setze Pin RA2 auf High-Pegel
movlw D'32'           ;lade das Register Counter mit 32
movwf COUNTER
decfsz COUNTER, F     ;verringere den Wert um 1
goto $-1              ;zähle so lange herunter, bis der Wert 0 ist
bcf PORTA, 2          ;setze Pin RA2 auf Low-Pegel
```

Sehr kurze Verzögerungen von wenigen Mikrosekunden lassen sich sehr gut über mehrere *nop*-Befehle realisieren. Ein *nop* benötigt für die Bearbeitung einen Befehlszyklus und entspricht bei einem 4-MHz-Takt einer Bearbeitungszeit von einer Mikrosekunde. Mit diesem Beispiel kann eine Zeitverzögerung bis ca. 765 µs (= 3 * 255) ohne den Einsatz eines Timers problemlos verwirklicht werden. Wenn eine Zeit größer als 765 µs implementiert werden soll, müsste man auf diese Weise schon zwei Register verwenden.

7.1 Der 8-Bit-Timer (Timer0)

Um längere Zeiten zu verwirklichen, ist es sinnvoll, einen Timer zu verwenden. Der große Vorteil eines Timers ist, dass der Takt, mit dem das Timer-Register hoch- oder heruntergezählt wird, über einen vorgeschalteten Teiler (Prescaler) läuft. Das Register wird nun nicht mehr im Rhythmus des Befehlstakts verändert, sondern mit einem geringeren Takt. Das Teilerverhältnis kann je nach verwendetem Teiler zwischen 1:2 und 1:256 gewählt werden. Wird das Prescaler-Verhältnis auf 1:256 eingestellt und der 8-Bit-Timer mit dem hexadezimalen Wert 0xFF (255) geladen, entspricht dies bereits einer Verzögerung von 65.280 µs = 65,280 ms. Im folgenden Beispiel wird der Timer0 für eine Zeitverzögerung von 10 ms verwendet.

Beispiel:

```
_BANK_1                 ;umschalten auf Bank 1
movlw b'11000111'       ;Prescaler 1:256 für Timer0
movwf OPTION_REG
_BANK_0                 ;umschalten auf Bank 0
movlw b'00100000'       ;Interrupts ausschalten und TMR0-Flag
movwf INTCON            ;zurücksetzen
bsf PORTA, 2            ;Pin RA2 auf High-Pegel setzen
_BANK_2
movlw D'217'
movwf TMR0              ;starten des Timers
_BANK_0
btfss INTCON, TMR0IF    ;prüfen, ob der Timer übergelaufen ist
goto $-1
bcf PORTA, 2            ;Pin RA2 auf Low-Pegel setzen
```

Es wird zuerst im Register *OPTION_REG* der Vorteiler (Prescaler) auf den Wert 1:256 gesetzt und dem Timer0 zugeordnet. Man kann den Timer0 auch für den Watchdog verwenden, allerdings ist eine gleichzeitige Verwendung als Timer im Programm und als Watchdogtimer ausgeschlossen. Als Nächstes werden die Interrupts ausgeschaltet. Das entsprechende Interruptflag wird trotzdem gesetzt, es wird aber nicht in die Interruptroutine gesprungen. Man muss dann in einer Schleife prüfen, wann das Flag TMR0IF gesetzt wird. In diesem Fall ist das Register von 0xFF auf 0x00 zurückgesprungen. Vor dem Beschreiben des *Timer*-Registers wird noch Pin RA2 auf high gesetzt. Um den Timer mit der richtigen Zeit zu initialisieren, muss man den entsprechenden Wert in das Register *TMR0* schreiben. Da der Timer0 bei jedem Takt inkrementiert (hochgezählt) wird, muss der Wert nach Formel 7.1 berechnet werden:

$$TMR0 = 256 - \frac{f_{OSZ} \cdot t}{4 \cdot PS}$$ **Formel 7.1**

TMR0: Zählerwert für Timer0
f_{OSZ}: Oszillatorfrequenz
t: Zeitverzögerung
PS: Wert des Vorteilers (Prescale)

Soll eine Zeitverzögerung von 10 ms erreicht werden, ergibt sich folgender Wert:

$$TMR0 = 256 - \frac{4MHz \cdot 10ms}{4 \cdot 256} = 16,94 \approx 217$$

Dies ist der Wert, der auch im Beispielprogramm in das Register eingetragen wurde. Nachdem der Wert nun im Register *TMR0* steht, läuft der Timer und man wartet, bis das Interruptflag *TMR0IF* gesetzt wurde. Danach wird Pin RA2 wieder auf Low-Pegel zurückgesetzt und man hat einen High-Impuls mit einer Dauer von 10 ms generiert. Da der Prescaler auf 1:256 gesetzt ist, ist die kleinste zeitliche Auflösung 256 µs, da man nur ganze Werte in das Register *TRM0* schreiben kann.

7.2 Der 16-Bit-Timer (Timer1)

Das Timer1-Modul verfügt über zwei 8-Bit-Register (TMR1L und TMR1H). Auch dieser Timer zählt, wie der Timer0, aufwärts und löst einen Interrupt aus, wenn der Registerwert von 0xFF in TMR1L und 0xFF in TMR1H auf den Wert 0x0000 springt. Durch die beiden 8-Bit-Register (= 16 Bit) kann dieser Timer bis 65535 (= 0xFFFF) zählen, bevor er überläuft. Allerdings kann der Wert für den Vorteiler nicht so hoch eingestellt werden wie bei Timer0. Bei dem Timer1 ist ein maximaler Teilerfaktor von 1:8 möglich. Das bedeutet, dass bei einem 4-MHz-Takt eine maximale Zeitverzögerung von ca. 0,524 Sekunden möglich ist. Auch die zeitliche Auflösung ist mit 8 µs relativ genau. Das Timer1-Modul kann in zwei verschiedenen Betriebsarten betrieben werden. Die erste Betriebsart ist die Verwendung als Timer, mit dem man Wartezeiten generieren oder die Zeit zwischen zwei Ereignissen (z. B. zwei Impulsen) messen kann. In der zweiten Betriebsart kann man die beiden Register als Counter verwenden und so die externen Impulsen zählen. Haben diese Impulse eine definierte Dauer, ist es auch möglich, eine Wartezeit über diesen externen Takt zu generieren. Der Inhalt der Register wird bei jeder steigenden Flanke um 1 erhöht.

Das folgende Beispiel zeigt den Programmcode für die Programmierung eines Lauflichts. Dazu werden die LEDs nacheinander für die Dauer von 0,4 Sekunden eingeschaltet.

Beispiel:

```
start                       ;Beginn des Programms
    ;Initialisierungen
    _BANK_0
    clrf PORTA              ;lösche alle Ausgangsports
    clrf PORTB
    clrf PORTC
    _BANK_1
    movlw b'00000110'       ;alle Pins von Port A sind digitale Ein-
    movwf ADCON1            ;oder Ausgänge
    movlw b'11110011'       ;setze RA3 und RA2 als Ausgang und den
    movwf TRISA             ;Rest als Eingang
    movlw b'11000000'       ;setze RB7 und RB6 als Eingang und den
    movwf TRISB             ;Rest als Ausgang
    movlw b'11111111'       ;alle Pins von Port C sind Eingänge
    movwf TRISC
    clrf INTCON             ;Interrups ausschalten
```

```
    clrf PIE1
    _BANK_0
    clrf PIR1
main                    ;Beginn der Hauptschleife
    ;Programmcode
    ;LED 1 für 0,4 Sekunden einschalten
    movlw 0x3C          ;lade den Wert 15536=0x3CB0 in die beiden
    movwf TMR1H         ;Timer1-Register
    movlw 0xB0
    movwf TMR1L
    bsf LED_1           ;LED 1 anschalten
    movlw b'00110001'   ;Prescale 1:8, Timer1 anschalten
    movwf T1CON
    btfss PIR1, TMR1IF
    goto $-1            ;wartet, bis der Timer überläuft
    bcf LED_1           ;LED 1 ausschalten
    clrf PIR1           ;Überlauf-Bit zurücksetzen
    ;LED 2 für 0,4 Sekunden einschalten
    movlw 0x3C          ;lade den Wert 15536=0x3CB0 in die beiden
    movwf TMR1H         ;Timer1-Register
    movlw 0xB0
    movwf TMR1L
    bsf LED_2           ;LED 2 anschalten
    movlw b'00110001'   ;Prescale 1:8, Timer1 anschalten
    movwf T1CON
    btfss PIR1, TMR1IF
    goto $-1            ;wartet, bis der Timer überläuft
    bcf LED_2           ;LED 2 ausschalten
    clrf PIR1           ;Überlauf-Bit zurücksetzen
    ;LED 3 für 0,4 Sekunden einschalten
    movlw 0x3C          ;lade den Wert 15536=0x3CB0 in die beiden
    movwf TMR1H         ;Timer1-Register
    movlw 0xB0
    movwf TMR1L
    bsf LED_3           ;LED 3 anschalten
    movlw b'00110001'   ;Prescale 1:8, Timer1 anschalten
    movwf T1CON
    btfss PIR1, TMR1IF
    goto $-1            ;wartet, bis der Timer überläuft
    bcf LED_3           ;LED 3 ausschalten
    clrf PIR1           ;Überlauf-Bit zurücksetzen
    ;LED 4 für 0,4 Sekunden einschalten
    movlw 0x3C          ;lade den Wert 15536=0x3CB0 in die beiden
    movwf TMR1H         ;Timer1-Register
    movlw 0xB0
    movwf TMR1L
    bsf LED_4           ;LED 4 anschalten
    movlw b'00110001'   ;Prescale 1:8, Timer1 anschalten
    movwf T1CON
    btfss PIR1, TMR1IF
    goto $-1            ;wartet, bis der Timer überläuft
    bcf LED_4           ;LED 4 ausschalten
    clrf PIR1           ;Überlauf-Bit zurücksetzen
    goto main
```

Am Anfang des Programms werden die Ein- und Ausgänge entsprechend der Pinbelegung des Entwicklungs-Boards festgelegt. Es werden auch die Interrupts ausgeschaltet, damit bei einem Zählerüberlauf nicht in die Interruptroutine gesprungen wird. Das Interrupt-Bit wird im Programmcode zyklisch abgefragt. Bei einem Oszillatortakt von 4 MHz muss der Wert 15536 in das Timer-Register (TMR1L und TMR1H) geladen werden, um eine Zeitverzögerung von 0,4 Sekunden zu erreichen. Welche Werte in die beiden Timer-Register geladen werden müssen, kann nach den Formeln 7.2, 7.3 und 7.4 berechnet werden.

$$\mathrm{TMR} = 65536 - \frac{f_{OSZ} \cdot t}{4 \cdot PS}$$ **Formel 7.2**

$$\mathrm{TMR1H} = \frac{\mathrm{TMR}}{256}$$ **Formel 7.3**

$$\mathrm{TMR1L} = \mathrm{TMR} - \mathrm{TMR1H} \cdot 256$$ **Formel 7.4**

TMR:	Wert des 16-Bit-Timer-Registers
f_{OSZ}:	Oszillatorfrequenz
t:	Zeitverzögerung
PS:	Wert des Vorteilers (Prescale)
TMR1H:	Highbyte des 16-Bit-Timers
TMR1L:	Lowbyte des 16-Bit-Timers

Für eine Zeitverzögerung von 0,4 Sekunden berechnen sich die Registerwerte wie folgt:

$$\mathrm{TMR} = 65536 - \frac{4\ \mathrm{MHz} \cdot 0{,}4\ \mathrm{s}}{4 \cdot 8} = 15536 = \mathrm{0x3CB0}$$

$$\mathrm{TMR1H} = \frac{15536}{256} = 60{,}6875 = 60 = \mathrm{0x3C}$$

$$\mathrm{TMR1L} = 15536 - 60 \cdot 256 = 176 = \mathrm{0xB0}$$

Bevor die nächste Leuchtdiode angeschaltet wird, muss auch in den Timer-Registern der Wert für die Zeitverzögerung eingetragen werden, da das Register sonst von dem Wert 0 aufwärts zählen würde. Nachdem die LED gesetzt wurde und der Timer das Zählen gestartet hat, wird in einer Schleife geprüft, ob das Überlaufflag gesetzt wurde. Mit dem Befehl *goto $-1* springt der Programmzähler zu dem vorherigen Befehl. Das Zeichen *$* steht für den aktuellen Programmzähler. Wurde ein Zählerüberlauf festgestellt, wird der *goto*-Befehl übersprungen und die LED ausgeschaltet. Es muss ebenfalls das Überlaufflag von Timer1 zurückgesetzt werden, da sonst in der nächsten Schleife sofort wieder ein Überlauf angezeigt würde, egal, welcher Zählerstand im Timer-Register ist.

Makro mit Timer1

Zeitverzögerungen werden häufig in Programmen benutzt. Daher ist es sinnvoll, sich ein Makro zu programmieren, das eine Zeitverzögerung ermöglicht, deren Dauer über einen Parameter eingestellt werden kann. Im folgenden Beispiel wird ein Makro vorgestellt, mit dem man eine Zeitverzögerung zwischen 20 µs und 524 ms realisieren kann. Die Berechnung der richtigen Registerwerte für TMR1L und TMR1H wird von dem Makro übernommen.

Beispiel:

```
_DELAY_TMR1_US macro usek
   variable timer_HL=0
   variable timer_H=0
   variable timer_L=0
   if usek > d'524000'
      error "MACRO: Wert für Makro _DELAY_TMR1_US zu groß!"
   endif
   if usek < d'20'
      error "MACRO: Wert für Makro _DELAY_TMR1_US zu klein!"
   endif

   ;Berechnung der Registerinhalte
   timer_HL = d'65536'-(OSC_FREQ/d'1000000'*usek/d'4'/d'8')

   ;Berechnung des Highbytes
   timer_H = (timer_HL >> d'8')

   ;Berechnung des Lowbytes
   ;Es wird 1 addiert, da das Makro aus mehreren Befehlen besteht
   timer_L = (timer_HL & 0x00FF)+d'1'

   bcf PIE1, TMR1IE       ;Interrupt von Timer1 ausschalten
   movlw timer_H          ;lade das Highbyte in Register TMR1H
   movwf TMR1H
   movlw timer_L          ;lade das Lowbyte in Register TMR1L
   movwf TMR1L
   movlw b'00110001'      ;schaltet Timer1 an, Prescaler 1:8
   movwf T1CON
   btfss PIR1, TMR1IF     ;prüft das Überlaufflag
   goto $-d'1'
   bcf PIR1, TMR1IF       ;Timer-Überlauf ist aufgetreten
                          ;Überlauf-Bit zurücksetzen
   endm
```

Da das Makro den Timer1 mit einem Vorteiler von 1:8 verwendet, ist die maximale Genauigkeit 1/8 des Befehlstakts. Am Anfang des Makros wird geprüft, ob die angegebenen Werte in einem Bereich liegen, der mit dem Timer1 realisiert werden kann. Ist der angegebene Wert größer als 524.000 µs oder kleiner als 20 µs, wird beim Übersetzen eine Fehlermeldung ausgegeben. Anschließend werden die Inhalte für die Register *TMR1L* und *TMR1H* berechnet. Die nachfolgenden Assemblerbefehle sind die gleichen wie im vorherigen Beispiel. Durch das Makro wird der Programmcode deutlich vereinfacht und verständlicher. Auf diese Weise kann die Wartezeit sehr einfach verändert werden, ohne die Registerwerte von Hand zu berechnen. Leider funktioniert eine

Änderung der Wartezeit nicht während der Programmausführung, da das Makro vor dem eigentlichen Übersetzungsvorgang interpretiert und bearbeitet wird. Ein Makro ist nur ein Textersatz, der das Programmieren vereinfachen kann.

Mithilfe des Makros kann das vorherige Beispiel deutlich kürzer geschrieben werden, obwohl der benötigte Programmspeicher genau gleich ist.

```
main
    ;LED 1 für 0,4 Sekunden einschalten
    bsf LED_1
    _DELAY_TMR1_US d'400000'
    bcf LED_1
    ;LED 2 für 0,4 Sekunden einschalten
    bsf LED_2
    _DELAY_TMR1_US d'400000'
    bcf LED_2
    ;LED 3 für 0,4 Sekunden einschalten
    bsf LED_3
    _DELAY_TMR1_US d'400000'
    bcf LED_3
    ;LED 4 für 0,4 Sekunden einschalten
    bsf LED_4
    _DELAY_TMR1_US d'400000'
    bcf LED_4
    goto main
```

7.3 Das Timer2-Modul

Bei dem Timer2-Modul handelt es sich, wie bei Timer0, um einen 8-Bit-Timer. Allerdings verfügt Timer2 über einen Vorteiler (Prescaler) und einen Nachteiler (Postscaler). Mit dem Vorteiler kann der Befehlstakt um 1, 4, oder 16 geteilt werden. Danach folgt ein 8-Bit-Register für die Zählung und im Anschluss folgt der Postscaler, der den Takt nochmals um einen Faktor zwischen 1:1 und 1:16 teilt. Der Nachteiler kann mit 16 Schritten sehr fein eingestellt werden und es sind so auch Teilerverhältnisse von 1:3 oder 1:13 möglich. Das Timer2-Modul wird auch für die Erzeugung von pulsweitenmodulierten Signalen (PWM) mit dem CCP-Modul benötigt. Die Generierung des Interrupts erfolgt nicht wie bei den anderen Timer-Modulen bei einem Überlauf des Registers, sondern nach dem Vergleich von Register *PR2* mit *TMR2*. Das Register *PR2* ist ein sogenanntes *Periodenregister*, mit dem eine zeitliche Periode vorgegeben werden kann. Der Wert in Register *TMR2* wird so lange erhöht, bis der Wert dem Inhalt von PR2 entspricht, und dann wieder auf 0 zurückgesetzt. Der Ausgang des Vergleichers ist an den Postscaler-Eingang angeschlossen und wird dann nochmals um den eingestellten Faktor geteilt. Zur Verdeutlichung der Funktionalität kann man sich das Ablaufdiagramm in *Abb. 7.1* ansehen.

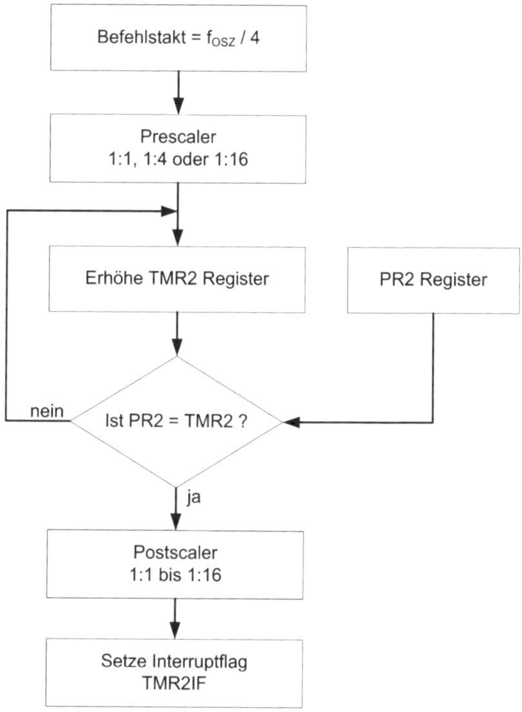

Abb. 7.1: Funktionsweise Timer2

Für die Berechnung einer Zeitverzögerung kann man Formel 7.5 verwenden. Aufgrund des 8-Bit-Registers und dem maximalen Teilerverhältnis von zweimal 1:16 ist mit diesem Timer eine maximale Zeitverzögerung von .

$$PR2 = \frac{f_{OSZ} \cdot t}{4 \cdot PRE \cdot POST} - 1 \qquad \textbf{Formel 7.5}$$

PR2: Periodenregister
f_{OSZ}: Oszillatorfrequenz
t: Zeitverzögerung
PRE: Teilerverhältnis des Prescalers
POST: Teilerverhältnis des Postscalers

Verwendet man einen 4-MHz-Quarz und möchte eine Zeitverzögerung von 1 ms einstellen, sollte man den Wert für den Postscaler auf 1:10 setzen, da man so die genauesten Ergebnisse erzielt. Der Prescaler kann dann auf den Wert 1:1 eingestellt werden. Setzt man die Werte in Formel 7.5 ein, erhält man für PR2 folgenden Wert:

$$PR2 = \frac{4MHz \cdot 1ms}{4 \cdot 1 \cdot 10} - 1 = 99$$

Durch den Teilerfaktor 1:10 ergeben sich ganzzahlige Werte und es entstehen keine Rundungsfehler. Im folgenden Beispiel wird die Zeitverzögerung von 1 ms mit dem Timer2-Modul umgesetzt.

Beispiel:

```
_BANK_1              ;umschalten auf Bank 1
movlw d'99'          ;Periodenreg. PR2 mit dem Wert 99 laden
movwf PR2
_BANK_0              ;umschalten auf Bank 0
clrf TMR2
movlw b'01001100'    ;Prescaler 1:1, Postscaler 1:10, Timer2 An
movwf T2CON
bsf PORTA, 2         ;setze Pin RA2 auf high
btfss PIR1, TMR2IF   ;prüfe, wann der Interrupt ausgelöst wird
goto $-1
bcf PIR1, TMR2IF     ;Interruptflag zurücksetzen
bcf PORTA, 2         ;setze Pin RA2 auf low
```

8 Verarbeitung analoger Signale

Viele Mikrocontroller können nicht nur digitale, sondern auch analoge Signale auswerten. Diese stammen z. B. von Temperaturfühlern, die in Abhängigkeit von der Temperatur ein analoges Signal ausgeben. Häufig müssen die Signale noch verstärkt werden, damit sie von dem Mikrocontroller verarbeitet werden können. Mit einem analogen Eingang kann z. B. auch die Batteriespannung überwacht und bei zu niedrigem Spannungspegel eine Warnung ausgegeben werden. Die analogen Eingänge können sehr gut für Signale verwendet werden, die sich langsam ändern (bis ca. 1-5 kHz). Schnellere Signale können auch möglich sein, allerdings hängt dann die Messfrequenz stark von der Verarbeitungsdauer ab. Sollen mit den gemessenen Werten noch Berechnungen durchgeführt werden, können auch nur 100 Hz oder weniger sinnvoll sein. Man erkennt anhand dieser Limitierungen, dass ein Mikrocontroller nicht für die Verarbeitung von Audiosignalen (20 Hz bis 20 kHz) geeignet ist. Für die Bestimmung der maximalen Messfrequenz ist daher nicht nur die Angabe der Wandlungszeit wichtig, sondern auch die Bestimmung der Verarbeitungszeit im Programm. Sollen z. B. verschiedene Werte im internen EEPROM aufgezeichnet werden, ist die maximale Messfrequenz 250 Hz, da das Speichern im internen EEPROM mindestens 4 ms in Anspruch nimmt. Da sich die Temperatur oder die Batteriespannung in der Regel nur sehr langsam ändert, ist es problemlos möglich, eine Messung im Sekunden- oder Minutentakt durchzuführen.

8.1 Die Analog-Digital-Wandlung

Ein analoges Signal kann nicht direkt in einem Register abgespeichert werden und muss daher gewandelt werden. Da ein analoges Signal aus unendlich vielen kleinen Abstufungen besteht, würde man im Mikrocontroller auch ein unendlich großes Register und unendlich viel Rechenleistung benötigen. Dies ist praktisch nicht machbar und auch wenig sinnvoll. Daher wird die analoge Spannung in kleine Stufen aufgeteilt. Die Bereiche zwischen diesen Stufen erhalten einen definierten digitalen Wert. Je feiner die Stufen sind, desto größer ist die Genauigkeit und auch die Auflösung. Die Auflösung eines A/D-Wandlers wird in *Bit* angegeben. Beim PIC16F876A kann man analoge Signale mit einer Auflösung von 10 Bit wandeln. Dabei entsprechen 10 Bit gleich 2^{10} Stufen gleich 1.024 Werten. Es kann demnach eine Spannung in 1.024 kleine Bereiche eingeteilt werden, die dann einem digitalen Wert zugeordnet werden. Wie groß ein solcher Bereich ist, hängt von der Referenzspannung ab, auf die der digitale Wert bezogen wird.

Beträgt der maximale Wert der analogen Spannung 5 V, würde dies, bei einer 10-Bit-Auflösung, dem digitalen Wert 0x3FF entsprechen. Die Größe einer Stufe entspricht dann ca. 4,88 mV (= 5 V/1.024). Das heißt, dass sich bei einer Erhöhung der analogen Spannung um 4,88 mV der digitale Wert um 1 Bit (1 LSB) ändert.

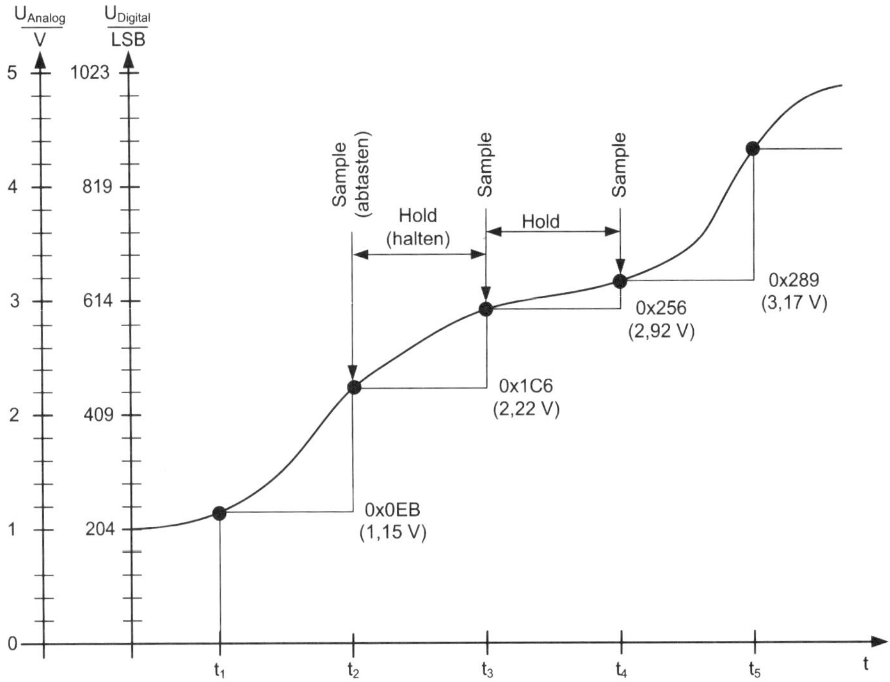

Abb. 8.1: Abtastung eines analogen Signals

8.1.1 A/D-Wandlung nach der sukzessiven Approximation (Wägeverfahren)

Es gibt verschiedene Arten, eine analoge Spannung in einen digitalen Wert zu wandeln, wie z. B. die Sigma-Delta-Wandlung oder über sukzessive Approximation (schrittweise Annäherung). Die Sigma-Delta-Wandlung ist relativ schnell, aber auch sehr aufwendig und findet daher in Mikrocontrollern keine Verwendung. Im Fall des PIC16F876A wird das Verfahren der sukzessiven Approximation verwendet.

In *Abb. 8.2* ist die prinzipielle Schaltung für eine A/D-Wandlung dargestellt. Wie man erkennen kann, befindet sich am Eingang ein Multiplexer, über den man den gewünschten Pin als Eingang auswählen kann. Da im Mikrocontroller nur eine A/D-Wandlerschaltung vorhanden ist, können nicht mehrere Eingangsspannungen parallel gemessen werden. Man muss die analogen Spannungen daher nacheinander messen. Dies kann zu Fehlern führen, wenn sich die Signale schnell ändern. Soll z. B. die Leistung eines Verbrauchers gemessen werden, müssen zuerst der Strom und dann die Spannung gemessen werden. Nachdem man den analogen Wert für die Strommessung abgetastet hat, braucht es noch eine kurze Zeit, um den analogen Wert in ein digitales Signal umzusetzen. Erst danach kann die analoge Spannung abgetastet werden. In dieser Zeit kann sich aber die Spannung schon ändern und liefert so bei der anschließenden Multiplikation der Werte einen Fehler. Die Kanalwahl erfolgt über die Bits CHS2, CHS1 und CHS0 im Register ADCON0.

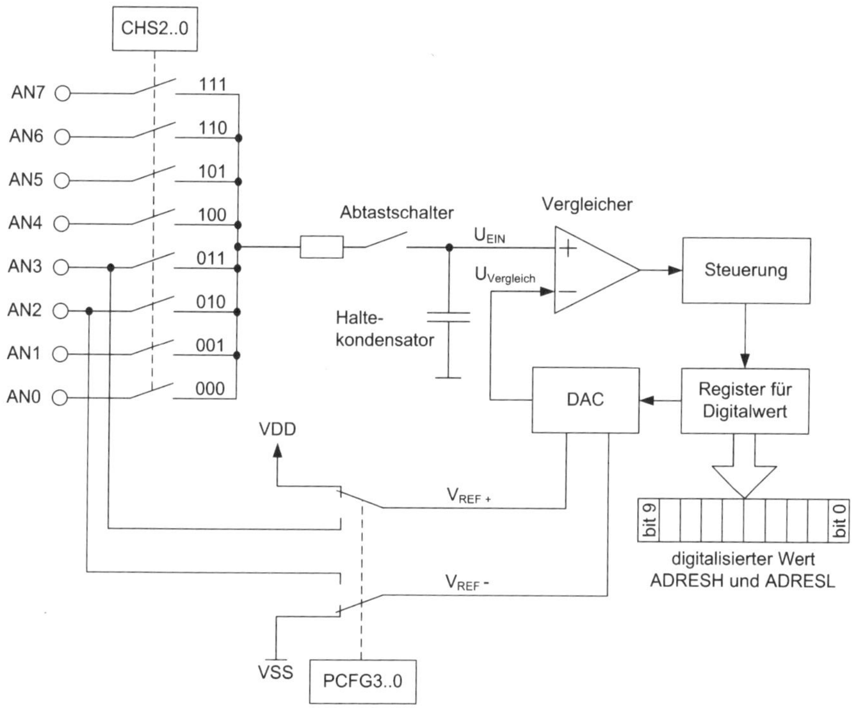

Abb. 8.2: Blockdiagramm

Nach dem Multiplexer für die Kanalwahl folgt die Abtast-Halteschaltung (Sample and Hold). Hier wird ein Kondensator relativ schnell aufgeladen, indem der Schalter geschlossen wird. Nachdem der Kondensator den vollen Ladezustand erreicht hat, wird der Schalter wieder geöffnet und die Spannung gehalten. Dies ist möglich, da der nachfolgende Operationsverstärker (Vergleicher) sehr hochohmig ist und nur ein vernachlässigbar kleiner Strom in den Eingang fließt. Damit der Haltekondensator schnell geladen werden kann, muss der Innenwiderstand der analogen Quelle möglichst niederohmig sein. Die Impedanz der analogen Quelle sollte 2,5 kΩ nicht übersteigen. Hat die analoge Quelle eine höhere Impedanz, sollte man einen Operationsverstärker als Impedanzwandler verwenden. Es ist auch möglich, eine Quelle mit höherer Impedanz an den Eingang anzuschließen, allerdings muss man dann eine längere Ladezeit für den Kondensator einkalkulieren. Eine entsprechende Formel für die Berechnung findet man im Datenblatt des Mikrocontrollers.

Hinter dem Abtast-Haltekondensator folgt die eigentliche Schaltung für die Umsetzung des analogen Signals in den digitalen Wert. Hier wird die sukzessive Approximation angewendet, um das analoge Signal zu wandeln. Richtiger ist der Ausdruck „Umsetzen", da das Signal nicht gewandelt, sondern nur in anderer Form (digital) dargestellt wird. Der Begriff *A/D-Umsetzer* wird aber in der Praxis nur wenig benutzt und die gebräuchlichsten Bezeichnungen sind daher *Analog-Digital-Wandler* oder der englische Begriff *Analog-Digital-Converter* (ADC). Bei der Suche im Internet findet man unter dem Suchbegriff *A/D-Wandler* 51.100 Seiten und bei *A/D-Umsetzer* nur 2.170 Seiten.

Bei der sukzessiven Approximation (Wägeverfahren) wird eine konstante Spannung (U_{EIN}) an einen Vergleicher gelegt. Über diesen Vergleicher wird geprüft, ob die angelegte Spannung größer oder kleiner als eine Vergleichsspannung ($U_{Vergleich}$) ist. Die Vergleichsspannung wird über einen Digital-Analog-Wandler generiert, der aus einem digitalen Registerwert ein analoges Signal erzeugt. Hierbei wird zuerst nur das höchstwertige Bit an den DAC (Digital-Analog-Converter) angelegt und über den Vergleicher geprüft, ob der Spannungswert der Eingangsspannung größer oder kleiner ist. Ist die Eingangsspannung kleiner als die Vergleichsspannung, wird vom Vergleicher eine 0 ausgegeben. Dieser Wert wird in einem Register gespeichert. Im zweiten Schritt wird das höchstwertige Bit und das nächstniedrigere Bit auf den ADC gegeben und es wird wiederum geprüft, ob die Eingangsspannung größer oder kleiner ist. Diese Prozedur wird so lange wiederholt, bis alle Bits an dem ADC angelegt wurden. Dies dauert im Fall eines 10-Bit-ADC 10 Taktzyklen. Zur Verdeutlichung des Wandlungsprinzips ist in *Abb. 8.3* die Wandlung einer Spannung von 0,8 V mit einer Auflösung von 10 Bit und einer Referenzspannung von 5 V dargestellt.

Man erkennt, dass am Anfang die Genauigkeit noch relativ grob ist und mit höher werdender Anzahl der Bits immer genauer wird. Nach der Wandlung steht der digitale Wert 0x0A3 im Register. Dies entspricht dem analogen Wert für 0,8 V.

8.1.2 Übertragungsfunktion des A/D-Wandlers

Welchen Wert die Wandlung liefert, kann man *Abb. 8.4* entnehmen, in der die Übertragungsfunktion des A/D-Wandlers dargestellt ist.

Ein LSB entspricht bei einer Referenzspannung (U_{Ref}) von 5 V einer Spannung von 4,883 mV und kann nach der Formel 8.1 berechnet werden.

$$1LSB = \frac{U_{Ref}}{1024}$$ **Formel 8.1**

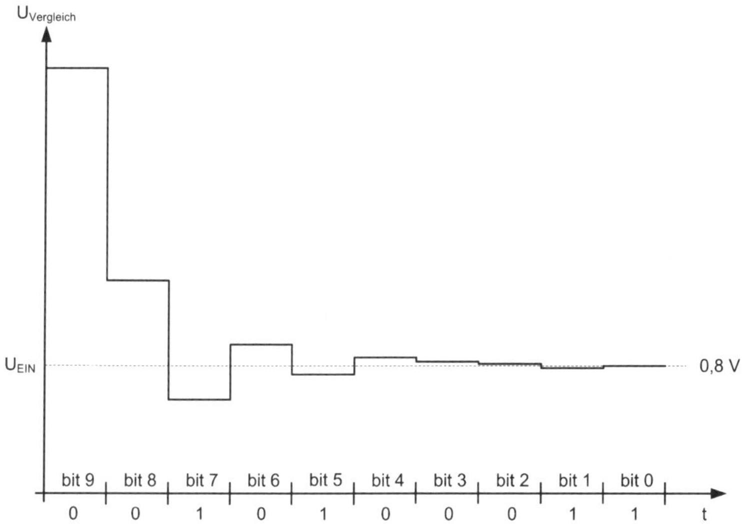

Abb. 8.3: Prinzip des Wägeverfahrens

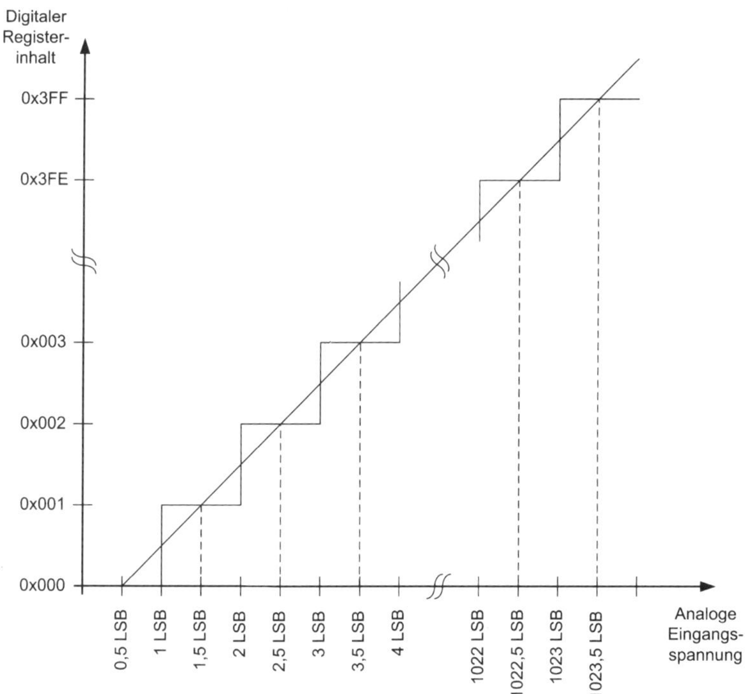

Abb. 8.4: Übertragungsfunktion des A/D-Wandlers

8.1.3 Berechnung des Spannungswerts

Der digitale Wert hat immer eine Ungenauigkeit von 1 LSB. Ist der analoge Wert genau 2 LSB groß, kann man nicht sicher sein, ob der digitale Wert noch 0x001 oder schon 0x002 ist, da hier genau die Umschaltschwelle liegt. Daher ist das niederwertigste Bit immer unsicher. Um den digitalen Wert zu berechnen, kann man die Formel 8.2 verwenden.

$$\text{Registerinhalt} = \left(\frac{U_{\text{Analog}}}{U_{\text{Ref}}} \cdot 1024 \right) - 0{,}5 \qquad \textbf{Formel 8.2}$$

Nach der Berechnung des Registerinhalts muss der Wert auf einen ganzzahligen Wert auf- oder abgerundet werden. Entsprechend kann der analoge Wert, durch Umstellen von Formel 8.2, mit Formel 8.3 berechnet werden.

$$U_{\text{Analog}} = \frac{\text{Registerinhalt} + 0{,}5}{1024} \cdot U_{\text{Ref}} \qquad \textbf{Formel 8.3}$$

Beispiel:
Im Beispiel wird angenommen, dass eine analoge Spannung von 0,8 V am Eingang anliegt und die Referenzspannung gleich der Betriebsspannung (5 V) ist.

$$\text{Registerinhalt} = \left(\frac{0{,}8\ \text{V}}{5\ \text{V}} \cdot 1024 \right) - 0{,}5 = 163{,}34 \ = 163$$

$$U_{\text{Analog}} = \frac{163 + 0{,}5}{1024} \cdot 5\text{V} = 0{,}798\ \text{V}$$

Bei einem Registerinhalt von 163 lag die gemessene analoge Spannung zwischen 0,796 V und 0,801 V. Die berechnete analoge Spannung liegt mit 0,798 V genau in der Mitte der beiden Werte. Das Ergebnis ist demnach:

$$U_{\text{Analog}} = 0{,}798\ \text{V} \pm 0{,}5\text{LSB} = 0{,}798\ \text{V} \pm 2{,}44\text{mV}$$

Man sieht, dass der digitale Wert immer einen gewissen Unsicherheitsfaktor hat. Diese Toleranz muss man bei der Anzeige und bei den weiteren Berechnungen beachten. Einen ebenfalls großen Einfluss auf die Genauigkeit des digitalen Werts hat die Referenzspannung. Schwankt diese um 1 %, ist auch das Ergebnis der A/D-Wandlung um 1 % falsch. Es ist sehr einfach, die Betriebsspannung als Referenzspannung zu verwenden. Allerdings sollte man bei einer analogen Messung darauf achten, dass die Betriebsspannung während der Abtastung nicht durch große Verbraucher belastet wird. Es ist dann möglich, dass die Betriebsspannung absinkt und dadurch eine geringere Referenzspannung anliegt.

Damit der Digital-Analog-Wandler (DAC) die richtige analoge Spannung an dem Vergleicher anlegen kann, muss diesem die Referenzspannung zur Verfügung gestellt werden. Über die Bits PCFG3 bis PCFG0 können verschiedene Referenzspannungen an den DAC angelegt werden. Am einfachsten ist das Anlegen der Betriebsspannung (VDD = V_{REF}+ und VSS = V_{REF}-). Es ist aber auch möglich, über die Pins AN2 und AN3 eine externe Referenzspannung anzulegen. Dadurch hat man die Möglichkeit, eine Referenzspannung von z. B. 2 V anzulegen. Wird nun eine analoge Eingangsspannung von 2 V angelegt, erhält man eine digitale Vollaussteuerung (0x3FF).

8.1.4 Aufteilung des digitalisierten Werts

Der PIC-Mikrocontroller verfügt nur über 8-Bit-Register, der digitale Wert hat aber eine Breite von 10 Bit. Daher muss man den Wert in zwei Registern abspeichern (*ADRESH* und *ADRESL*). Es gibt nun zwei Möglichkeiten, den Wert in das 16 Bit breite Doppelregister zu speichern. Man kann den digitalisierten Wert links- oder rechtsbündig abspeichern. Welche Variante gewählt wird, wird über das Bit *ADFM* im Register *ADCON1* festgelegt. In der Regel hängt die Wahl der Variante von der späteren Weiterverarbeitung ab. Soll z. B. die Batteriespannung gemessen werden und kann man auf die beiden unteren Bits verzichten, wird man den A/D-Wert linksbündig abspeichern und verwendet nur das Register *ADRESH*. Soll allerdings eine Konstante zum A/D-Wert addiert werden, ist die rechtsbündige Variante sinnvoller, da keine Schiebeoperationen mehr ausgeführt werden müssen. Wie man *Abb. 8.5* entnehmen kann, werden die nicht verwendeten Bits der Register ADRESH und ADRESL mit Nullen aufgefüllt.

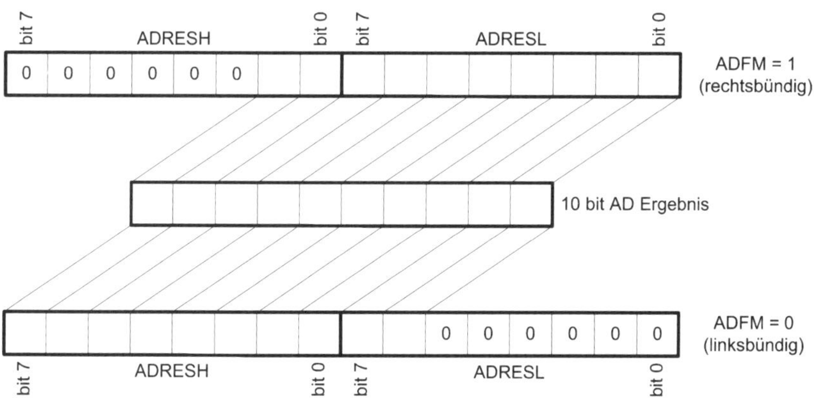

Abb. 8.5: Aufteilung des digitalisierten Werts

8.2 Beispielprogramm: Voltmeter

Im folgenden Abschnitt wird ein Beispielprogramm vorgestellt, das in Abhängigkeit von der analogen Eingangsspannung die LEDs ansteuert. Man kann dieses Beispiel auch für die Anzeige des Ladungszustands einer Batterie in vier Stufen verwenden. Das komplette funktionsfähige Beispiel befindet sich auf der CD-ROM und kann mit MPLAB auch ohne Hardware simuliert werden. Da es sich hier um analoge Signale handelt, ist die Simulation im MPLAB etwas schwierig, da dieser hauptsächlich für digitale Signale gedacht ist. Man kann in das Programm nicht direkt einen analogen Wert einspeisen, sondern muss nach der A/D-Wandlung den Wert der Register *ADRESH* und *ADRESL* mit dem gewünschten Wert überschreiben. Auf diesem Weg kann man die restlichen Programmteile simulieren. Will man aber wissen, ob die A/D-Wandlung wirklich funktioniert, muss man die Schaltung aufbauen und testen.

Im ersten Schritt müssen die Ein- und Ausgangsports und der entsprechende Eingangspin des A/D-Wandlers gewählt werden.

```
start                  ;Beginn des Programms
   _BANK_0             ;umschalten auf Bank 0
   clrf PORTA          ;lösche alle Ausgangsports
   clrf PORTB
   clrf PORTC
   _BANK_1             ;umschalten auf Bank 1
   movlw b'10001110'   ;AN0 = analoger Eingang,
   movwf ADCON1        ;Ergebnis rechtsbündig
   movlw b'11110011'   ;setze RA3 und RA2 als Ausgang und den
   movwf TRISA         ;Rest als Eingang
   movlw b'11000000'   ;setze RB7 und RB6 als Eingang und den
   movwf TRISB         ;Rest als Ausgang
   movlw b'11111111'   ;alle Pins von Port C sind Eingänge
   movwf TRISC
   _BANK_0
   movlw b'01000000'   ;initialisiere ADC, Kanal 0 (AN0),
   movwf ADCON0        ;Fosz/8 (-> max 5 MHz Takt)
```

Bei der Initialisierung wird im Register *ADCON1* festgelegt, welche Pins als analoge Eingänge und welche als digitale Eingänge verwendet werden. In diesem Fall ist nur Pin AN0 (RA0) ein analoger Eingang. Alle anderen Pins sind digitale Eingänge und als Referenzspannung wird die Betriebsspannung verwendet. In diesem Register wird auch festgelegt, dass der digitale Spannungswert rechtsbündig in den beiden Registern *ADRESH* und *ADRESL* gespeichert ist. Diese Einstellung wurde gewählt, da im Programm ein konstanter Wert von dem digitalisierten Ergebnis abgezogen werden soll. Im Register *ADCON0* wird eingestellt, dass die analoge Spannung an Kanal 0 (Pin AN0) gemessen werden soll und dass die Zeit für die Wandlung ein Achtel der Oszillatorfrequenz ist. Diese Einstellung ist wichtig, da für die Wandlung eines Bits eine minimale Dauer von 1,6 µs benötigt wird (8/5 MHz = 1,6 µs). Welche Einstellung bei welcher Taktfrequenz gewählt werden muss, kann man Tabelle 8.1 entnehmen. Beim Ändern der Einstellung muss man darauf achten, dass sich das Bit *ADCS2* im Register *ADCON1* befindet und die beiden Bits *ADCS1* und *ADCS0* im Register *ADCON0* gesetzt werden müssen.

Tabelle 8.1: Oszillatorfrequenz

Einstellung	ADCS2...0	max. Taktfrequenz
f_{OSZ} / 2	000	1,25 MHz
f_{OSZ} / 4	100	2,5 MHz
f_{OSZ} / 8	001	5 MHz
f_{OSZ} / 16	101	10 MHz
f_{OSZ} / 32	010	20 MHz
f_{OSZ} / 64	110	20 MHz

Die Register für die Analog-Digital-Wandlung sind nun vorbereitet und die Messung kann durch das Setzen eines Bits gestartet werden.

```
main                        ;Beginn der Hauptschleife
   _BANK_1
   clrf ADRESL              ;niederwertigen Teil des A/D-Ergebnisses
                            ;löschen
   _BANK_0
   clrf ADRESH              ;höherwertigen Teil des A/D-Ergebnisses
                            ;löschen
   bsf ADCON0, ADON         ;A/D-Modul anschalten
   bsf ADCON0, GO_DONE      ;A/D-Wandlung starten
   btfsc ADCON0, GO_DONE
   goto $-1                 ;warten, bis das Bit GO_DONE von der
                            ;Hardware zurückgesetzt wurde
   nop                      ;A/D-Wandlung beendet
```

Am Anfang der Hauptschleife werden zuerst die Register *ADRESH* und *ADRESL* zurückgesetzt. Dies ist nicht unbedingt nötig, da die Register durch die Wandlung direkt im Anschluss wieder überschrieben werden. Es hat aber den Vorteil, dass man schnell erkennen kann, ob die A/D-Wandlung erfolgreich war. Steht nach der Digitalisierung immer noch ein Wert von 0x0000 in den Registern, ist mit hoher Wahrscheinlichkeit ein Fehler aufgetreten. Dies kann ein Hinweis sein, dass die Wandlungszeit nicht eingehalten wurde oder der A/D-Eingang auf Masse liegt. Es kann natürlich auch sein, dass das Ergebnis richtig ist, wenn die analoge Quelle eine sehr geringe Spannung (<5 mV) liefert.

Nach dem Löschen der Register wird das A/D-Modul angeschaltet und die Messung gestartet, indem das Bit *GO_DONE* gesetzt wird. Dieses Bit bleibt so lange auf 1, bis die Wandlung beendet ist. Liegt ein gültiges Ergebnis vor, wird das Bit von der internen Hardware auf 0 gesetzt. Der *nop*-Befehl wurde nur eingefügt, um an dieser Stelle einen Breakpoint zu setzen.

Nachdem das digitalisierte Ergebnis vorliegt, muss geprüft werden, in welchem Bereich der Wert liegt, damit die entsprechende Leuchtdiode geschaltet werden kann. Dazu wird eine Konstante von dem Wert abgezogen und geprüft, ob das Ergebnis negativ ist. Ist dies der Fall, ist der gemessene Wert kleiner als die Konstante und somit auch kleiner als die gesuchte Spannung. Der gewandelte Wert steht in zwei Registern, daher kann man hier nicht den einfachen Subtraktionsbefehl (subwf) verwenden. Mit diesem Befehl kann nur eine 8-Bit-Subtraktion durchgeführt werden. Es wird aber eine 16-Bit-Subtraktion benötigt. Da dies in vielen Programmen vorkommt, ist es sinnvoll, sich ein kleines Unterprogramm zu schreiben, das an vielen anderen Stellen ebenfalls verwendet werden kann. Da man oft 16-Bit-Werte addieren muss, wird an dieser Stelle auch ein Beispiel für die 16-Bit-Addition vorgestellt.

8.3 Die 16-Bit-Addition

Damit zwei 16-Bit-Werte, die aus je zwei 8-Bit-Registern bestehen, addiert werden können, benötigt man mindestens vier 8-Bit-Register. Für das folgende Unterprogramm werden diese am Anfang des Programmcodes definiert und müssen dann vor der Addition entsprechend beschrieben werden. Es handelt sich hierbei um die Register:

```
CALC_L_1    EQU   0x20    ;1. Rechenregister für Additionen und
                          ;Subtraktionen
CALC_H_1    EQU   0x21    ;High-Wort des CALC-Registers
CALC_L_2    EQU   0x22    ;2. Rechenregister
CALC_H_2    EQU   0x23    ;Bsp: CALC_x_1 + CALC_x_2 = CALC_x_1
                          ;     CALC_x_1 - CALC_x_2 = CALC_x_1
```

Die Register können sowohl für die Addition als auch für die Subtraktion verwendet werden. Bei der Addition werden die Register *CALC_H_1* und *CALC_L_1* mit den Registern *CALC_H_2* und *CALC_L_2* addiert. Das Ergebnis wird dann wieder in den Registern *CALC_H_1* und *CALC_L_1* gespeichert. Wurden die Rechenregister mit den gewünschten Werten geladen, kann das Unterprogramm durch den Befehl *call Add16* aufgerufen werden.

```
Add16
   movf CALC_L_2, W      ;hole das Lowbyte des 2. Summanden
   addwf CALC_L_1, F     ;addiere den 1. und 2. Summanden
   btfsc STATUS, C       ;prüfe, ob ein Überlauf aufgetreten ist
   incf CALC_H_1, F      ;wenn ja, Highbyte um 1 erhöhen
   movf CALC_H_2, W      ;hole das Highbyte des 2. Summanden
   addwf CALC_H_1, F     ;addiere die Highbytes der Summanden
   return                ;fertig, Rücksprung ins Hauptprogramm
```

Nach dem Rücksprung ins Hauptprogramm sind auch die Statusbits C, DC und Z entsprechend dem Ergebnis gesetzt.

8.4 Die 16-Bit-Subtraktion

Die Subtraktion funktioniert ähnlich wie die Addition. Auch hier werden, vor dem Aufruf des Unterprogramms, die Rechenregister CALC_L_1, CALC_H_1, CALC_L_2 und CALC_H_2 mit den gewünschten Werten geladen. Im Unterprogramm werden die Register CALC_H_2 und CALC_L_2 von den Registern CALC_H_1 und CALC_L_1 abgezogen.

Nach dem Beschreiben der Register wird das Unterprogramm mit dem Befehl *call Sub16* aufgerufen.

```
Sub16
   movf CALC_L_2, W     ;hole das Lowbyte des Subtrahenden
   subwf CALC_L_1, F    ;CALC_L_1 - CALC_L_2 = CALC_L_1
   btfss STATUS, C      ;ist ein Übertrag aufgetreten?
   incf CALC_H_2        ;ja, erhöhe das Highbyte um 1
   movf CALC_H_2, W     ;hole das Highbyte des Subtrahenden
   subwf CALC_H_1, F    ;CALC_H_1 - CALC_H_2 = CALC_H_2
   return               ;Fertig, Rücksprung ins Hauptprogramm
```

Man muss beachten, dass man vor der Addition oder der Subtraktion auf die Speicherbank umschaltet, in der sich die Rechenregister befinden. Im Unterprogramm findet keine Bankumschaltung statt, weil es nicht wissen kann, in welcher Bank die Register für die Berechnung definiert wurden.

8.5 Analyse des digitalisierten Werts

Im ersten Schritt der Analyse wird geprüft, ob die gemessene Spannung unter 1 V liegt. Bei einer Referenzspannung von 5 V entspricht dies einem dezimalen Wert von 204 (0x00CC).

```
;prüfen, in welchem Bereich der digitale Wert liegt
movf ADRESH, W   ;höherwertige Bits ins Berechnungsregister
                 ;kopieren
movwf CALC_H_1
_BANK_1
movf ADRESL, W   ;niederwertige Bits ins Berechnungsregister
                 ;kopieren
_BANK_0
movwf CALC_L_1
```

```
movlw 0x00          ;0x00CC = d‘204‘ = 1V
movwf CALC_H_2
movlw 0xCC
movwf CALC_L_2
call Sub16
btfss STATUS, C   ;prüfen, ob das Ergebnis negativ ist
goto led_aus       ;Spannung unter 1 V -> alle LEDs ausschalten
```

Für die Prüfung werden die Berechnungsregister CALC_H_1 und CALC_L_1 mit dem digitalisierten Wert geladen. Dabei muss man beachten, dass sich das Register *ADRESL* in Bank 1 befindet, und entsprechend umschalten, bevor das Register in das W-Register geladen wird. Nachdem das A/D-Ergebnis in das 1. Rechenregister kopiert wurde, wird der Wert für die Spannung von 1 V (=0x00CC) in das 2. Rechenregister geladen. Es stehen jetzt alle benötigten Werte in den Rechenregistern und können über den Aufruf *call Sub16* voneinander subtrahiert werden. Nach der Subtraktion muss geprüft werden, ob das Ergebnis negativ ist. Dies ist der Fall, wenn die gemessene Spannung kleiner als 1 V ist. Es wird dann das Carry-Bit auf 0 gesetzt und das Programm springt zu der Position *led_aus*. An dieser Sprungmarke werden alle LEDs ausgeschaltet und die Messung beginnt von vorn. Steht das Carry-Bit auf 1, war die gemessene Spannung größer als 1 V und es folgt die nächste Prüfung, ob die Spannung kleiner als 2 V ist.

```
;Prüfen, ob die Spannung zwischen 1 V und 2 V ist
movf ADRESH, W     ;höherwertige Bits ins Berechnungsregister
                   ;kopieren
movwf CALC_H_1
_BANK_1
movf ADRESL, W     ;niederwertige Bits ins Berechnungsregister
                   ;kopieren
_BANK_0
movwf CALC_L_1
movlw 0x01         ;0x0199 = d‘409‘ = 2V
movwf CALC_H_2
movlw 0x99
movwf CALC_L_2
call Sub16
btfss STATUS, C    ;prüfen, ob das Ergebnis negativ ist
goto led1_an       ;Spannung ist zwischen 1V und 2V
                   ;-> LED 1 anschalten
```

Um zu prüfen, ob die Spannung zwischen 1 V und 2 V liegt, muss in das zweite Rechenregister der Wert für eine Spannung von 2 V geladen werden. Eine Spannung von 2 V entspricht dem digitalen Wert von 0x0199. Liegt die Spannung zwischen 1 V und 2 V, ist das Ergebnis der Subtraktion positiv und das Carry-Bit steht auf 0. In diesem Fall springt das Programm an die Sprungmarke *led1_an* und schaltet die 1. Leuchtdiode an. Liegt die gemessene Spannung über 2 V, muss die nächste Prüfung durchgeführt werden. Hier wird getestet, ob der Spannungswert zwischen 2 V und 3 V liegt.

```
;prüfen, ob die Spannung zwischen 2 V und 3 V ist
movf ADRESH, W    ;höherwertige Bits ins Berechnungsregister
                  ;kopieren
movwf CALC_H_1
_BANK_1
movf ADRESL, W    ;niederwertige Bits ins Berechnungsregister
                  ;kopieren
_BANK_0
movwf CALC_L_1
movlw 0x02        ;0x0266 = d'614' = 3V
movwf CALC_H_2
movlw 0x66
movwf CALC_L_2
call Sub16
btfss STATUS, C   ;prüfen, ob das Ergebnis negativ ist
goto led2_an      ;Spannung ist zwischen 2 V und 3 V
                  ;-> LED 2 anschalten
```

Für die Prüfung wird der dezimale Wert 614 (= 3 V) in das 2. Rechenregister geladen. Der Wert der A/D-Wandlung, der in den Registern *ADRESH* und *ADRESL* steht, muss vor jeder Prüfung neu in das 1. Rechenregister kopiert werden, da der Wert in diesem Register durch das Ergebnis der Subtraktion überschrieben wird. Liegt der digitalisierte Wert unter 0x0266 (= 3 V), springt der Programmzähler an die Sprungmarke *led2_an* und schaltet die LED2 an. Alle anderen LEDs werden ausgeschaltet. Ist der Wert größer als 3 V, muss als Nächstes geprüft werden, ob der Wert im Bereich zwischen 3 V und 4 V liegt.

```
;prüfen, ob die Spannung zwischen 3 V und 4 V ist
movf ADRESH, W    ;höherwertige Bits ins Berechnungsregister
                  ;kopieren
movwf CALC_H_1
_BANK_1
movf ADRESL, W    ;niederwertige Bits ins Berechnungsregister
                  ;kopieren
_BANK_0
movwf CALC_L_1
movlw 0x03        ;0x0333 = d'819' = 4 V
movwf CALC_H_2
movlw 0x33
movwf CALC_L_2
call Sub16
btfss STATUS, C   ;prüfen, ob das Ergebnis negativ ist
goto led3_an      ;Spannung ist zwischen 3 V und 4 V
                  ;-> LED 3 anschalten
goto led4_an      ;Spannung ist größer als 4 V
                  ;-> LED 4 anschalten
```

Hat sich nach der Prüfung durch Subtraktion ergeben, dass der digitalisierte Wert zwischen 3 V und 4 V liegt, wird an die Sprungmarke *led3_an* gesprungen und die

3. Leuchtdiode angeschaltet. Wurde festgestellt, dass der Wert über 4 V liegt, ist keine zusätzliche Prüfung mehr erforderlich, da der Wert dann nur noch zwischen 4 V und 5 V liegen kann, und es wird die LED 4 angeschaltet.

Um die Leuchtdioden ein- oder auszuschalten, wird das entsprechende Bit im Port-Register gesetzt oder zurückgesetzt. Um den Code leichter lesbar zu gestalten, wurden folgende Definitionen am Programmanfang gemacht:

```
#define LED_1   PORTA, 2   ;LED 1 liegt an Pin RA2
#define LED_2   PORTA, 3   ;LED 2 liegt an Pin RA3
#define LED_3   PORTB, 4   ;LED 3 liegt an Pin RB4
#define LED_4   PORTB, 5   ;LED 4 liegt an Pin RB5
```

Mit diesen Definitionen kann eine LED mit dem Befehl *bsf LED_x* angeschaltet und mit *bcf LED_x* ausgeschaltet werden.

```
led_aus          ;alle LEDs ausschalten und von vorn beginnen
   bcf LED_1
   bcf LED_2
   bcf LED_3
   bcf LED_4
   goto main
led1_an          ;nur LED 1 anschalten und von vorn beginnen
   bsf LED_1
   bcf LED_2
   bcf LED_3
   bcf LED_4
   goto main
led2_an          ;nur LED 2 anschalten und von vorn beginnen
   bcf LED_1
   bsf LED_2
   bcf LED_3
   bcf LED_4
   goto main
led3_an          ;nur LED 3 anschalten und von vorn beginnen
   bcf LED_1
   bcf LED_2
   bsf LED_3
   bcf LED_4
   goto main
led4_an          ;nur LED 4 anschalten und von vorn beginnen
   bcf LED_1
   bcf LED_2
   bcf LED_3
   bsf LED_4
   goto main
```

Auf diese Weise ist es auch sehr einfach möglich, andere Leuchtmuster zu generieren. Eine Variante des Programms, bei der die unteren LEDs auch noch leuchten, wenn die Spannung größer wird, ist so mit geringen Änderungen zu verwirklichen.

Führt man das Programm auf der realen Hardware aus, kann man auch gut erkennen, dass die Übergänge von einem Schaltzustand zum nächsten nicht ganz exakt sind. Wenn man sich mit dem Potentiometer ganz langsam einer Schaltschwelle nähert, erkennt man ein Flackern von zwei benachbarten LEDs. Dies liegt an der Ungenauigkeit des niederwertigsten Bits und wird durch Rauschen oder Schwanken der Referenzspannung hervorgerufen.

9 Anzeige von Daten auf einem Display

In vielen Fällen sollen die Daten im Innern des Mikrocontrollers dem Benutzer des Geräts mitgeteilt werden. In einfachen Fällen geschieht dies über eine Leuchtdiode, die z. B. das Überschreiten eines Schwellenwerts anzeigt. Will man aber wissen, wie weit der Schwellenwert überschritten wurde oder wie hoch der aktuelle Wert ist, ist die Darstellung mittels LEDs sehr aufwendig oder unpraktisch. Durch ein Display kann man dem Benutzer auf verschiedene Arten die Ergebnisse der Berechnungen mitteilen. Mithilfe der Anzeige auf dem Display ist es möglich, die verschiedensten Zeichen darzustellen. Es gibt Displays in unterschiedlichen Größen für die unterschiedlichsten Anwendungen – angefangen bei den kleinen Displays, die ca. 8 Zeichen darstellen können, bis hin zu komplexen Grafikdisplays, die beliebige Bilder und Schriften in Farbe darstellen können. Da die farbigen Grafikdisplays in der Regel verwendet werden, um komplexe Zusammenhänge darzustellen, benötigt man hierzu auch größere Mikrocontroller mit ausreichend Speicher. Die kleinen PIC-Mikrocontroller sind nicht für die Ansteuerung solcher Farbdisplays geeignet und werden daher sinnvollerweise auch nur für die Ansteuerung von einfachen Displays verwendet. Gebräuchlich ist ein Display mit einer Größe von 2 x 16 Zeichen. Das klingt nach „wenig", aber man wird sich wundern, wie viele Informationen man damit darstellen kann. Im Folgenden werden anhand eines Displays die prinzipielle Funktionsweise und die Ansteuerung erklärt. Die Ansteuerung eines anderen Displaytyps erfolgt auf ähnliche Art und Weise und kann mithilfe der Beispiele problemlos auf verschiedene Displays umgesetzt werden.

9.1 Der Displaycontroller

Das Display auf dem vorgestellten Entwicklungs-Board ist von der Firma Electronic Assembly aus der EA-DOG-Reihe. Die Wahl fiel auf diese Firma, da man die Möglichkeit hat, das Display getrennt von der Hintergrundbeleuchtung zu kaufen. Das hat den Vorteil, dass man die Darstellungsfarbe des Textes nach seinen Wünschen sehr flexibel anpassen kann. Außerdem gibt es zu diesen Displays eine Erklärung in Deutsch. Das Display verfügt über 2 Zeilen mit je 16 Zeichen. Jedes Zeichen wiederum besteht aus 5 Punkten in horizontaler Richtung und 8 Punkten in vertikaler Richtung. In Summe verfügt das Display über 2 * 16 * 5 * 8 = 1.280 Punkte. Diese Punkte, auch *Pixel* genannt, müssen alle einzeln ansteuerbar sein. Um jedes Pixel einzeln anzusteuern, sind also 1.280 Leitungen nötig. Der PIC verfügt aber nur über 22 I/O-Pins, die noch nicht einmal für ein Zeichen ausreichen würden. Um nun dennoch ein solches Display anzusteuern, wird von dem Hersteller eines Displays gleich ein Controller mit eingebaut. Dieser Controller wird über nur wenige Ansteuerleitungen angesprochen und schaltet die Pixel entsprechend dem übertragenen Befehl. Da jeder Displayhersteller auch einen eigenen Displaycontroller verwendet, ist die Ansteuerung unterschiedlich. Das Display von Electronic Assembly arbeitet mit dem Controller ST7036. Im Datenblatt von Electronic Assembly findet man nur einen kurzen Ausschnitt aus dem Datenblatt des ST7036. Will man detaillierte Informationen über die Ansteuerung erfahren, muss man sich diese aus dem Datenblatt des Controllers ST7036 von Sitronix holen.

9.1.1 Zeichensatz

Da ein einzelnes Zeichen aus 40 Punkten besteht, sind 2^{40} Kombinationen (mehr als 1 Billion) möglich. Das Alphabet besteht aber nur aus 26 Zeichen, zehn Ziffern und einigen Umlauten und Sonderzeichen. Um dem Anwender eine Mitteilung zu machen, sind nur wenige unterschiedliche Zeichen nötig. Diese sind vordefiniert und im Displaycontroller gespeichert. Dadurch ist es auch nicht nötig, für ein einzelnes Zeichen 40 Bit zu übertragen, sondern nur 8. Damit sind 256 verschiedene Zeichen darstellbar und man benötigt für die Übertragung der 32 Zeichen 32 Byte. Die Zeichensätze der unterschiedlichen Controller können voneinander abweichen. Dies gilt vor allem für die Sonderzeichen wie das Ohmzeichen (Ω) oder das Mikrozeichen (µ). Die Buchstaben und Ziffern sind in den meisten Fällen so codiert, dass sie dem ASCII-Zeichensatz entsprechen. In *Abb. 9.1* ist ein Ausschnitt des Zeichensatzes dargestellt. Der komplette Zeichensatz kann dem Datenblatt des Displays entnommen werden, das sich auf der CD-ROM befindet.

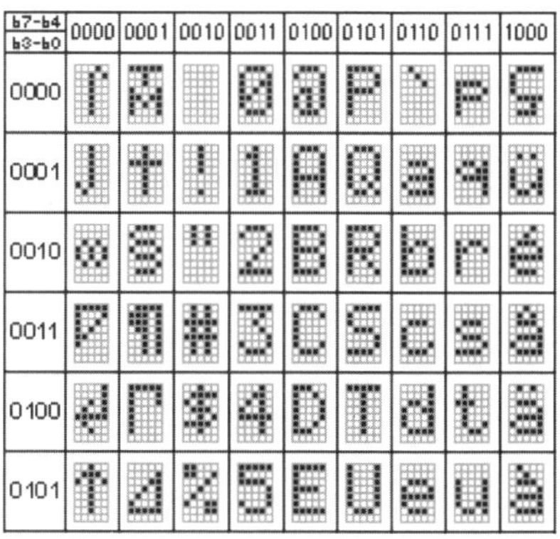

Abb. 9.1: Zeichensatz des Displays

Um ein Zeichen aus diesem Zeichensatz auf dem Display darzustellen, muss man das entsprechende Zeichen über die Angabe eines 8-Bit-Wortes auswählen. Da die Tabelle in Spalten und Zeilen aufgeteilt ist, stehen die 4 höchstwertigen Bits (b7-b4) in der obersten Zeile und die 4 niederwertigsten Bits (b3-b0) in der linken Spalte. Um den Buchstaben „A“ darzustellen, muss der Binärcode *0100 0001* angegeben werden und für die Ziffer „5“ lautet das 8-bit Wort *0011 0101*. Diese vordefinierten Zeichen sind im Speicher des Displaycontrollers festgelegt. Wann und wo diese Zeichen dargestellt werden sollen, wird dem Display über spezielle Befehle mitgeteilt. Der Displaycontroller unterscheidet daher zwischen Steuer- und Datenbefehlen. Mit den Steuerbefehlen wird dem Controller mitgeteilt, an welche Stelle das Zeichen geschrieben werden soll oder dass das gesamte Display gelöscht werden soll. Die Daten oder die Zeichen werden in den internen RAM-Speicher des Controllers geschrieben. Jede Speicherzelle steht für ein Zeichen. Da der Displaycontroller auch für Displays verwendet wird, die mehr als 2 x 16 Zeichen haben, ist auch der interne RAM-Speicher größer ausgelegt. Schreibt man die 32 Zeichen hintereinander in den internen Speicher, werden nur die ersten 16 Zeichen dargestellt. Es muss daher für die zweite Zeile eine höhere Adresse gewählt werden. In *Abb. 9.2* sieht man, welche Speicheradressen für die einzelnen Zeichen verwendet werden müssen.

Zeichen	1	2	3	4	.....	13	14	15	16
Zeile 1	0x00	0x01	0x02	0x03	.....	0x0C	0x0D	0x0E	0x0F
Zeile 2	0x40	0x41	0x42	0x43	.....	0x4C	0x4D	0x4E	0x4F

Abb. 9.2: LCD RAM-Adressen

9.1.2 Display Ansteuervarianten

Bevor aber überhaupt ein Zeichen dargestellt werden kann, muss man den Displaycontroller initialisieren. Hier wird dem Display unter anderem auch mitgeteilt, wie hoch der Kontrast sein soll. Für die Initialisierung sind verschiedene Befehle nötig, die vom PIC generiert werden müssen. Damit der PIC mit dem Display kommunizieren kann, ist eine Hardwareverbindung nötig. Um dies zu realisieren, gibt es mehrere Möglichkeiten.

Die einfachste und schnellste Ansteuerung erfolgt über einen 8 Bit breiten Datenbus und 3 Steuersignale (*Abb. 9.3*). Hierbei werden die Daten parallel zum Display übertragen und können mit einem Takt übertragen werden. Allerdings werden für diese Ansteuervariante auch die meisten Leitungen benötigt, sodass man diese nicht mehr für andere Zwecke verwenden kann.

Etwas weniger Leitungen werden bei der 4-Bit-Ansteuerung verwendet. Hier werden für einen 8-Bit-Befehl zweimal 4-Bit übertragen. Für die Übertragung werden daher 2 Takte benötigt, wodurch sich eine doppelt so lange Übertragungsdauer ergibt. Wie man *Abb. 9.4* entnehmen kann, werden die nicht benötigten Datenbits auf High-Pegel gelegt.

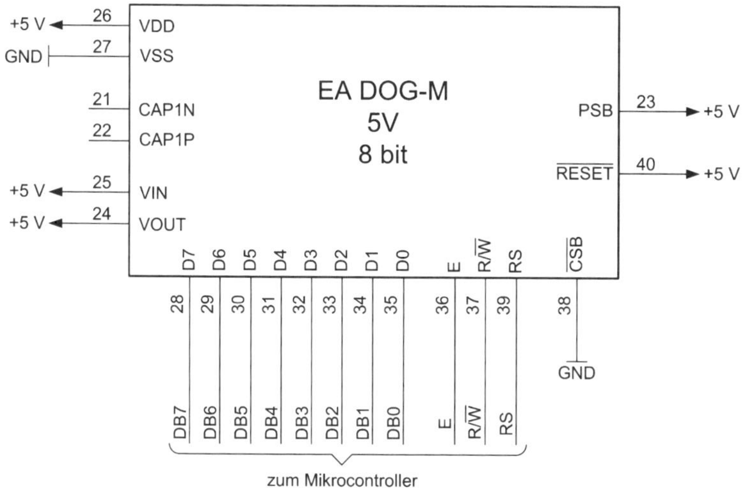

Abb. 9.3: 8-Bit-Ansteuerung

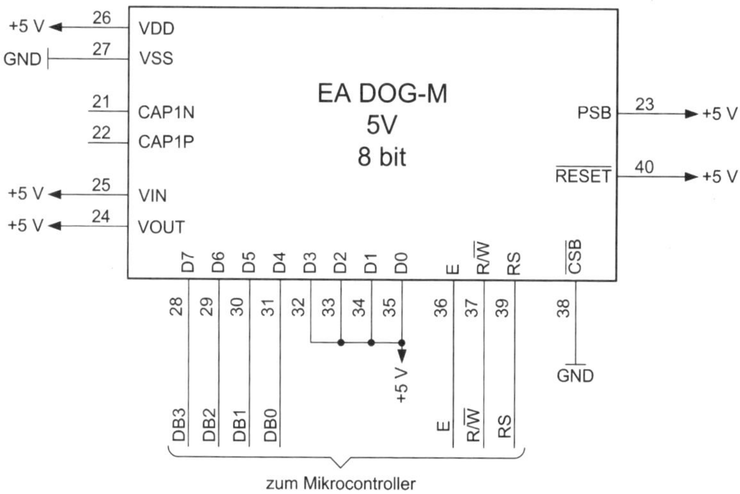

Abb. 9.4: 4-Bit-Ansteuerung

Nur vier Leitungen werden für die Ansteuerung im SPI-Mode (Serial Peripheral Interface) benötigt (*Abb. 9.5*). Dazu werden die einzelnen Datenbits nacheinander zu dem Display gesendet. In der Regel ändern sich die Inhalte des Displays nicht sehr schnell, sodass über diese Ansteuervariante die Inhalte schnell genug dargestellt werden können. Diese Ansteuerung wird auch auf dem Entwicklungs-Board verwendet und in den Beispielen erklärt.

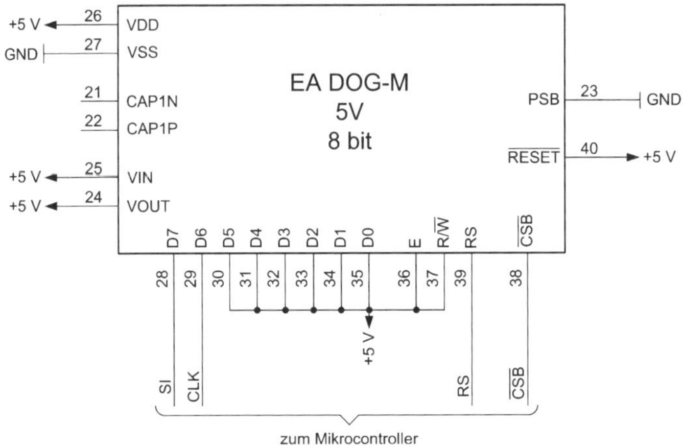

Abb. 9.5: SPI-Ansteuerung

9.2 Display-Initialisierung

Die Unterscheidung, ob es sich bei den Daten um einen Befehl oder ein Zeichen handelt, wird über den Signalpin *RS* getroffen. Liegt dieser Pin auf einem Low-Pegel, werden die Signale an Pin *SI* als Steuerbefehl interpretiert. Bei einem High-Pegel an Pin *RS* handelt es sich um Daten. Bei der Datenübertragung über die SPI-Schnittstelle werden die Daten an Pin *SI* bei der steigenden Flanke des Taktsignals *CLK* vom Display übernommen. Um dem Display mitzuteilen, dass die Daten für den Controller bestimmt sind, muss das Signal *CSB* auf einen Low-Pegel gezogen werden. Um ein „F" in der ersten Zeile an Position 6 darzustellen, muss man zuerst das Kommando für die Wahl der RAM-Speicherzelle senden und anschließend das Zeichen „F". Um die RAM-Adresse 0x05 auszuwählen, muss man das Kommando 0x85 senden. Der Code für das Zeichen „F" ist 0x46. Die Übertragungssequenz ist in *Abb. 9.6* dargestellt.

Bevor das Zeichen auf dem Display dargestellt wird, muss der Displaycontroller noch mit einigen wichtigen Befehlen initialisiert werden. Hierbei wird dem Display unter anderem auch mitgeteilt, welche Leitungen für die Datenübertragung verwendet werden. Damit das Display serielle Daten empfangen kann, muss der Pin „PSB", wie in *Abb. 9.5* gezeigt, auf Low-Pegel gelegt werden. Um das Display sicher zu initialisieren, müssen verschiedene Wartezeiten zwischen den Befehlen eingehalten werden. Ein Beispiel für die Initialisierung des 2-x-16-Zeichen-Displays ist in *Abb. 9.7* gezeigt. Die dargestellten Befehle werden in dieser Reihenfolge und unter Berücksichtigung der Wartezeiten an das Display gesendet. Während der gesamten Initialisierung wird der Pin *RS* auf Low-Pegel gehalten, da nur Befehle und keine Daten gesendet werden. Die gezeigte Initialisierung muss für abweichende Anforderungen entsprechend angepasst werden. Die detaillierte Beschreibung der Befehle findet man in der Spezifikation des Displaycontrollers ST7036.

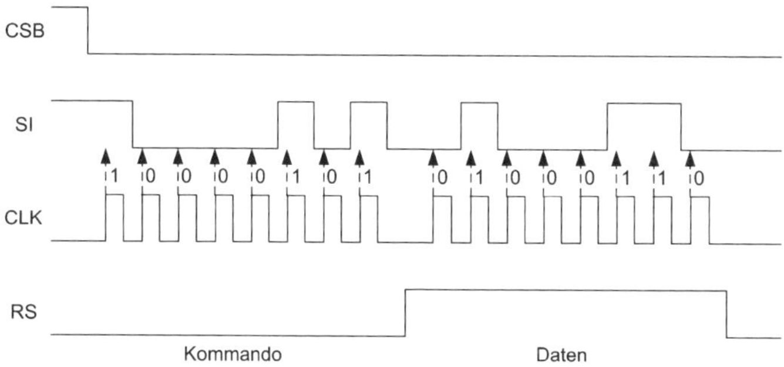

Abb. 9.6: SPI Protokoll

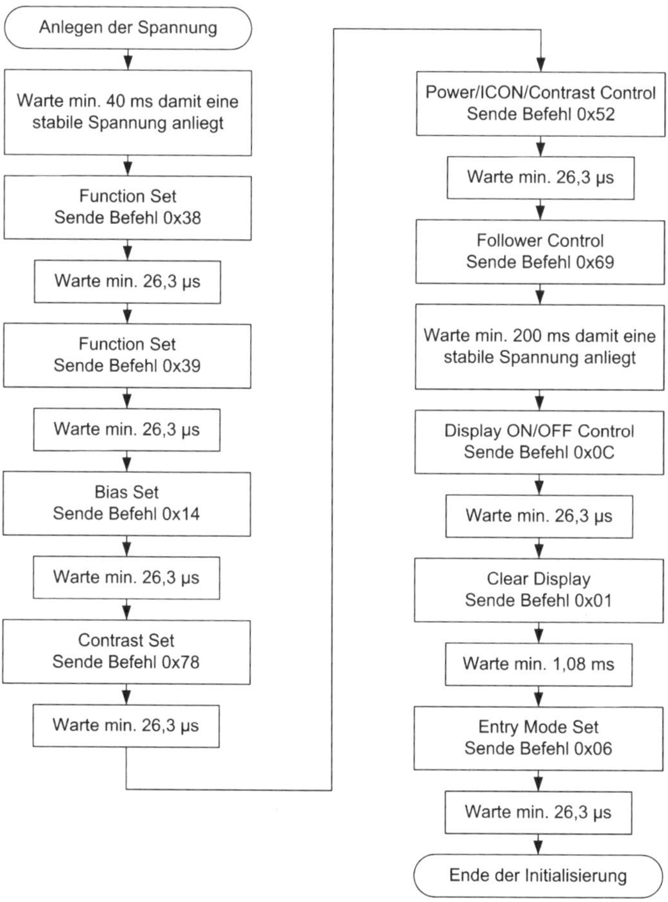

Abb. 9.7: Display-Initialisierung

Als Erstes teilt man dem Displaycontroller über den Befehl *Function Set* mit, dass es sich um ein zweizeiliges Display mit normaler Schriftgröße handelt. Über *Bias Set* wird die Bias-Spannung auf 1/5 eingestellt. Danach werden die vier niederwertigsten Bits des Displaykontrastes mit dem Befehl *Contrast Set* gesetzt und die beiden höherwertigen Bits werden mit dem nächsten Befehl eingestellt. Der eingestellte Wert für den Kontrast ist in diesem Beispiel 0x28. Im Anschluss folgt der Befehl *Follower Control*, über den der interne Spannungsfolger eingeschaltet wird. Nach dem Einschalten des Spannungsfolgers muss man eine Wartezeit von ca. 200 ms einkalkulieren, damit die Spannung sich ausreichend stabilisieren kann. Jetzt kann das Display eingeschaltet werden. Zum Abschluss wird noch der Display-Inhalt gelöscht und eingestellt, dass sich der Cursor nach rechts bewegt. Die Initialisierung ist nun abgeschlossen und es können Daten direkt in den RAM-Speicher (DDRAM=Display Data RAM) geschrieben werden. Die übertragenen Zeichen werden von dem Controller sofort dargestellt, ohne dass ein zusätzlicher Befehl erforderlich ist.

Hat das Display ein komplettes Zeichen empfangen, wird der interne Zeiger automatisch auf den nächsten Speicherplatz hochgezählt und das nächste übertragene Zeichen wird in die um eins erhöhte Speicherzelle geschrieben. Um mehrere Zeichen zu übertragen, muss man nur eine Startposition oder eine Startadresse angeben und dann die gewünschte Anzahl der Zeichen hintereinander an das Display senden. Allerdings muss man bei einem Zeilensprung aufpassen. Das erste Zeichen in der zweiten Zeile hat eine höhere Adresse als das letzte Zeichen in der ersten Zeile. Daher gibt man sinnvollerweise für die zweite Zeile eine neue Startadresse an.

9.3 Die Hardwareschnittstelle

Wie bereits beschrieben, soll in den folgenden Beispielen die SPI-Schnittstelle für die Datenübertragung verwendet werden, da hier die wenigsten Leitungen benötigt werden. Der PIC16F876A verfügt über eine integrierte SPI-Schnittstelle, die es ermöglicht, die Daten komfortabel zu übertragen. Man muss sich nicht mehr viele Gedanken über das Timing machen und kann die Abwicklung dem PIC überlassen. Nach getaner Arbeit setzt der PIC ein Flag, das dem Benutzer mitteilt, dass die Übertragung erfolgreich war. Leider kann man die SPI- und die I²C-Schnittstelle nicht parallel benutzen, da sie die gleichen Anschlusspins verwenden. Auf dem Entwicklungs-Board ist ein EEPROM vorgesehen, das über die I²C-Schnittstelle Daten sendet und empfängt. Man muss sich nun entscheiden, welche Schnittstelle über die interne Hardware des PIC realisiert werden soll. Bei dem Entwicklungs-Board wird das Modul für die I²C-Datenübertragung verwendet, da dieses Protokoll komplizierter ist als das SPI-Protokoll. Um dennoch das Display über das SPI-Interface anzusteuern, wird die SPI-Schnittstelle über vier digitale I/O-Pins per Software nachgebildet.

Nach der Initialisierung müssen nur zwei Arten von Befehlen an das Display gesendet werden. Zum einen ist das die Übertragung eines Kommandos, um z. B. die zu beschreibende RAM-Adresse auszuwählen, und zum anderen ist es die Übertragung der Zeichen. Da diese beiden Befehle für die Übertragung der Daten häufig gebraucht werden, ist es sinnvoll, hierfür zwei Unterprogramme zu schreiben. Die Unterprogramme belegen, im Gegensatz zu Makros, den Platz im Programmspeicher nur einmal. Da die Initialisierung des Displays nur einmal am Anfang des Programms gemacht wird, ist ein kleines Makro hilfreich, um die Übersichtlichkeit zu verbessern. Das Makro und die beiden Unterprogramme können dann im folgenden Beispiel verwendet werden.

9.3.1 Unterprogramm für das Schreiben eines Kommandos

Das folgende Unterprogramm ermöglicht das Senden eines Befehls an das Display. Im Unterprogramm werden zwei Register benötigt. Diese müssen im Hauptprogramm definiert werden mit den Befehlen:

```
DISP_SHIFT_REG EQU   0x20  ;Speicher für das Zeichen oder den
                           ;Befehl
DISP_SHIFT_CNT EQU   0x21  ;Zähler für die Datenausgabe
```

Da die Daten für die Übertragung in einem 8 Bit breiten Register stehen, diese aber seriell an das Display übertragen werden sollen, muss im Unterprogramm eine Wandlung in einen seriellen Datenstrom erfolgen. Dazu wird das 8-Bit-Wort insgesamt achtmal nach links verschoben. Das höchstwertige Bit steht dann im Carry-Flag und wird auf dem seriellen Datenpin *SI* ausgegeben. In diesem Beispiel ist der Name des Unterprogramms *SchreibeDispKommando* und wird über den Befehl *call SchreibeDispKommando* aufgerufen. Das zu übertragende Datum muss vor dem Aufruf des Unterprogramms in das W-Register geladen werden.

```
SchreibeDispKommando
   movwf DISP_SHIFT_REG      ;Register mit den Daten, die
                             ;ausgegeben werden sollen
   bcf DISP_CSB              ;CSB auf low setzen, damit das
                             ;Display Daten empfangen kann
   bcf DISP_RS               ;RS auf low setzen, da es sich um
                             ;ein Kommando handelt
   bcf DISP_CLK              ;Takt auf low setzen, damit die
                             ;Daten bei der steigenden Flanke
                             ;übernommen werden können
   movlw d'8'                ;Zähler für die Anzahl der zu
   movwf DISP_SHIFT_CNT      ;übertragenden Bits (=8)
shiftKommando
   rlf DISP_SHIFT_REG, F     ;Bitverschiebung nach links. Das
                             ;Carry-Bit wird am Pin SI ausgegeben
   btfsc STATUS, C           ;Wenn das Carry-Flag 0 ist, wird der
                             ;Pin SI mit dem Befehl bcf DISP_SI
```

```
                              ;auf Low-Pegel gesetzt.
    bsf DISP_SI               ;das Carry-Flag ist 1
                              ;-> setze Pin SI auf High-Pegel
    btfss STATUS, C
    bcf DISP_SI
    nop                       ;eine kleine Wartezeit, um die
                              ;Übertragungsgeschwindigkeit an das
                              ;Display anzupassen
    bsf DISP_CLK              ;mit der positiven Flanke übernimmt
                              ;das Display die Daten
    nop
    bcf DISP_CLK              ;negative Flanke des Takts
    decfsz DISP_SHIFT_CNT, F  ;Bitzähler um 1 verringern
    goto shiftKommando        ;Wenn noch nicht 8 Bits ausgegeben
                              ;wurden, wird zum Label
                              ;'shiftKommando' gesprungen.
    bcf DISP_SI               ;alle Daten übertragen -> Pin SI auf
                              ;low setzen
    bcf DISP_RS               ;Pin RS auf low setzen
    _DELAY_TMR1_US d'30'      ;geforderte Wartezeit des Displays
    return                    ;Rücksprung aus dem Unterprogramm
```

Nach dem Aufruf des Unterprogramms wird das W-Register in das Register *DISP_SHIFT_REG* kopiert. Anschließend werden die Signale CSB, RS und CLK auf Low-Pegel gesetzt. Dies wird gemacht, um eine definierte Startbedingung zu haben. Damit insgesamt 8 Bits übertragen werden, wird noch der Wert im Zählregister *DISP_SHIFT_CNT* auf 8 gesetzt. Jetzt sind alle Vorbereitungen getroffen und die Daten können um eine Position nach links geschoben werden, sodass das höchstwertige Bit im Carry-Flag steht. Mit den Befehlen *btfsc STATUS, C* und *btfss STATUS, C* wird untersucht, ob das Carry-Flag den Wert 0 oder 1 hat. Die Prüfung muss zweimal erfolgen, da durch den Befehl *btfss* im Fall einer 1 nur der nächste Befehl übersprungen wird. Auf dem Ausgangspin *SI* liegen nun gültige Daten und werden vom Display bei der nächsten steigenden Flanke des Taktsignals (CLK) übernommen. Danach kann der Takt wieder auf low zurückgesetzt werden, damit man beim nächsten Bit wieder eine steigende Flanke generieren kann. Nachdem nun das Bit erfolgreich ausgegeben wurde, wird der Zähler *DISP_SHIFT_CNT* um 1 verringert. Sind alle 8 Bits übertragen, werden die Signale wieder in den Anfangszustand zurückgesetzt und die geforderte Wartezeit von 26,3 µs (hier wurden 30 µs gewählt) gewartet. Das Unterprogramm ist nun fertig bearbeitet und es kann in das Hauptprogramm zurückgesprungen werden.

9.3.2 Unterprogramm für das Schreiben eines Zeichens

Das Unterprogramm für die Übertragung eines Zeichens funktioniert wie das Unterprogramm für die Übertragung eines Befehls. Die Unterprogramme unterscheiden sich nur im Signal *RS*, das für die Unterscheidung zwischen Befehl und Zeichen verantwortlich ist.

```
SchreibeDispDaten
   movwf DISP_SHIFT_REG          ;Das W-Register wird in das Reg.
                                 ;DISP_SHIFT_REG kopiert.
   bcf DISP_CSB                  ;CSB auf low setzen, damit das
                                 ;Display Daten empfangen kann
   bsf DISP_RS                   ;RS auf High setzen, da es sich um
                                 ;ein Zeichen handelt
   bcf DISP_CLK                  ;Takt auf low setzen, damit die
                                 ;Daten bei der steigenden Flanke
                                 ;übernommen werden können
   movlw d'8'                    ;es sollen 8 Bits übertragen werden
   movwf DISP_SHIFT_CNT          ;Zähler für die übertragenen Bits
shiftDaten
   rlf DISP_SHIFT_REG, F         ;Das Zeichen wird nach links
                                 ;verschoben. Das Carry-Flag wird an
                                 ;den Ausgang weitergegeben
   btfsc STATUS, C               ;Carry-Flag prüfen
   bsf DISP_SI                   ;Carry-Flag = 1
                                 ;-> Pin SI auf High-Pegel setzen
   btfss STATUS, C               ;noch mal prüfen, da immer nur ein
                                 ;Befehl übersprungen wird
   bcf DISP_SI                   ;Carry-Flag = 0
                                 ;-> Pin SI auf Low-Pegel setzen
   nop                           ;kurze Wartezeit, um die
                                 ;Übertragungsgeschwindigkeit zu
                                 ;reduzieren
   bsf DISP_CLK                  ;mit dieser steigenden Flanke
                                 ;werden die Daten übernommen
   nop                           ;kurze Wartezeit
   bcf DISP_CLK                  ;negative Flanke des Taktes
   decfsz DISP_SHIFT_CNT, F      ;ein Bit wurde übertragen
                                 ;-> Zähler um 1 verringern
   goto shiftDaten               ;nächstes Bit übertragen
   bcf DISP_RS                   ;Übertragung beendet Pin RS auf
                                 ;Low zurücksetzen
   bcf DISP_SI                   ;Pin SI auf low zurücksetzen
   _DELAY_TMR1_US d'30'          ;geforderte Wartezeit (min. 26,3 µs)
   return                        ;Rücksprung aus dem Unterprogramm
```

Um dem Display mitzuteilen, dass es sich bei den übertragenen Bits um ein Zeichen handelt, muss der Signalpin *RS* auf High-Pegel gesetzt werden.

9.3.3 Makro für die Initialisierung des Displays

Im folgenden Beispielmakro wird das Display mit 2 x 16 Zeichen von Electronic Assembly initialisiert. Der Ablauf entspricht dem Ablaufdiagramm in *Abb. 9.7*. Das Makro kann dann in allen anderen Programmen verwendet werden. Voraussetzung ist allerdings, dass die verwendeten Unterprogramme und Makros im Makro die gleiche Funktion und Bezeichnung haben, da ja ein Makro nur ein Textersatz ist.

Beispiel:

```
_INIT_DISPLAY macro              ;Displayinitialisierung EA DOG-M
   movlw 0x38                    ;Befehl: Function Set
   call SchreibeDispKommando
   movlw 0x39                    ;Befehl: Function Set
                                 ;(muss zweimal übertragen werden)
   call SchreibeDispKommando
   movlw 0x14                    ;Befehl: Bias Set
   call SchreibeDispKommando
   movlw 0x78                    ;Befehl: Contrast Set
   call SchreibeDispKommando
   movlw 0x52                    ;Befehl: Power/Icon/Contrast Contr.
   call SchreibeDispKommando
   movlw 0x69                    ;Befehl: Follower Control
   call SchreibeDispKommando
   _DELAY_TMR1_US d'200000'      ;geforderte Wartezeit von 200 ms
   movlw 0x0C                    ;Befehl: Display ON/OFF Control
   call SchreibeDispKommando
   movlw 0x01                    ;Befehl: Clear Display
   call SchreibeDispKommando
   _DELAY_TMR1_US d'1100'        ;geforderte Wartezeit von 1,08 ms
   movlw 0x06                    ;Befehl: Entry Mode Set
   call SchreibeDispKommando
   endm                          ;Ende der Initialisierung
```

Das vorgestellte Makro überträgt nacheinander die Befehle für die Initialisierung an das Display. Um das Makro schrittweise zu untersuchen oder abzuarbeiten hat man zwei Möglichkeiten. Zum einen kann man den Code im Disassembly Listing schrittweise abarbeiten. Leider ist nach dem Disassemblieren kein Kommentar mehr vorhanden, sodass die Analyse erschwert wird. Die andere Möglichkeit ist, den Code des Makros vorübergehend an die Stelle des Makroaufrufs zu kopieren und dann auszuführen. Der Makroaufruf *_INIT_DISPLAY* muss dann natürlich auskommentiert werden.

9.4 Beispielprogramm: Hello World

Jetzt wurden alle Vorbereitungen getroffen, um einen Text auf dem Display darzustellen. Bei dem folgenden Beispiel handelt es sich um den Klassiker in den Programmiersprachen. Dieses Beispiel findet man in nahezu jeder Programmiersprache wieder und es handelt sich dabei um die einfachste Möglichkeit, einen Text auszugeben. Dazu wird der Text „Hello World!“ auf dem Display angezeigt und man erkennt sofort, ob die Übertragung erfolgreich war. In diesem Beispiel wird der Text „Hello“ in der ersten Zeile an Position 1 angezeigt und der Text „World!“ in der zweiten Zeile ab Position 8.

Beispiel:

```
    bsf DISP_CSB                ;Displaysignal CSB auf High-Pegel
                                ;setzen -> Display nicht aktiv
    bcf DISP_CLK                ;Taktleitung auf low setzen
    bcf DISP_SI                 ;Datenleitung auf low setzen
    bcf DISP_RS                 ;Signalzustand von RS auf Kommando
                                ;setzen
    _INIT_DISPLAY               ;nach der Initialisierung ist der
                                ;Inhalt des Displays gelöscht, bzw.
                                ;mit Leerzeichen vollgeschrieben
main                            ;Beginn der Hauptschleife
    movlw 0x80                  ;Zeichen 1 in der 1. Zeile
                                ;(=0x80 + 0x00)
    call SchreibeDispKommando   ;Übertrage das Kommando zum setzen
                                ;der DDRAM-Adresse
    movlw A'H'                  ;das Zeichen „H" soll in der
                                ;1. Zeile an Pos. 1 stehen
    call SchreibeDispDaten      ;übertrage das Zeichen
    movlw A'e'                  ;lade das Zeichen „e" in das W-Reg.
    call SchreibeDispDaten      ;automatische Adresserhöhung „e"
                                ;= 1. Zeile 2. Stelle
    movlw A'l'
    call SchreibeDispDaten      ;übertrage das Zeichen „l" an
    movlw A'l'                  ;das Display
    call SchreibeDispDaten      ;übertrage das zweite „l"
    movlw A'o'
    call SchreibeDispDaten      ;letzter Buchst. der 1. Zeile = „o"
    movlw 0xC7                  ;Zeichen 8 in der 2. Zeile
                                ;(=0x80 + 0x47)
    call SchreibeDispKommando   ;ändern der DDRAM-Adresse.
                                ;Die ersten 7 Zeichen sollen nicht
                                ;beschrieben werden
    movlw A'W'                  ;Die Zeichen des Wortes „World"
    call SchreibeDispDaten      ;werden nacheinander an das Display
    movlw A'o'                  ;übertragen.
    call SchreibeDispDaten
    movlw A'r'
    call SchreibeDispDaten
    movlw A'l'
    call SchreibeDispDaten
    movlw A'd'
    call SchreibeDispDaten
    movlw A'!'                  ;Als letztes Zeichen in der
    call SchreibeDispDaten      ;2. Zeile wird noch das
                                ;Ausrufezeichen übertragen.
    goto main                   ;Der Text wird immer wieder neu
                                ;übertragen.
```

Am Anfang des Programms werden die vier Signalleitungen zum Display auf einen definierten Pegel gelegt. Danach wird das Display, über den Aufruf des Makros *_INIT_DISPLAY*, initialisiert. Dabei werden alle nötigen Einstellungen gemacht und der Inhalt des Displayspeichers gelöscht. Beim Löschen wird an jede Speicherstelle ein Leerzeichen geschrieben. Danach wird der Cursor an die erste Position in der ersten Zeile gesetzt.

In der Hauptschleife werden die einzelnen Zeichen nacheinander an das Display übertragen. Es wird zuerst die Startadresse des DDRAM angegeben und danach die Adresse automatisch vom Display um eins erhöht. Um die RAM-Adresse zu setzen, muss man das Kommando *Set DDRAM Address* senden, das sich wie folgt zusammensetzt:

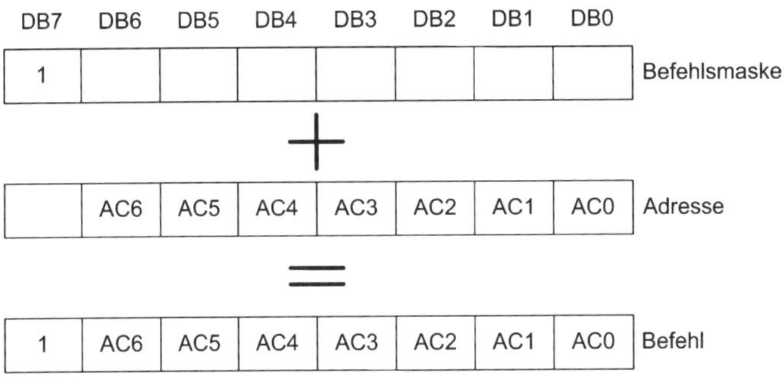

Abb. 9.8: Befehlsgenerierung für RAM-Adresse

Die Befehle für das Display sind durch die höchstwertigen Bits gekennzeichnet. Ein Befehl setzt sich aus einer Befehlsmaske und den Daten zusammen. Für den Befehl zum Setzen der RAM-Adresse muss das Bit 7 auf 1 gesetzt werden und durch die Bits 6 bis 0 wird die *DDRAM*-Adresse angegeben. Der zusammengesetzte Befehl aus Befehlsmaske und Adresse wird dann an den Displaycontroller übertragen.

Beispiel:
Soll ein Zeichen in der ersten Zeile an Position 12 dargestellt werden, muss folgender Befehl gesendet werden:

Befehl = Befehlsmaske + Adresse = 0x80 + 0x0C = 0x8C

Um ein Zeichen in der zweiten Zeile an Position 1 darzustellen, muss der Befehl 0xC0 übertragen werden:

Befehl = Befehlsmaske + Adresse = 0x80 + 0x40 = 0xC0

Wie man an dem Beispiel „Hello World!" sehen kann, werden die Zeichen für das Display als ASCII-codierte Zeichen übertragen. Dies funktioniert für die Standardzeichen problemlos, allerdings kann man auf diese Weise die Sonderzeichen wie z. B. Ω nicht angeben. Hierfür muss man in der Zeichentabelle nachschlagen, welcher Code für die Darstellung zu verwenden ist. Für das Ohmzeichen muss bei diesem Display der Code 0x1E verwendet werden.

10 Anzeigen einer analogen Spannung

Bei dem Beispiel „Hello World!“ wird nur ein statischer Text dargestellt. Im Folgenden soll nun anhand eines Beispiels für eine Spannungsmessung gezeigt werden, wie man Daten auf dem Display darstellen kann. Dies hört sich zuerst einmal einfach an, allerdings gibt es hier einige Probleme, die gelöst werden müssen. Zuerst muss die analoge Spannung in einen digitalen Wert umgesetzt werden. Es liegt dann ein digitaler 10-Bit-Wert vor, der nicht direkt an das Display übertragen werden kann. Dieser Wert muss daher zuerst einmal als Spannung interpretiert werden. Hat man den Spannungswert ermittelt, muss man ihn noch in ASCII codieren, damit der Wert auf dem Display dargestellt werden kann. Um dies alles zu realisieren, werden zuerst zwei Unterprogramme vorgestellt, die die entsprechenden Umformungen ausführen. Zuvor ist allerdings noch ein wenig Mathematik notwendig, damit man die Berechnung besser versteht.

10.1 Berechnung der Spannung

Der Analog-Digital-Wandler liefert nach der Umsetzung einen binären 10-Bit-Wert zwischen 0 und 1.023. Im Folgenden wird davon ausgegangen, dass für die Wandlung die Betriebsspannung von 5 V als Referenzspannung verwendet wird. Das heißt, dass der Wert von 1.023 einer Spannung von 5 V entspricht. Die Formel für die Berechnung der analogen Spannung lautet:

$$U_{Analog} = \frac{\text{Registerinhalt} + 0{,}5}{1024} \cdot U_{Ref} = \frac{\text{Registerinhalt} + 0{,}5}{1024} \cdot 5V \qquad \textbf{Formel 10.1}$$

Hier taucht schon die erste Schwierigkeit auf. Da der Mikrocontroller intern nur mit ganzzahligen Werten arbeitet, ist die Addition von 0,5 zu dem Registerinhalt nicht so einfach möglich. Da die Referenzspannung aus der Betriebsspannung gewonnen wird und nicht sehr genau ist, kann man problemlos eine kleine Vereinfachung an der Formel vornehmen, die die anschließende Berechnung stark vereinfacht. Indem man die Addition von 0,5 weglässt, entsteht nur ein Fehler von ca. 2,4 mV und das ist in den meisten Fällen vollkommen ausreichend. Werden genauere Werte benötigt, sollte man ohnehin über die Anbindung eines externen A/D-Wandlers nachdenken, der genauere Werte liefert. Die Formel für die Berechnungen im Beispiel lautet demnach:

$$U_{Analog} = \frac{\text{Registerinhalt}}{1024} \cdot 5V \qquad \textbf{Formel 10.2}$$

Das nächste Problem tritt auf, wenn die analoge Spannung berechnet werden soll. Der PIC kann nur ganzzahlige Werte berechnen und bei dieser Formel ist das Ergebnis eine rationale Zahl mit Nachkommastellen. Da das Ergebnis auf ca. 5 mV genau bestimmt werden kann, sind drei Nachkommastellen für die Darstellung ausreichend. Um das Beispiel etwas einfacher zu halten, wird auf die dritte Nachkommastelle verzichtet, da die Darstellung mit zwei Nachkommastellen nur eine Ungenauigkeit von ca. 10 mV hat. Um das Problem mit den Nachkommastellen zu umgehen, wird die 100-fache Spannung berechnet und anschließend das Komma entsprechend nach der ersten Ziffer gesetzt. Die Multiplikation mit 100 führt zu folgender Formel:

$$U_{Analog} \cdot 100 = \frac{\text{Registerinhalt}}{1024} \cdot 5V \cdot 100 \qquad \textbf{Formel 10.3}$$

Um die anschließende Berechnung zu optimieren, ist es sinnvoll, die Formel noch etwas umzuformen und auf die Berechnung mit einem Mikrocontroller anzupassen. Der PIC hat keine Befehle für die Multiplikation und Division. Daher müssen diese mathematischen Operationen auf die Grundrechenarten Addition und Subtraktion zurückgeführt werden. Eine Multiplikation mit 2 kann durch Verschieben der Bits nach links erreicht werden. Eine Division durch 2 erreicht man, indem man die einzelnen Bits nach rechts verschiebt. Die Formel muss daher so optimiert werden, dass man mit diesen vier Befehlen auskommt. Dazu kann man folgende Umformungen vornehmen:

$$U_{Analog} \cdot 100 = \frac{\text{Registerinhalt}}{1024} \cdot 5V \cdot 100 \ = \ \text{Registerinhalt} \cdot \frac{500}{1024} = \text{Registerinhalt}\frac{400+100}{1024}$$

$$U_{Analog} \cdot 100 = \text{Registerinhalt} \cdot \left(\frac{400}{1024} + \frac{100}{1024}\right) = \text{Registerinhalt} \cdot \left(\frac{100}{256} + \frac{100}{1024}\right)$$

$$U_{Analog} \cdot 100 = \text{Registerinhalt} \cdot \left(\frac{25}{64} + \frac{25}{256}\right) = \text{Registerinhalt} \cdot \left(\frac{25}{64} + \frac{25}{64 \cdot 2 \cdot 2}\right) \qquad \textbf{Formel 10.4}$$

Nach der Umformung sieht man, dass der Registerinhalt mit 25 multipliziert und anschließend durch 64 geteilt werden muss. Die Division durch 64 kann durch mehrfaches Rechtsschieben realisiert werden, da es sich um eine Potenz von 2 handelt. Damit man das folgende Unterprogramm besser nachvollziehen kann, werden folgende Register definiert:

```
ADC_L           EQU   0x30   ;Kopie der A/D-Wandlung
ADC_H           EQU   0x31
ADC_Lx25        EQU   0x32   ;A/D-Wert mal 25
ADC_Hx25        EQU   0x33
ADC_Lx25_64     EQU   0x34   ;A/D-Wert mal 25/64
ADC_Hx25_64     EQU   0x35
ADC_Lx25_256    EQU   0x36   ;A/D-Wert mal 25/256
ADC_Hx25_256    EQU   0x37
Ux100_L         EQU   0x38   ;Spannungswert mal 100
Ux100_H         EQU   0x39
```

Um die Multiplikation mit 25 zu realisieren, kann man sie in folgende Operationen aufteilen:

$$25 = (2+1) \cdot 2 \cdot 2 \cdot 2 + 1$$

Mit diesen Vereinfachungen kann man das Unterprogramm *AD_konvertieren* schreiben.

10.2 Unterprogramm AD_konvertieren

```
AD_konvertieren
   _BANK_0
   movf ADRESH, W          ;A/D-Wert in das W-Register kopieren
   ;movlw 0x01             ;hiermit kann man die A/D-Werte durch
                           ;Testwerte überschreiben
   movwf ADC_H             ;Highbyte des A/D-Werts in das Register
                           ;ADC_H kopieren
   movwf ADC_Hx25          ;nochmals in das Register ADC_Hx25
                           ;kopieren
   _BANK_1
   movf ADRESL, W          ;A/D-Wert in das W-Register kopieren
   _BANK_0
   ;movlw 0xE0             ;hiermit kann man die A/D-Werte durch
                           ;Testwerte überschreiben
   movwf ADC_L             ;Lowbyte des A/D-Werts in das Register
                           ;ADC_L kopieren
   movwf ADC_Lx25          ;nochmals in das Register ADC_Lx25
                           ;kopieren
   ;Multiplikation mit 25
   bcf STATUS, C           ;Carry-Flag vor dem Verschieben löschen
   rlf ADC_Lx25, F         ;Multiplikation mit 2 durch Verschiebung
   rlf ADC_Hx25, F         ;nach links
   movf ADC_L, W           ;den Wert nochmals addieren
   addwf ADC_Lx25, F       ;(Multiplikation mit 3)
   btfsc STATUS, C
   incf ADC_Hx25, F
   movf ADC_H, W
   addwf ADC_Hx25, F
   bcf STATUS, C           ;Carry-Flag vor dem Verschieben löschen
   rlf ADC_Lx25, F         ;nach links schieben
   rlf ADC_Hx25, F         ;= Multiplikation mit 6
   bcf STATUS, C           ;Carry-Flag vor dem Verschieben löschen
   rlf ADC_Lx25, F         ;nach links schieben
   rlf ADC_Hx25, F         ;= Multiplikation mit 12
   bcf STATUS, C           ;Carry-Flag vor dem Verschieben löschen
   rlf ADC_Lx25, F         ;nach links schieben
   rlf ADC_Hx25, F         ;= Multiplikation mit 24
   movf ADC_L, W           ;den Wert nochmals addieren
                           ;(Multiplikation mit 25)
   addwf ADC_Lx25, F       ;Lowbyte der Multiplikation mit 25 steht
```

```
                    ;jetzt in ADC_Lx25
btfsc STATUS, C
incf ADC_Hx25, F
movf ADC_H, W
addwf ADC_Hx25, F   ;Highbyte der Multiplikation mit 25 steht
                    ;jetzt in ADC_Hx25
movf ADC_Hx25, W    ;Register ADC_Hx25 nach ADC_Hx25_64
movwf ADC_Hx25_64   ;kopieren
movf ADC_Lx25, W    ;Register ADC_Lx25 nach ADC_Lx25_64
movwf ADC_Lx25_64   ;kopieren
;A/D-Wert mal 25 durch 64 dividieren
;(6-mal nach rechts schieben)
bcf STATUS, C       ;Carry-Flag vor dem Verschieben löschen
rrf ADC_Hx25_64, F  ;Division durch 2 durch Verschiebung nach
rrf ADC_Lx25_64, F  ;rechts
bcf STATUS, C       ;Carry-Flag vor dem Verschieben löschen
rrf ADC_Hx25_64, F  ;nach rechts schieben = Division durch 4
rrf ADC_Lx25_64, F
bcf STATUS, C       ;Carry-Flag vor dem Verschieben löschen
rrf ADC_Hx25_64, F  ;nach rechts schieben = Division durch 8
rrf ADC_Lx25_64, F
bcf STATUS, C       ;Carry-Flag vor dem Verschieben löschen
rrf ADC_Hx25_64, F  ;nach rechts schieben = Division durch 16
rrf ADC_Lx25_64, F
bcf STATUS, C       ;Carry-Flag vor dem Verschieben löschen
rrf ADC_Hx25_64, F  ;nach rechts schieben = Division durch 32
rrf ADC_Lx25_64, F
bcf STATUS, C       ;Carry-Flag vor dem Verschieben löschen
rrf ADC_Hx25_64, F  ;nach rechts schieben = Division durch 64
rrf ADC_Lx25_64, F
movf ADC_Hx25_64, W ;Register ADC_Hx25_64 nach ADC_Hx25_256
movwf ADC_Hx25_256  ;kopieren
movf ADC_Lx25_64, W ;Register ADC_Lx25_64 nach ADC_Hx25_256
movwf ADC_Lx25_256  ;kopieren
;A/D-Wert mal 25 durch 256 dividieren
;Ergebnis der Division durch 64 noch 2-mal
;nach rechts schieben
bcf STATUS, C       ;Carry-Flag vor dem Verschieben löschen
rrf ADC_Hx25_256, F ;nach rechts schieben
rrf ADC_Lx25_256, F ;= Division durch 128
bcf STATUS, C       ;Carry-Flag vor dem Verschieben löschen
rrf ADC_Hx25_256, F ;nach rechts schieben= Division durch 256
rrf ADC_Lx25_256, F ;= Division durch 256
;die Werte ADCx25/64 und ADCx25/256 addieren
movf ADC_Lx25_64, W
addwf ADC_Lx25_256, W
movwf Ux100_L       ;Lowbyte des Spannungswerts mal 100
btfsc STATUS, C
incf ADC_Hx25_256, F
movf ADC_Hx25_64, W
addwf ADC_Hx25_256, W
movwf Ux100_H       ;Highbyte des Spannungswerts mal 100
return
```

Nach dem Ausführen des Unterprogramms steht der 100-fache Spannungswert in den beiden Registern Ux100_H und Ux100_L und kann weiter verarbeitet werden. Bei den Schiebeoperationen muss man beachten, dass das Carry-Flag vor dem Schieben gelöscht wird, da es sonst an der niederwertigsten Stelle des Registers steht und so das Ergebnis verfälscht. Im Unterprogramm findet man am Anfang zwei auskommentierte Zeilen. Will man das Programm simulieren und die Berechnung prüfen, kann man diese beiden Befehle ausführen lassen und überschreibt so das A/D-Ergebnis. Dadurch kann man jeden beliebigen A/D-Wert vorgeben und sich die Ausführung ansehen. Die Zeilen müssen allerdings auch wieder gelöscht werden, wenn das Programm auf dem Mikrocontroller ausgeführt werden soll, da sonst immer der gleiche Wert angezeigt wird.

10.3 Umwandlung der Binärzahl in eine Dezimalzahl

Nach der Ausführung des Unterprogramms *AD_konvertieren* liegt nun der berechnete Spannungswert vor. Allerdings kann dieser noch nicht auf dem Display angezeigt werden. Es sind daher noch zusätzliche Umformungen nötig. Der Spannungswert ist eine Zahl zwischen 0 und 500 und hat drei dezimale Stellen. Um die Hunderterstelle zu bestimmen, muss man den Spannungswert durch 100 teilen und erhält so die Stelle vor dem Komma. Leider ist eine Division nicht so einfach möglich. Daher muss man auf die Subtraktion zurückgreifen und zieht von dem Spannungswert so lange den Wert 100 ab, bis eine negative Zahl entsteht. Die Anzahl der möglichen Subtraktionen gibt dann die Wertigkeit der Hunderterstelle an. Genauso verfährt man mit dem verbleibenden Rest zur Bestimmung der Zehnerstelle. Der Rest, der nach der mehrfachen Subtraktion von 10 übrig bleibt, gibt die Wertigkeit der Einerstelle an.

Beispiel:

Bestimmung der Hunderterstelle

321 – 100 = 221	(1. erfolgreiche Subtraktion)
221 – 100 = 121	(2. erfolgreiche Subtraktion)
121 – 100 = 21	(3. erfolgreiche Subtraktion)
21 – 100 = –79	(Wert ist negativ. Keine Subtraktion mehr möglich.)

Es konnte dreimal der Wert 100 abgezogen werden, ohne dass das Ergebnis negativ ist. Die Wertigkeit der Hunderterstelle ist daher 3.

Bestimmung der Zehnerstelle:

21 – 10 = 11	(1. erfolgreiche Subtraktion)
11 – 10 = 1	(2. erfolgreiche Subtraktion)
1 – 10 = –9	(Wert ist negativ. Keine Subtraktion mehr möglich.)

Der Wert von 10 konnte zweimal erfolgreich subtrahiert werden und die Zehnerstelle hat somit die Wertigkeit 2.

Die Einerstelle ist der Rest, der nach der letzten erfolgreichen Subtraktion von 10 verbleibt, und ist somit 1.

Die beschriebene Rechnung wird auch im folgenden Beispiel angewendet.

Beispiel:

```
B2D
   _BANK_0
   movf Ux100_H, W      ;Spannungswert für Subtraktion kopieren
   movwf CALC_H_1
   movf Ux100_L, W
   movwf CALC_L_1
   clrf COUNTER         ;Zähler, der die Anzahl der Subtraktionen
                        ;zählt
subtrahieren_H
   movlw d'100'         ;es sollen jeweils 100 vom Wert abgezogen
   movwf CALC_L_2       ;werden
   clrf CALC_H_2        ;CALC_H_2 wird für die Berechnung nicht
                        ;benötigt -> Wert = 0
   call Sub16           ;subtrahiere 100 von dem Spannungswert in
                        ;den Registern Ux100_H/L
   btfsc STATUS, C      ;prüfen, ob das Ergebnis positiv oder
                        ;negativ ist
   goto ergebnis_Pos_H  ;Ergebnis positiv -> es müssen noch mal
                        ;100 abgezogen werden
   goto ergebnis_Neg_H  ;Ergebnis negativ -> die Hunderterstelle
                        ;ist nun bekannt
ergebnis_Pos_H
   incf COUNTER, F      ;Zähler erhöhen und noch mal 100 abziehen
   goto subtrahieren_H
ergebnis_Neg_H
   movlw d'100'         ;es wurden 100 zu viel abgezogen und
                        ;müssen wieder addiert werden
   movwf CALC_L_2
   clrf CALC_H_2
   call Add16           ;es wird 100 addiert
   movf COUNTER, W      ;in Register COUNTER steht die Wertigkeit
                        ;der Hunderterstelle
   movwf DISP_HUNDERTER ;Register COUNTER nach DISP_HUNDERTER
                        ;kopieren
   clrf COUNTER         ;Wert in COUNTER für die nächste
                        ;Berechnung auf 0 zurücksetzen
subtrahieren_Z
   movlw d'10'          ;von dem Spannungswert werden jeweils 10
   movwf CALC_L_2       ;abgezogen
   clrf CALC_H_2        ;CALC_H_2 wird für die Berechnung nicht
                        ;benötigt -> Wert = 0
   call Sub16           ;subtrahiere 10 von dem verbleibenden
                        ;Spannungswert
```

```
    btfsc STATUS, C          ;prüfen, ob das Ergebnis positiv oder
                             ;negativ ist
    goto ergebnis_Pos_Z      ;Ergebnis positiv -> es müssen noch mal 10
                             ;abgezogen werden
    goto ergebnis_Neg_Z      ;Ergebnis negativ -> die Zehnerstelle
                             ;ist nun bekannt
ergebnis_Pos_Z
    incf COUNTER, F          ;Zähler erhöhen und noch mal 10 abziehen
    goto subtrahieren_Z
ergebnis_Neg_Z
    movlw d'10'              ;es wurden 10 zu viel abgezogen und müssen
                             ;wieder addiert werden
    movwf CALC_L_2
    clrf CALC_H_2
    call Add16               ;es wird 10 addiert
    movf COUNTER, W          ;in Register COUNTER steht die Wertigkeit
                             ;der Zehnerstelle
    movwf DISP_ZEHNER        ;die Zehnerstelle von COUNTER nach
                             ;DISP_ZEHNER kopieren
    movf CALC_L_1, W         ;um die Einerstelle zu erhalten, muss nur
                             ;noch der Registerinhalt von CALC_L_1
    movwf DISP_EINER         ;nach DISP_EINER kopiert werden
    return
```

Zu Beginn des Unterprogramms wird der Spannungswert, der mit 100 multipliziert wurde, in die Register für die Subtraktion geladen. Da es sich um einen Wert handelt, der größer als 8 Bit sein kann, wird für die Subtraktion das Unterprogramm *Sub16* verwendet. Nach der Subtraktion von 100 wird geprüft, ob das Ergebnis negativ oder positiv ist. Im Fall eines positiven Ergebnisses wird zu der Sprungmarke *ergebnis_Pos_H* gesprungen und der Zähler erhöht. Ist das Ergebnis negativ, wird an die Sprungmarke *ergebnis_Neg_H* gesprungen. Da von dem Wert zu viel abgezogen wurde, muss wieder 100 addiert werden, um die Subtraktion rückgängig zu machen. Nach der Addition wird der Wert des Zählers (COUNTER) in das Register *DISP_HUNDERTER* kopiert. Im Anschluss wird die Zehnerstelle auf die gleiche Art berechnet. Zuvor muss allerdings noch der Zähler auf 0 zurückgesetzt werden. Nachdem auch hier wieder bei der letzten Subtraktion zu viel abgezogen wurde, wird diese durch das Addieren von 10 wieder rückgängig gemacht. Der verbleibende Rest ist dann die Einerstelle und wird in das Register *DISP_EINER* kopiert.

10.4 Das Hauptprogramm

Durch die Vorarbeit über die beiden Unterprogramme ist das Hauptprogramm relativ kurz und übersichtlich. Hier müssen das Display und der A/D-Wandler initialisiert und anschließend in der Hauptschleife der aktuelle Wert auf das Display übertragen werden.

```
start                        ;Beginn des Programms
   ;Initialisierungen
   _BANK_0
   clrf PORTA                ;lösche alle Ausgangsports
   clrf PORTB
   clrf PORTC
   _BANK_1
   movlw b'10001110'         ;AN0 = analoger Eingang,
   movwf ADCON1              ;Ergebnis rechtsbündig
   movlw b'11110011'         ;setze RA3 und RA2 als Ausgang und
   movwf TRISA               ;den Rest als Eingang
   movlw b'11000000'         ;setze RB7 und RB6 als Eingang und
   movwf TRISB               ;den Rest als Ausgang
   movlw b'11111111'         ;alle Pins von Port C sind Eingänge
   movwf TRISC
   _BANK_0
   movlw b'01000000'         ;initialisiere ADC, Kanal 0 (AN0),
                             ;Fosz/8 (-> max 5 MHz Takt)
   movwf ADCON0
   bsf DISP_CSB              ;Display-Signal CSB auf High-Pegel
                             ;setzen -> Display nicht aktiv
   bcf DISP_CLK              ;Taktleitung auf low setzen
   bcf DISP_SI               ;Datenleitung auf low setzen
   bcf DISP_RS               ;Signalzustand von RS auf Kommando
                             ;setzen
   _INIT_DISPLAY             ;nach der Initialisierung ist der
                             ;Inhalt des Displays gelöscht bzw.
                             ;mit Leerzeichen vollgeschrieben
main                         ;Beginn der Hauptschleife
   movlw 0x80                ;Zeichen 1 in der 1. Zeile
                             ;(=0x80 + 0x00)
   call SchreibeDispKommando ;übertrage das Kommando zum setzen
                             ;der DDRAM-Adresse
   movlw A'U'                ;das Zeichen „U“ soll in der ersten
                             ;Zeile an Pos. 1 stehen
   call SchreibeDispDaten    ;übertrage das Zeichen
   movlw A'='                ;lade das Zeichen „=“ in das W-Reg.
   call SchreibeDispDaten    ;automatische Adresserhöhung „=“
                             ;= 1. Zeile 2. Stelle
lese_AN0                     ;Einlesen der Spannung an Pin AN0
   _BANK_1
   clrf ADRESL               ;niederwertigen Teil des
                             ;A/D-Ergebnisses löschen
   _BANK_0
   clrf ADRESH               ;höherwertigen Teil des
                             ;A/D-Ergebnisses löschen
   bsf ADCON0, ADON          ;A/D-Modul anschalten
   bsf ADCON0, GO_DONE       ;A/D-Wandlung starten
   btfsc ADCON0, GO_DONE
   goto $-1                  ;warten, bis das bit GO_DONE von der
                             ;Hardware zurückgesetzt wurde
   nop                       ;-> A/D-Wandlung beendet
   call AD_konvertieren      ;Umwandlung A/D-Ergebnis in
                             ;Spannungswert
```

```
call B2D                    ;Umwandlung des binären Werts in
                            ;3 Dezimalstellen
movlw 0x82                  ;Pos. 3 der 1. Zeile
call SchreibeDispKommando
movlw 0x30                  ;Umwandlung der Hunderterstelle
                            ;in ASCII
addwf DISP_HUNDERTER, W     ;ASCII-Code = Zahlenwert + 0x30
call SchreibeDispDaten
movlw A'.'
call SchreibeDispDaten      ;Ausgabe des Dezimalpunkts
movlw 0x30                  ;Umwandlung der Zehnerstelle
addwf DISP_ZEHNER, W
call SchreibeDispDaten      ;Ausgabe der ersten Stelle hinter
                            ;dem Komma
movlw 0x30                  ;Umwandlung der Einerstelle in ASCII
addwf DISP_EINER, W
call SchreibeDispDaten      ;Ausgabe der zweiten Stelle hinter
                            ;dem Komma
movlw A'V'
call SchreibeDispDaten      ;Ausgabe der Spannungseinheit
goto main                   ;Die Messung wird neu gestartet.
```

Während der Initialisierungsphase wird der Pin AN0 als analoger Eingang ausgewählt und das Display mit dem Makro *_INIT_DISPLAY* initialisiert. In der Hauptschleife *main* werden zuerst die Zeichen „U=“ auf das Display übertragen und stehen direkt am Anfang der ersten Zeile. Jetzt kann die A/D-Wandlung gestartet werden. Dazu wird zuerst der alte Wert in den Registern *ADRESL* und *ADRESH* gelöscht und anschließend das A/D-Modul angeschaltet. In der darauf folgenden Schleife wartet das Programm, bis die Wandlung abgeschlossen ist und ein gültiger Wert in den Registern steht. Jetzt werden die beiden Unterprogramme *AD_konvertieren* und *B2D* aufgerufen. Nach der Rückkehr ins Hauptprogramm stehen die drei Stellen für die Spannung in den Registern *DISP_HUNDERTER*, *DISP_ZEHNER* und *DISP_EINER*. Würde man diese Werte nun direkt auf das Display übertragen, würde keine Zahl dargestellt werden, sondern ein Sonderzeichen. Dies liegt daran, dass für die Darstellung der Zeichen die Code-Tabelle verwendet werden muss. Sieht man sich die Zeichentabelle des Displays genauer an, wird man feststellen, dass die 0 den Code 0x30, die 1 den Code 0x31 und die 2 den Code 0x32 hat. Dies geht so weiter bis zur Ziffer 9 mit dem Code 0x39. Daran erkennt man, dass für die Darstellung der richtigen Ziffer noch der hexadezimale Wert 0x30 addiert werden muss, um den richtigen Code zu übertragen. Es wird daher vor dem Übertragen der Daten an das Display noch der Wert 0x30 zum jeweiligen Register addiert.

Hat die Hunderterstelle im Register *DISP_HUNDERTER* z. B. den Wert 3, wird an das Display der Code 0x33 übermittelt, um die Ziffer 3 im Display darzustellen. Nach der Übertragung der Hunderterstelle werden der Dezimalpunkt und im Anschluss die beiden Nachkommastellen übertragen. Abgeschlossen wird die Übertragung durch die Einheit *V* (Volt). Durch den Befehl *goto main* wird der analoge Wert in einer Endlosschleife immer wieder eingelesen und auf dem Display dargestellt. Die zuvor übertragenen Zeichen an das Display werden bei jedem Durchlauf überschrieben. Will man die Anzeige auf dem Display etwas verlangsamen, kann man vor dem *goto*-Befehl noch eine kleine Wartezeit von ca. 100 bis 300 ms einfügen.

Dieses Beispiel kann sehr gut auf dem Demo-Board nachvollzogen werden. Durch das Verändern des Trimmers ändert sich auch die Spannungsanzeige im Display. Die Spannung kann auch mit einem zusätzlichen Voltmeter geprüft werden. Man erkennt auf einen Blick, wie genau die Spannungsmessung mit dem Mikrocontroller ist.

11 Messung des Widerstands und der Leistung

Im vorherigen Beispiel wurde die Spannung an einem analogen Eingang gemessen und ihr Wert auf dem Display dargestellt. Bei vielen Anwendungen in der Elektrotechnik soll nicht nur eine Spannung angezeigt werden, sondern auch der Strom durch einen Verbraucher. Das folgende Beispiel zeigt, wie die Spannung und der Strom eines Verbrauchers bestimmt werden und wie man aus den beiden Werten den Widerstand (R = U / I) und die Leistung (P = U * I) berechnet.

11.1 Die Strommessung

Da der interne A/D-Wandler des Mikrocontrollers keine Ströme messen kann, muss man die Signale über analoge Schaltungsteile in eine verwendbare Form bringen. Um den Strom durch einen Verbraucher zu messen, wird in der Regel ein Widerstand, der viel kleiner als der Widerstand des Verbrauchers ist, in Serie geschaltet und die daran abfallende Spannung gemessen. In *Abb. 11.1* ist eine prinzipielle Schaltung dargestellt, die zeigt, wie der Strom eines Verbrauchers gemessen werden kann. Die Schaltung soll nur als Beispiel dienen und ist in der Praxis nur bedingt empfehlenswert, da der Fehler bei kleinen Widerständen relativ hoch ist.

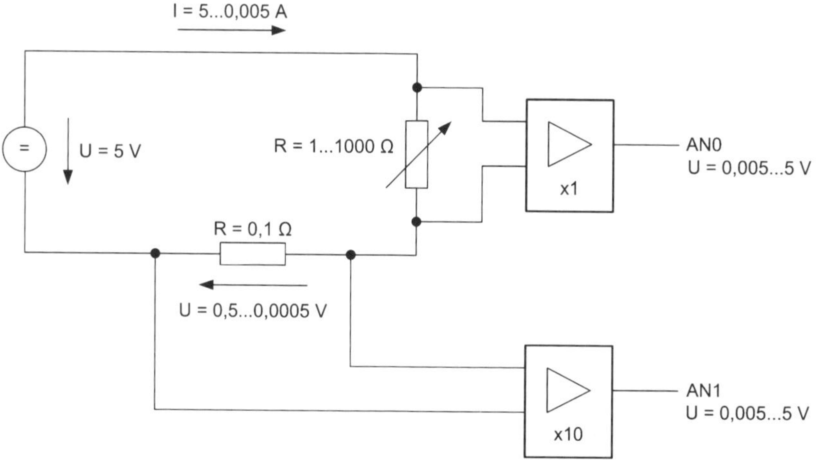

Abb. 11.1: Strommessung

An dieser Beispielschaltung kann man sehr gut erkennen, wie man mithilfe eines Verstärkers dem Mikrocontroller die benötigte Spannung zur Verfügung stellen kann. Die gemessene Spannung von 1 V am analogen Eingang *AN1* entspricht bei der Schaltung einem Strom von 1 A. Somit ist eine sehr leichte Umrechnung möglich. Es muss nur die Spannung am Eingang *AN1* gemessen und anstelle der Einheit *Volt* die Einheit *Ampere* angezeigt werden.

Der PIC hat intern nur einen A/D-Wandler, der verschiedenen Eingängen zugeordnet werden kann. Daher muss man bei schnellen Signaländerungen damit rechnen, dass ein berechneter Wert aus den beiden Eingangssignalen falsch sein kann, da die Eingänge *AN0* und *AN1* nicht gleichzeitig gemessen werden können. Dies ist der Fall, wenn sich nach der Spannungsmessung an *AN0* der Widerstand des Verbrauchers ändert und so nicht mehr die gleichen Zustände bei der Messung des Eingangs AN1 vorliegen.

11.2 Die binäre Multiplikation

Um aus den beiden digitalisierten Werten die Leistung zu bestimmen, müssen sie miteinander multipliziert werden. Dies ist allerdings mit einem Mikrocontroller nicht so einfach, wie es auf den ersten Blick aussieht. Die kleinen Mikrocontroller, darunter auch der PIC16F876, verfügen über keine Multiplikationsbefehle. Daher muss die Multiplikation über die Grundfunktionen *Addieren* und *Verschieben* realisiert werden. Im einfachsten Fall kann eine Multiplikation durch mehrfache Addition ausgeführt werden.

Beispiel:

```
15 * 5 = 15 + 15 + 15 + 15 + 15 = 75
```

Diese Berechnungsmethode ist sinnvoll für kleine Zahlen, da man nur wenig Operationen benötigt, um das Ergebnis zu berechnen. Bei großen Zahlen ist diese Berechnungsmethode zu aufwendig, und man sollte effektivere Algorithmen verwenden. Um einen solchen Algorithmus zu entwerfen, verfährt man ähnlich wie bei der schriftlichen Multiplikation von Dezimalzahlen. Um das Prinzip genau zu verstehen, folgt eine kleine Auffrischung der schriftlichen Multiplikation. Dazu soll die Zahl 147 mit 86 multipliziert werden.

```
  147
 * 86
 ----
  602 = 7 * 86 (Einerstelle)
 344  = 4 * 86 (Zehnerstelle)
 86   = 1 * 86 (Hunderterstelle)
 -----
12642 = 602 + (10 * 344) + (100 * 86)
=====
```

Bei der schriftlichen Multiplikation wird die Multiplikation in kleine Schritte aufgeteilt und, um jeweils eine Stelle verschoben, untereinandergeschrieben. Durch die anschließende Addition der verschobenen Werte erhält man das Ergebnis.

Die Multiplikation zweier Zahlen im Binärformat erfolgt auf die gleiche Weise. Es ist sogar noch etwas einfacher, da man nur zwei mögliche Ziffern pro Stelle hat (1 und 0). Dadurch kann die Berechnung sehr vereinfacht werden.

```
        10010011 = 147 = 0x93
      * 01010110 =  86 = 0x56
      ----------
        01010110 = 1 * 86
       01010110  = 1 * 86
      00000000   = 0 * 86
     00000000    = 0 * 86
    01010110     = 1 * 86
   00000000      = 0 * 86
  00000000       = 0 * 86
 01010110        = 1 * 86
----------------
0011000101100010 = 12.642 = 0x3162
================
```

Am Beispiel erkennt man, dass der Multiplikator entweder mit 1 oder mit 0 multipliziert wird. Bei der Multiplikation mit 0 ist das Ergebnis auch 0 und bei der Multiplikation mit 1 ist es die Zahl selbst. Die Einzelergebnisse werden um jeweils eine Stelle verschoben untereinandergeschrieben und am Ende addiert. In der Praxis wird die Addition bereits nach jeder Multiplikation mit 0 oder 1 ausgeführt, da sich so die Anzahl der benötigten Register deutlich verringern lässt.

Sieht man sich das Beispiel genau an, erkennt man, dass die Anzahl der benötigten Bits für das Ergebnis so groß ist wie die Anzahl der Bits des Multiplikanden und des Multiplikators zusammen. Daher benötigt man auch für die Multiplikation von zwei 8-Bit-Werten ein 16-Bit-Register für das Ergebnis.

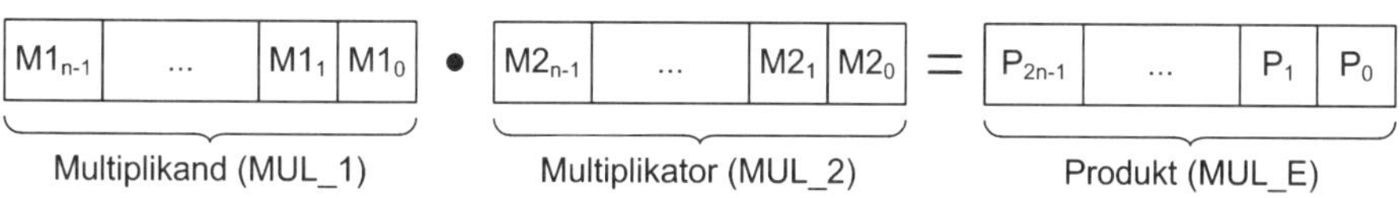

Abb. 11.2: Register für die Multiplikation

Aus den Erkenntnissen aus dem vorherigen Beispiel lässt sich nun ein einfacher Algorithmus entwickeln. Für das Programmablaufdiagramm in *Abb. 11.3* wurden die Bezeichnungen von *Abb. 11.2* verwendet. Im späteren Unterprogramm werden die Bezeichnungen MUL_1, MUL_2 und MUL_E verwendet.

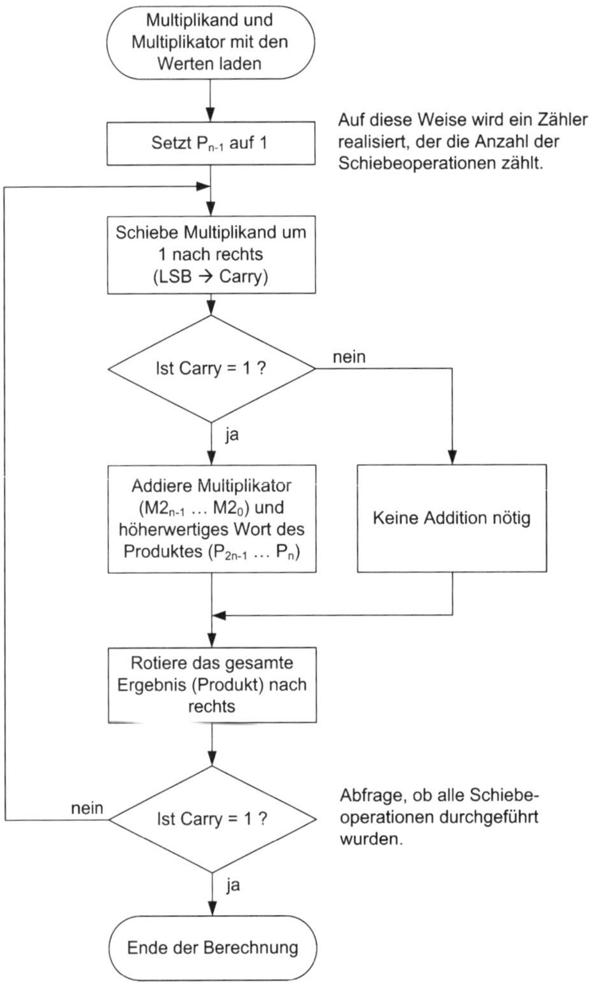

Abb. 11.3: Programmablauf der Multiplikation

Das folgende Unterprogramm zeigt die praktische Realisierung der Multiplikation von zwei 16-Bit-Registern. Das Ergebnis steht nach der Berechnung in einem 32-Bit-Register, das im PIC aus vier 8-Bit-Registern besteht.

```
Mul16
   clrf MUL_E_4        ;Löschen des vorherigen Ergebnisses
   clrf MUL_E_3
   clrf MUL_E_2
   clrf MUL_E_1
   bsf MUL_E_2, d'7'   ;um zu erkennen, wann 16-mal geschoben wurde
```

```
 mul16_loop
   rrf MUL_1_H, F        ;verschiebt MUL_1 um 1 nach rechts
   rrf MUL_1_L, F        ;wenn das LSB eine 1 ist, wird das Carry
                         ;gesetzt und es muss eine Addition
   btfss STATUS, C       ;durchgeführt werden, ist das Carry = 0,
   goto mul16_rotate     ;entspricht dies einer Multiplikation
                         ;mit 0 und es wird nichts addiert
   movf MUL_2_L, W       ;Beginn der 16-Bit-Addition
   addwf MUL_E_3, F
   movf MUL_2_H, W
   btfsc STATUS, C       ;prüft, ob ein Übertrag vorhanden ist
   incfsz MUL_2_H, W     ;es ist ein Übertrag vorhanden und das
                         ;Highbyte wird um 1 erhöht
   addwf MUL_E_4, F      ;kein Übertrag, das Highbyte wird addiert
mul16_rotate
   rrf MUL_E_4, F        ;Das 32-Bit-Ergebnisregister wird um 1
   rrf MUL_E_3, F        ;nach rechts geschoben.
   rrf MUL_E_2, F
   rrf MUL_E_1, F
   btfss STATUS, C       ;ist das Bit 7 von MUL_E_2 im Carry
                         ;angekommen, wurde das Ergebnis insgesamt
   goto mul16_loop       ;16-mal rotiert und die Berechnung ist
                         ;beendet
   return                ;Rücksprung
```

Vor dem Aufruf des Unterprogramms über *call Mul16* müssen die zu multiplizierenden Werte in die Register *MUL_1_H/L* und *MUL_2_H/L* geladen werden. Nach dem Rücksprung aus dem Unterprogramm findet man das Ergebnis in den Registern *MUL_E_4* bis *MUL_E_1*.

11.3 Die binäre Division

Um den Widerstandswert aus den beiden digitalisierten Werten zu berechnen, muss man die digitalisierte Spannung durch den digitalisierten Strom dividieren. Wie auch schon bei der Multiplikation gibt es keinen Befehl im Mikrocontroller, der eine Division ausführt. Daher muss auch hier auf die Grundrechenarten zurückgegriffen werden. Die Division ist sehr rechenintensiv, besonders, wenn auch noch Nachkommastellen ermittelt werden sollen. Bei der Berechnung der Nachkommastellen muss man nach einer sinnvollen Anzahl die Berechnung abbrechen, da man sonst unendlich lange rechnen würde. (z. B. 8 : 3 = 2,666...) In der Praxis ist in der Regel die sinnvolle Anzahl der Nachkommastellen durch die Genauigkeit der Messung bestimmt. Die kleinste Spannung, die der A/D-Wandler des PIC auflösen kann, ist ca. 5 mV. Daher ist eine Berechnung von mehr als drei Nachkommastellen wenig sinnvoll.

Um die Division mit einem Mikrocontroller auszuführen, gibt es wie bei der Multiplikation mehrere Möglichkeiten. Zum einen kann man den Wert des Nenners so oft vom Zähler abziehen, bis der Wert kleiner 0 wird. In einem Zähler merkt man sich die Anzahl der Subtraktionen. Leider kann dieses sehr einfache Verfahren sehr zeitaufwendig sein, wenn ein kleiner Wert von einem sehr großen Wert abgezogen werden soll. Um ein Unterprogramm zu schreiben, das eine allgemeine Division ausführt, greift man auf einen Algorithmus zurück, der die Division vereinfacht. Da bei der Division, wenn die beiden Zahlen kein ganzzahliges Vielfaches voneinander sind, ein Rest entsteht, muss man auch ein Register für die Speicherung des Rests vorsehen. Für den folgenden Algorithmus wird folgende Aufteilung der Register gewählt:

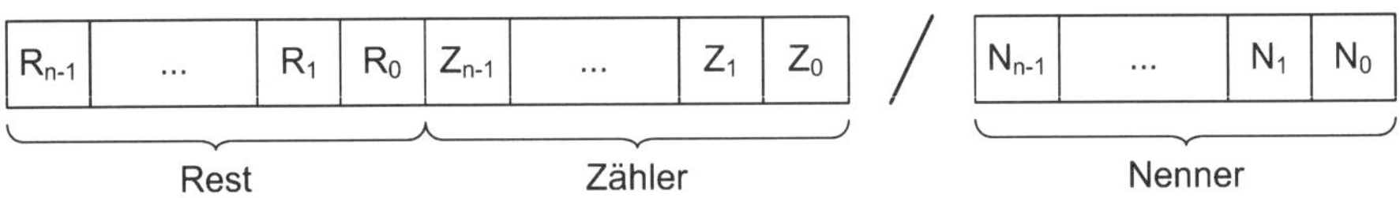

Abb. 11.4: Register für die Division

Vor der Division werden der Zähler und der Nenner mit dem gewünschten Wert geladen. Am Ende der Division steht das Ergebnis im Zähler und der Rest ist im entsprechenden Register gespeichert. Durch diese Methode spart man sich auch ein Register für das Ergebnis und dementsprechend auch zusätzlichen Kopieraufwand für das Verschieben der Werte in das Ergebnisregister. Das Ablaufdiagramm in *Abb. 11.5* zeigt einen Algorithmus für die Berechnung einer Division. Zusätzlich zu den Registern für Zähler, Nenner und Rest benötigt man allerdings noch ein Register für einen Counter (Zähler), der die Anzahl der Operationen zählt. Dieser wird mit der Anzahl der zu dividierenden Bits geladen.

Bei diesem Algorithmus wird, ähnlich wie bei der Multiplikation, das Ergebnis durch schrittweises Verschieben und Subtrahieren berechnet. Um den Ablauf der Berechnung zu verdeutlichen, wird anhand eines Beispiels die Division von zwei 8-Bit-Werten gezeigt. Im Beispiel wird die Zahl 126 (0x7E) durch 3 (0x03) dividiert. Das Ergebnis ist 42 (0x2A) und der Rest ist 0 (0x00).

Im Beispiel kann man sehr gut erkennen, wie zuerst der Zähler nach links verschoben (MSB wandert in das Register für den Rest) und danach der Nenner vom Rest abgezogen wird. Erhält man bei der Subtraktion ein positives Ergebnis, wird das niederwertigste Bit im Zähler auf 1 gesetzt. War das Ergebnis negativ (Carry-Bit = 0), muss die Subtraktion rückgängig gemacht und der Nenner wieder zum Rest addiert werden. Das Ergebnis der Division kann man auch an den Werten des Carry-Bits ablesen.

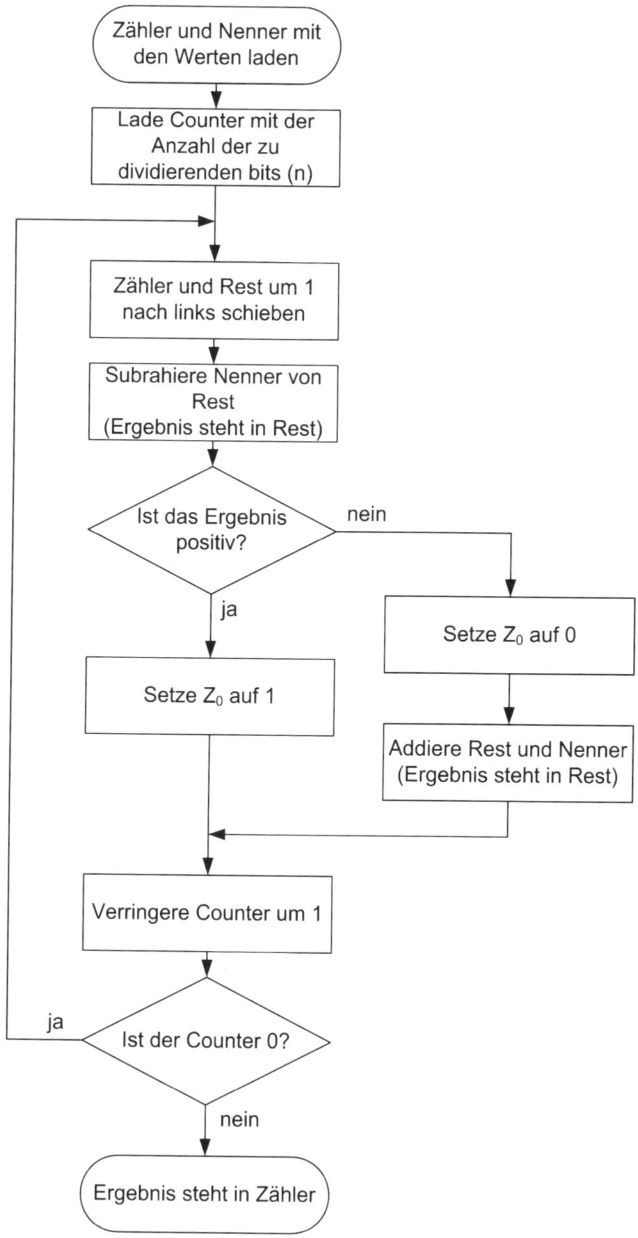

Abb. 11.5: Programmablauf der Division

Counter	Carry	Rest	Zähler		Nenner	Bemerkung
n = 8	0	0 0 0 0 0 0 0 0	0 1 1 1 1 1 1 0	/	0 0 0 0 0 0 1 1	Ausgangszustand
		0 0 0 0 0 0 0 0	1 1 1 1 1 1 0 0			nach links schieben
		0 0 0 0 0 0 0 0		-	0 0 0 0 0 0 1 1	Rest –Nenner
	0	1 1 1 1 1 1 0 1				Ergebnis
						Ergebnis ist negativ
n = 7		0 0 0 0 0 0 0 0	1 1 1 1 1 1 0 0			Rest + Nenner
		0 0 0 0 0 0 0 1	1 1 1 1 1 0 0 0			nach links schieben
		0 0 0 0 0 0 0 1		-	0 0 0 0 0 0 1 1	Rest –Nenner
	0	1 1 1 1 1 1 1 0				Ergebnis
						Ergebnis ist negativ
n = 6		0 0 0 0 0 0 0 1	1 1 1 1 1 0 0 0			Rest + Nenner
		0 0 0 0 0 0 1 1	1 1 1 1 0 0 0 0			nach links schieben
		0 0 0 0 0 0 1 1		-	0 0 0 0 0 0 1 1	Rest –Nenner
	1	0 0 0 0 0 0 0 0				Ergebnis
						Ergebnis ist positiv
n = 5		0 0 0 0 0 0 0 0	1 1 1 1 0 0 0 1			LSB von Zähler = 1
		0 0 0 0 0 0 0 1	1 1 1 0 0 0 1 0			nach links schieben
		0 0 0 0 0 0 0 1		-	0 0 0 0 0 0 1 1	Rest –Nenner
	0	1 1 1 1 1 1 1 0				Ergebnis
						Ergebnis ist negativ
n = 4		0 0 0 0 0 0 0 1	1 1 1 0 0 0 1 0			Rest + Nenner
		0 0 0 0 0 0 1 1	1 1 0 0 0 1 0 0			nach links schieben
		0 0 0 0 0 0 1 1		-	0 0 0 0 0 0 1 1	Rest –Nenner
	1	0 0 0 0 0 0 0 0				Ergebnis
						Ergebnis ist positiv
n = 3		0 0 0 0 0 0 0 0	1 1 0 0 0 1 0 1			LSB von Zähler = 1
		0 0 0 0 0 0 0 1	1 0 0 0 1 0 1 0			nach links schieben
		0 0 0 0 0 0 0 1		-	0 0 0 0 0 0 1 1	Rest –Nenner
	0	1 1 1 1 1 1 1 0				Ergebnis
						Ergebnis ist negativ
n = 2		0 0 0 0 0 0 0 1	1 0 0 0 1 0 1 0			Rest + Nenner
		0 0 0 0 0 0 1 1	0 0 0 1 0 1 0 0			nach links schieben
		0 0 0 0 0 0 1 1		-	0 0 0 0 0 0 1 1	Rest –Nenner
	1	0 0 0 0 0 0 0 0				Ergebnis
						Ergebnis ist positiv
n = 1		0 0 0 0 0 0 0 0	0 0 0 1 0 1 0 1			LSB von Zähler = 1
		0 0 0 0 0 0 0 0	0 0 1 0 1 0 1 0			nach links schieben
		0 0 0 0 0 0 0 0		-	0 0 0 0 0 0 1 1	Rest –Nenner
	0	1 1 1 1 1 1 0 1				Ergebnis
						Ergebnis ist negativ
n = 0		0 0 0 0 0 0 0 0	0 0 1 0 1 0 1 0			Rest + Nenner

Ergebnis =	0 0 1 0 1 0 1 0
Rest =	0 0 0 0 0 0 0 0

Abb. 11.6: Beispiel einer Division

In der Beispielschaltung soll der Widerstandswert mit drei Nachkommastellen berechnet werden. Um dies zu gewährleisten, wird der Spannungswert mit dem Faktor 1000 multipliziert und das Komma nach der Berechnung an der entsprechenden Stelle gesetzt. Da der digitalisierte Wert der Spannung maximal 1.023 betragen kann, ist der 1.000-fache Wert der Spannung 1.023.000. Für die Darstellung dieses Werts werden mindestens 20 Bits benötigt. Das folgende Unterprogramm für die Division führt daher eine Division eines 24-Bit-Werts durch einen 16-Bit-Wert aus. Vor dem Aufruf des Unterprogramms muss sichergestellt werden, dass die Register *ZAEHLER_L* (niederwertigstes Byte), *ZAEHLER_M* (mittleres Byte) und *ZAEHLER_H* (höchstwertigstes Byte) mit dem Wert für den Zähler geladen sind. Der Wert für den Nenner wird in dic Register *NENNER_L* (Lowbyte) und *NENNER_H* (Highbyte) geladen.

```
Div16
    clrf REST_H             ;Rest von vorherigen Berechnungen
    clrf REST_L             ;löschen
    movlw d'24'             ;DIV_COUNTER mit 24 laden, da 24 Bit im
    movwf DIV_COUNTER       ;Zähler
div16_loop
    rlf ZAEHLER_L, F        ;den gesamtem Zähler um 1 nach links
    rlf ZAEHLER_M, F        ;schieben
    rlf ZAEHLER_H, F
    rlf REST_L, F           ;das Register für den Rest um 1 nach
    rlf REST_H, F           ;links schieben
    rlf DIV_COUNTER, F      ;das Carry-Bit wird vorübergehend im
                            ;DIV_COUNTER gespeichert, dadurch
                            ;kann man sich ein Register sparen
    movf NENNER_L, W
    subwf REST_L, F         ;subtrahiere Nenner_L von Rest_L
                            ;(REST_L-NENNER_L=REST_L)
    movf NENNER_H, W
    btfss STATUS, C
    incfsz NENNER_H, W
    subwf REST_H, W         ;subtrahiere Nenner_H von Rest_H
                            ;(REST_H-NENNER_H=W-Reg)
    btfsc STATUS, C         ;prüfe, ob das Ergebnis positiv ist
    bsf DIV_COUNTER, 0      ;wenn ja, setzte gespeichertes Carry-Bit
                            ;in DIV_COUNTER
    btfsc DIV_COUNTER, 0    ;prüfe das gespeicherte Carry-Bit in
                            ;DIV_COUNTER
    goto div16_jump         ;wenn Carry=1 springe nach div16_jump
    movf NENNER_L, W        ;Subtraktion wieder rückgängig machen,
    addwf REST_L, F         ;wenn das Ergebnis negativ war und ein
    movf REST_H, W          ;Übertrag aufgetreten ist
div16_jump
    movwf REST_H            ;Speichere den Rest vom W-Reg. in REST_H
    bcf STATUS, C           ;Carry-Bit löschen und das gesicherte
                            ;Carry-Bit in Register DIV_COUNTER
    rrf DIV_COUNTER, F      ;wieder zurücksichern.
    decfsz DIV_COUNTER, F   ;DIV_COUNTER um 1 verringern
    goto div16_loop         ;wenn der Counter nicht Null ist, wird
```

```
                      ;die nächste Stelle berechnet
rlf ZAEHLER_L, F      ;gesamter Zähler noch einmal nach links schieben, damit
rlf ZAEHLER_M, F      ;das richtige Ergebnis im Zähler steht
rlf ZAEHLER_H, F
return                ;Rücksprung
```

Nach der Rückkehr in das Hauptprogramm kann der berechnete Wert den Registern *ZAEHLER_L*, *ZAEHLER_M* und *ZAEHLER_H* entnommen werden. Falls der Rest für spätere Berechnungen erforderlich ist, kann er aus den Registern *REST_L* und *REST_H* kopiert werden.

11.4 Anzeige der berechneten Leistung

Nachdem nun die Unterprogramme für die Multiplikation und die Division bekannt sind, kann man mit dem Darstellen der berechneten Werte beginnen. Spannung und Strom werden berechnet und angezeigt. Die Spannung wurde vor der Anzeige mit 100 multipliziert, damit zwei Nachkommastellen angezeigt werden können. Das Gleiche wird mit dem digitalisierten Wert für den Strom gemacht. Multipliziert man die beiden Werte miteinander, erhält man für die Leistung einen Wert, der 10.000-mal größer ist als die eigentliche Leistung. Dadurch kann man die Leistung mit vier Nachkommastellen darstellen. Für die Darstellung auf dem Display muss man die einzelnen Stellen ermitteln. Dies erreicht man über mehrfaches Dividieren durch 10. Nach jeder Division wird das Ergebnis in einem Register gespeichert. Der folgende Ausschnitt aus dem Hauptprogramm zeigt, wie die einzelnen Stellen berechnet werden können. Da das Programm relativ lang ist, werden an dieser Stelle nur Ausschnitte aus dem Programm *P-R-Messung* gezeigt. Das komplette funktionsfähige Programm findet man auf der beiliegenden CD-ROM.

```
movlw 0xC0                ;Zeichen 1 in der 2. Zeile
                          ;(=0xC0 + 0x00)
call SchreibeDispKommando ;übertrage das Kommando zum Setzen
                          ;der DDRAM-Adresse
movlw A'P'                ;das Zeichen „P" soll in der
                          ;2. Zeile an Pos. 1 stehen
call SchreibeDispDaten    ;übertrage das Zeichen
movlw A'='                ;lade das Zeichen „=" in das W-Reg.
call SchreibeDispDaten    ;automatische Adresserhöhung „="
                          ;= zweite Zeile 2. Stelle
call Mul16                ;Berechnung der Leistung.
                          ;Die beiden Multiplikatoren stehen
nop                       ;bereits in den Registern MUL_1_H/L
                          ;und MUL_2_H/L, da der Stromwert
movf MUL_E_3, W           ;und der Spannungswert zuvor
movwf ZAEHLER_H           ;jeweils mit 100 multipliziert
```

```
movf MUL_E_2, W                 ;wurden, hat die Leistung in den
movwf ZAEHLER_M                 ;Registern MUL_E_3 bis MUL_E_1 den
movf MUL_E_1, W                 ;10.000-fachen Wert. Um auf den
movwf ZAEHLER_L                 ;richtigen Wert zu kommen, wird der
                                ;Leistungswert mehrfach durch 10
                                ;dividiert. Dazu werden zuerst die
                                ;Zählerregister mit dem Ergebnis
                                ;der Multiplikation geladen.
clrf NENNER_H                   ;Bestimmung der einzelnen Stellen
movlw d'10'                     ;Das Ergebnis der Leistungs-
movwf NENNER_L                  ;berechnung wird durch 10 geteilt.
call Div16                      ;Ausführung der ersten Division,
movf REST_L, W                  ;um die niederwertigste Stelle zu
                                ;bestimmen. Der Rest der Division
movwf STELLE_6                  ;ist der Wert für die 4.
                                ;Nachkommastelle und wird in
                                ;Register STELLE_6 gespeichert
call Div16
movf REST_L, W
movwf STELLE_5                  ;Speichern der 3. Nachkommastelle
call Div16
movf REST_L, W
movwf STELLE_4                  ;Speichern der 2. Nachkommastelle
call Div16
movf REST_L, W
movwf STELLE_3                  ;Speichern der 1. Nachkommastelle
call Div16
movf REST_L, W
movwf STELLE_2                  ;Speichern der 1. Stelle vor
                                ;dem Komma (Einer)
call Div16
movf REST_L, W
movwf STELLE_1                  ;Speichern der 2. Stelle vor
                                ;dem Komma (Zehner)
```

Im Programmausschnitt wird zuerst auf dem Display das Formelzeichen für die Leistung (*P*=) dargestellt. Anschließend wird die Leistung durch den Aufruf *call MUL16* berechnet. Die Werte für den 100-fachen Strom und die 100-fache Spannung wurden direkt nach der Strom- oder Spannungsmessung in die entsprechenden Register für die Multiplikation geschrieben. Nach der Multiplikation steht der 10.000-fache Wert der Leistung in den Registern MUL_E_4 bis MUL_E_1. Das Register MUL_E_4 wird an dieser Stelle nicht benötigt, da der Wert für die Leistung maximal 250.000 sein kann. Die Spannung liegt zwischen 0 und 5 V (0 bis 500) und der Strom zwischen 0 und 5 A (0 bis 500). Die Multiplikation von 500 * 500 ergibt 250.000. Daher sind 18 Bit ausreichend, um den Wert darzustellen. Die drei Register mit dem Multiplikationsergebnis werden nun in die Register für die Division kopiert. In den Nenner wird der Wert „10" geladen. Jetzt sind alle Vorbereitungen getroffen und der Leistungswert kann schrittweise durch 10 dividiert werden. Nach jeder Division wird der Rest in das entsprechende Register für die jeweilige Stelle kopiert. Nach den sechs Divisionen steht der dezimale Wert in den Registern *STELLE_1* bis *STELLE_6*. Die Register *STELLE_1* und *STELLE_2* beinhalten die beiden Vorkommastellen und die Register *STELLE_3* bis *STELLE_6* geben die vier Nachkommastellen an.

Die einzelnen Stellen der Leistung sind nun bekannt und sollen auf dem Display dargestellt werden. Aus Platzgründen sollen auf dem Display nur drei signifikante Stellen angezeigt werden. Das heißt, dass unnötige Nullen, z. B. für die Darstellung von 00,0100 W, nicht angezeigt werden sollen. Um dies zu gewährleisten, wird bei den Stellen vor dem Komma geprüft, ob sie 0 sind. Ist dies der Fall, wird die Stelle nicht auf dem Display angezeigt und die Prüfung der nächsten Stelle beginnt. Da die Leistung mit zwei Stellen vor dem Komma und vier Stellen nach dem Komma berechnet wurde, wird nach der zweiten Prüfung in jedem Fall das Komma auf dem Display angezeigt. Hat die Leistung beispielsweise einen Wert von 23 mW, wird auf dem Display „.023 W“ angezeigt.

```
prüfe_Stelle1_P             ;Für die Anzeige auf dem Display
   movlw d‘3‘               ;sollen nur 3 Stellen verwendet
                            ;werden. Das Ergebnis wird nicht
                            ;gerundet!
   movwf STELLE_CNT         ;Zähler für die Anzahl der Stellen
                            ;laden.
   movlw 0xFF
   andwf STELLE_1, W        ;prüfen, ob die erste Stelle 0 ist
   btfsc STATUS, Z          ;führende Nullen sollen nicht
                            ;ausgegeben werden
   goto prüfe_Stelle2_P
schreibe_Stelle1_P          ;die erste Stelle war größer als 0
   movlw 0x30               ;Umwandlung der Zehnerstelle in ASCII
   addwf STELLE_1, W
   call SchreibeDispDaten   ;Ausgabe auf dem Display
   decfsz STELLE_CNT        ;es wurde eine Stelle ausgegeben
                            ;-> Zähler verringern
   goto schreibe_Stelle2_P  ;wenn der Zähler >0 ist wird die
                            ;nächste Stelle ausgegeben
   goto schreibe_Einheit_P  ;alle Stellen ausgegeben
                            ;-> Ausgabe der Einheit
prüfe_Stelle2_P
   movlw 0xFF
   andwf STELLE_2, W        ;prüfen, ob die zweite Stelle >0 ist
   btfsc STATUS, Z
   goto prüfe_Stelle3_P     ;ist die Stelle = 0 wird die dritte
                            ;Stelle geprüft
schreibe_Stelle2_P          ;2. Stelle ist >0 und wird ausgegeben
   movlw 0x30               ;Umwandlung der Zehnerstelle in ASCII
   addwf STELLE_2, W
   call SchreibeDispDaten
   movlw A‘.‘               ;Die Leistung wurde mit 4 Nachkomma-
   call SchreibeDispDaten   ;stellen berechnet, da der Strom und
   decfsz STELLE_CNT        ;die Spannung zuvor jeweils mit 100
   goto schreibe_Stelle3_P  ;multipliziert wurden. Daher muss an
```

```
   goto schreibe_Einheit_P  ;dieser Stelle der Dezimalpunkt
                            ;ausgegeben werden. Danach wird die
                            ;3. Stelle ausgegeben oder die
                            ;Einheit, falls der Zähler 0 ist.
prüfe_Stelle3_P             ;Wenn die Stelle 2 zuvor 0 war, gibt
   movlw A'.'               ;es keine Stelle vor dem Komma und
                            ;der Dezimalpunkt ist das erste
                            ;Zeichen.
   call SchreibeDispDaten   ;Ausgabe des Dezimalpunkts.
schreibe_Stelle3_P          ;ab der 3. Stelle werden alle Ziffern
                            ;ausgegeben
   movlw 0x30               ;Umwandlung der Zehnerstelle in ASCII
   addwf STELLE_3, W
   call SchreibeDispDaten
   decfsz STELLE_CNT        ;Wenn bereits 3 Ziffern ausgegeben
   goto schreibe_Stelle4_P  ;wurden, wird die Einheit ausgegeben,
   goto schreibe_Einheit_P  ;sonst wird die 4. Stelle ausgegeben.
schreibe_Stelle4_P          ;Ausgabe der 2. Nachkommastelle
   movlw 0x30               ;Umwandlung der Zehnerstelle in ASCII
   addwf STELLE_4, W
   call SchreibeDispDaten
   decfsz STELLE_CNT        ;Falls noch eine 3. Nachkommastelle
   goto schreibe_Stelle5_P  ;ausgegeben werden muss, wird die 5.
                            ;Stelle auf das Display geschrieben.
   goto schreibe_Einheit_P  ;Ausgabe der Einheit, wenn der Zähler
                            ;für die Stellen 0 ist.
schreibe_Stelle5_P          ;3. Nachkommastelle schreiben
   movlw 0x30               ;Umwandlung der Zehnerstelle in ASCII
   addwf STELLE_5, W        ;Es sollen nur maximal 3 signifikante
                            ;Stellen ausgegeben werden, daher ist
   call SchreibeDispDaten   ;die 5. Stelle die letzte Stelle. Die
                            ;6. Stelle muss nicht mehr
                            ;berücksichtigt werden.
schreibe_Einheit_P          ;Nach der letzten signifikanten
   movlw A'W'               ;Stelle wird die Einheit für die
   call SchreibeDispDaten   ;Leistung ausgegeben.
```

Um das Programm etwas zu vereinfachen, wird die letzte Stelle nur ausgegeben und nicht gerundet. Die sechste Stelle wird daher nicht mehr bei der Anzeige berücksichtigt und fällt weg. Nach der Ausgabe der drei signifikanten Stellen wird noch die Einheit *W* für die elektrische Leistung ausgegeben.

11.5 Anzeige des berechneten Widerstands

Nachdem die Leistung auf dem Display ausgegeben wurde, kann man mit der Aufbereitung der Ausgabe für den Widerstandswert beginnen. Wie schon bei der Leistungsmessung sind auch bei der Bestimmung des Widerstandes die Nachkommastellen von Interesse. Um den Widerstand mit drei Nachkommastellen zu bestimmen, wird der

Spannungswert mit dem Faktor 1.000 multipliziert. Um den 1.000-fachen Spannungswert zu speichern, benötigt man ein Register mit mindestens 19 Bit (500 x 1.000 = 500.000). Das zuvor vorgestellte Unterprogramm *Mul16* unterstützt allerdings nur die Multiplikation von zwei 16-Bit-Werten. Zum einen hat man die Möglichkeit, das Unterprogramm so zu erweitern, dass man eine Multiplikation mit einem größeren Register ermöglicht. Die andere Möglichkeit ist, sich ein neues Unterprogramm zu schreiben, das man auch flexibel für andere Anwendungen verwenden kann. Da eine Multiplikation eines Werts mit 10 häufig in Programmen benötigt wird, liegt es nahe, sich ein Unterprogramm für eine Multiplikation mit 10 zu schreiben. Wenn man eine Zahl mit einem bekannten Faktor (hier 10) multiplizieren muss, kann man das Unterprogramm sehr gut optimieren und sich dadurch viel Rechenleistung sparen. Die Multiplikation mit 10 kann z. B. in einfache Schiebe- und Additionsbefehle aufgeteilt werden (10 = 2 x 2 x 2 + 1 + 1). Das folgende Unterprogramm verschiebt daher die Eingangsregister dreimal nach links, was eine Multiplikation mit 8 bedeutet. Anschließend muss noch zweimal der Wert addiert werden, um eine Multiplikation mit 10 zu realisieren. Das Unterprogramm *Mul_x10* benötigt drei Register für den Multiplikanden (= 24 Bit) und drei Register für das Ergebnis.

```
Mul_x10
   movf MUL_X10_L, W         ;Eingangsdaten kopieren
   movwf MUL_X10_L_ERG       ;In den Registern MUL_X10_L/M/H_ERG
   movf MUL_X10_M, W         ;werden die Zwischenergebnisse
   movwf MUL_X10_M_ERG       ;gespeichert und bearbeitet.
   movf MUL_X10_H, W
   movwf MUL_X10_H_ERG
   movlw d'3'                ;Die Ergebnisregister sollen 3-mal
   movwf COUNTER             ;nach links geschoben werden, um eine
                             ;Multiplikation mit 8 zu erreichen.
mul_x2_loop
   bcf STATUS, C             ;Carry-Bit löschen, damit es nicht die
                             ;Multiplikation verfälscht
   rlf MUL_X10_L_ERG, F      ;Multiplikation mit 2
   rlf MUL_X10_M_ERG, F
   rlf MUL_X10_H_ERG, F
   decfsz COUNTER, F
   goto mul_x2_loop          ;es wurde noch nicht 3-mal mit 2
                             ;multipliziert
   movlw d'2'                ;Der Wert ist nun mit 8 multipliziert
   movwf COUNTER             ;und es muss noch 2-mal der Zahlenwert
                             ;addiert werden.
add_loop
   movf MUL_X10_L, W         ;Addition des unteren Bytes
   addwf MUL_X10_L_ERG, F
   btfsc STATUS, C           ;prüfen, ob ein Übertrag aufgetreten
                             ;ist
   incf MUL_X10_M_ERG, F     ;es ist ein Übertrag vorhanden
   movf MUL_X10_M, W         ;Addition des mittleren Bytes
   addwf MUL_X10_M_ERG, F
   btfsc STATUS, C           ;prüfen, ob ein Übertrag aufgetreten ist
```

```
                            ;ist
    incf MUL_X10_H_ERG, F   ;es ist ein Übertrag vorhanden
    movf MUL_X10_H, W       ;Addition des höchsten Bytes
    addwf MUL_X10_H_ERG, F
    decfsz COUNTER, F
    goto add_loop           ;Der Wert muss noch einmal addiert
                            ;werden
    movf MUL_X10_L_ERG, W   ;Ergebnis in das Eingangsregister
    movwf MUL_X10_L         ;kopieren, damit man leichter eine
    movf MUL_X10_M_ERG, W   ;mehrfache Multiplikation mit 10
    movwf MUL_X10_M         ;durchführen kann
    movf MUL_X10_H_ERG, W
    movwf MUL_X10_H
    return
```

Im Unterprogramm wird das Ergebnis wieder in das Eingangsregister kopiert, sodass man durch einen dreifachen Aufruf des Unterprogramms eine Multiplikation mit 1.000 realisieren kann.

Bevor man mit der Berechnung beginnen kann, muss man sich die Werte der zuvor bestimmten Spannung und des Stroms in die entsprechenden Register kopieren. Der Stromwert wird für die anschließende Division in die Register des Nenners kopiert, der Spannungswert in die Register für die Multiplikation mit 10.

```
    movf STROM_L, W         ;Der Wert des Stroms passt in ein
    movwf NENNER_L          ;16-Bit-Register und wird in die beiden
    movf STROM_H, W         ;Register für den Nenner kopiert.
    movwf NENNER_H
    movf SPG_L, W           ;Um auch kleine Widerstände
    movwf MUL_X10_L         ;(unter 1 Ohm) anzeigen zu können, muss
    movf SPG_H, W           ;der Spannungswert mit dem Faktor 1.000
    movwf MUL_X10_M         ;multipliziert werden. Auf diese Weise
    clrf MUL_X10_H          ;kann man 3 Nachkommastellen berechnen.
                            ;Dazu wird der Spannungswert in das
                            ;Multiplikationsregister MUL_X10_L bis
                            ;MUL_X10_H kopiert.
    nop
    call Mul_x10            ;Der Spannungswert wird 3 Mal mit 10
    call Mul_x10            ;multipliziert. (10 * 10 * 10 = 1.000)
    call Mul_x10            ;Der kleinste Widerstand ist
                            ;0.001 V / 5.00 A = 0.002 Ohm
    nop                     ;Der größte Widerstand ist
                            ;5.00 V / 0.01 A = 500 Ohm
    movf MUL_X10_L_ERG, W   ;Kopieren des 1.000-fachen Spannungs-
    movwf ZAEHLER_L         ;werts für die Division. Der
    movf MUL_X10_M_ERG, W   ;Spannungswert ist maximal 500.000 und
    movwf ZAEHLER_M         ;passt daher in das 24-Bit-Register für
    movf MUL_X10_H_ERG, W   ;die Division.
    movwf ZAEHLER_H
```

Nach der Berechnung der 1.000-fachen Spannung können die Register *MUL_X10_x_ERG* in die Register für den Zähler kopiert werden, um die anschließende Division auszuführen. Im Programm findet man immer wieder *nop*-Befehle. Diese sind nicht zwingend erforderlich, bieten aber die Möglichkeit, nach den Berechnungen einen Breakpoint zu setzen.

Die Vorbereitungen für die Widerstandsberechnung sind jetzt getroffen und der Widerstandswert kann durch den Aufruf des Unterprogramms *Div16* berechnet werden. Im Anschluss an die Berechnung werden die einzelnen Stellen, ähnlich wie bei der Berechnung der Leistung, mittels mehrfacher Division durch 10 ermittelt.

```
call Div16          ;Durch die Division der Zählerregister
   nop              ;(Spannung) mit den Nennerregistern (Strom)
                    ;erhält man den Widerstand.
   clrf NENNER_H    ;Das Ergebnis der Division steht in den
   movlw d'10'      ;Zählerregistern. Um die einzelnen Stellen
   movwf NENNER_L   ;des Widerstandwerts zu bestimmen, wird das
   call Div16       ;Ergebnis schrittweise durch 10 geteilt. Der
   movf REST_L, W   ;jeweilige Rest wird in das Register für die
                    ;entsprechende Stelle geschrieben.
   movwf STELLE_6   ;3. Nachkommastelle
   call Div16
   movf REST_L, W
   movwf STELLE_5   ;2. Nachkommastelle
   call Div16
   movf REST_L, W
   movwf STELLE_4   ;1. Nachkommastelle
   call Div16
   movf REST_L, W
   movwf STELLE_3   ;1. Stelle vor dem Komma (Einer)
   call Div16
   movf REST_L, W
   movwf STELLE_2   ;2. Stelle vor dem Komma (Zehner)
   call Div16
   movf REST_L, W
   movwf STELLE_1   ;3. Stelle vor dem Komma (Hunderter)
```

Nach diesem Programmabschnitt stehen in den Registern *STELLE_1* bis *STELLE_3* die Vorkommastellen und in den Registern *STELLE_4* bis *STELLE_6* die drei Nachkommastellen. Wie auch schon bei der Leistungsanzeige sollen nur drei signifikante Stellen auf dem Display dargestellt werden. Vor dem Widerstandswert soll das Formelzeichen *R=* für den Widerstand angezeigt werden. Dieses wird in die zweite Zeile an der zehnten Stelle geschrieben. Im Anschluss wird geprüft, ob im Widerstandswert führende Nullen vorhanden sind, die nicht auf dem Display angezeigt werden sollen. Dazu wird bei der höchstwertigen Stelle (*STELLE_1*) begonnen. Ist die geprüfte Stelle ungleich Null, wird sie auf dem Display angezeigt und der Zähler für das Zählen der signifikanten Stellen wird um eins verringert. Wurden alle drei signifikanten Stellen ausgegeben, hat der Zähler einen Wert von 0 und es wird mit der Ausgabe der Einheit (Ω) fortgefahren.

```
   movlw 0xC9                ;Zeichen 10 in der 2. Zeile
                             ;(=0xC0 + 0x09)
   call SchreibeDispKommando ;übertrage das Kommando zum Setzen
                             ;der DDRAM-Adresse
   movlw A'R'                ;Das Zeichen „R" soll in der
                             ;2. Zeile an Pos. 10 stehen
   call SchreibeDispDaten    ;übertrage das Zeichen
   movlw A'='                ;lade das Zeichen „=" in das W-Reg.
   call SchreibeDispDaten    ;automatische Adresserhöhung „="
                             ;= 2. Zeile 11. Stelle
prüfe_Stelle1
   movlw d'3'                ;es sollen 3 Stellen ausgegeben
                             ;werden
   movwf STELLE_CNT          ;Zähler für die Anzahl der
                             ;signifikanten Stellen.
   movlw 0xFF
   andwf STELLE_1, W         ;prüfen, ob die Hunderterstelle 0
                             ;ist.
   btfsc STATUS, Z           ;Wenn die Stelle 0 ist, wird die
   goto prüfe_Stelle2        ;führende Null nicht auf dem Display
                             ;ausgegeben.
schreibe_Stelle1
   movlw 0x30                ;Umwandlung der Hunderterstelle in
                             ;ASCII
   addwf STELLE_1, W
   call SchreibeDispDaten    ;Ausgabe auf dem Display
   decfsz STELLE_CNT         ;Stellenzähler verringern nach der
                             ;Ausgabe einer signifikanten Stelle.
   goto schreibe_Stelle2     ;Wenn der Zähler >0 ist, wird die
   goto schreibe_Einheit     ;2. Stelle ausgegeben.
prüfe_Stelle2                ;Falls die erste Stelle 0 war, wird
                             ;hier geprüft, ob auch die zweite
   movlw 0xFF                ;Stelle 0 ist.
   andwf STELLE_2, W
   btfsc STATUS, Z           ;Ist die zweite Stelle auch Null,
   goto prüfe_Stelle3        ;wird mit der Prüfung der dritten
                             ;Stelle fortgefahren.
schreibe_Stelle2
   movlw 0x30                ;Umwandlung der Zehnerstelle
   addwf STELLE_2, W
   call SchreibeDispDaten    ;Die zweite Stelle vor dem Komma
                             ;wird ausgegeben.
   decfsz STELLE_CNT         ;Wenn der Zähler noch größer als 0
   goto schreibe_Stelle3     ;ist, wird die Einerstelle
   goto schreibe_Einheit     ;geschrieben, ansonsten wird die
                             ;Einheit ausgegeben.
prüfe_Stelle3
   movlw 0xFF                ;Wenn alle vorherigen Stellen 0
   andwf STELLE_3, W         ;waren, wird hier geprüft, ob auch
                             ;die Einerstelle 0 ist.
   btfsc STATUS, Z           ;Ist diese auch Null ist der
   goto prüfe_Stelle4        ;Widerstand kleiner als 1 Ohm und es
                             ;wird an die nächste Stelle
                             ;gesprungen.
```

```
schreibe_Stelle3
   movlw 0x30                ;Umwandlung der Einerstelle in ASCII
   addwf STELLE_3, W
   call SchreibeDispDaten    ;Ausgabe der Einerstelle auf dem
                             ;Display.
   movlw A'.'                ;Nach der Einerstelle (3. Stelle)
   call SchreibeDispDaten    ;folgen nur noch Nachkommastellen,
   decfsz STELLE_CNT         ;daher wird an dieser Stelle auch
                             ;der Dezimalpunkt ausgegeben.
   goto schreibe_Stelle4     ;Wenn schon 3 signifikante Stellen
   goto schreibe_Einheit     ;ausgegeben wurden, wird
                             ;anschließend die Einheit auf dem
                             ;Display dargestellt.
prüfe_Stelle4                ;Wenn alle Stellen vor dem Komma 0
   movlw A'.'                ;waren, gibt es nur noch
   call SchreibeDispDaten    ;Nachkommastellen und der
                             ;Dezimalpunkt wird ausgegeben.
schreibe_Stelle4             ;Ab der 4. Stelle müssen alle
   movlw 0x30                ;Ziffern ausgegeben werden, daher
   addwf STELLE_4, W         ;entfällt die Prüfung, ob die
                             ;Stelle 0 ist.
   call SchreibeDispDaten    ;Ausgabe der ersten Nachkommastelle
   decfsz STELLE_CNT         ;Prüfen, ob noch weitere Stellen
   goto schreibe_Stelle5     ;ausgegeben werden müssen oder ob
   goto schreibe_Einheit     ;die Einheit angefügt werden kann.
schreibe_Stelle5
   movlw 0x30                ;Umwandlung der 2. Nachkommastelle
                             ;in ASCII
   addwf STELLE_5, W
   call SchreibeDispDaten    ;Ausgabe der 2. Nachkommastelle
   decfsz STELLE_CNT         ;Der Zähler für die Stellen wird
   goto schreibe_Stelle6     ;verringert und so geprüft, ob noch
   goto schreibe_Einheit     ;eine Ziffer ausgegeben werden muss.
schreibe_Stelle6
   movlw 0x30                ;Umwandlung der 3. Nachkommastelle
                             ;in ASCII
   addwf STELLE_6, W
   call SchreibeDispDaten    ;Ausgabe der letzten Nachkommastelle
                             ;Diese steht für mOhm.
schreibe_Einheit
   movlw 0xCF                ;Das Zeichen für die Einheit wird
   call SchreibeDispKommando ;nach der letzten Ziffer ausgegeben
                             ;und steht in der 2. Zeile an
                             ;Position 16.
   movlw 0x1E                ;Ohmzeichen
   call SchreibeDispDaten
```

Der Dezimalpunkt muss nach der Einerstelle ausgegeben werden. Waren alle Vorkommastellen Nullen, ist der Dezimalpunkt das erste Zeichen, das dargestellt wird. Nach dem Dezimalpunkt können alle Ziffern ohne weitere Prüfung ausgegeben werden.

Die Ausgabe des Widerstandswerts ist nun ebenfalls beendet und das Hauptprogramm kann von vorn beginnen.

12 Datenübertragung über die serielle Schnittstelle (RS-232)

In den vorherigen Beispielen wurde der Mikrocontroller immer als eigenständiges Bauteil betrieben, das dem Benutzer Informationen nur über ein Display oder Leuchtdioden mitteilt. Häufig möchte man den Mikrocontroller aber auch mit einem PC verbinden und Daten austauschen. Dies kann z. B. der Fall sein, wenn der Mikrocontroller Messdaten sammelt und diese dann zu einem PC übertragen werden sollen, um sie dort mit der höheren Rechenleistung bearbeiten zu können. Aufgrund der deutlich höheren Rechenleistung des Computers kann man die gewonnenen Messdaten einfach in Graphen auf dem Monitor darstellen. Ein anderes Beispiel, bei dem der PC Daten zum Mikrocontroller übertragen muss, ist die Steuerung einer externen Hardware. Man programmiert auf dem PC eine grafische Benutzeroberfläche, mit der man das externe Gerät steuern will, und verbindet die Hardware mit dem PC über die serielle Schnittstelle. Jetzt hat man die Möglichkeit, z. B. eine Temperaturregelung über den PC fernzusteuern. Dem Mikrocontroller wird nur noch mitgeteilt, wie die gewünschte Temperatur sein soll. Er übernimmt dann selbstständig die Regelung.

Es gibt verschiedene serielle Schnittstellen. Sie unterscheiden sich darin, wie sie die Daten übertragen. Die bekanntesten Schnittstellen, die standardmäßig am PC vorhanden sind, sind die USB- und die RS-232-Schnittstelle. Die USB-Schnittstelle ist mittlerweile kaum noch wegzudenken, da man hier hohe Übertragungsraten erzielen kann. Die RS-232-Schnittstelle findet man meist nur noch bei Desktop-PCs und sehr wenigen Laptops. Leider ist die USB-Schnittstelle relativ komplex in der Ansteuerung und daher für viele kleine Mikrocontroller, wie auch den PIC16F876A, zu aufwendig. Das Protokoll und die Ansteuerung der RS-232-Schnittstelle sind sehr einfach und unkompliziert und können so auch mit einem Mikrocontroller leicht realisiert werden. Meist reicht die geringe Übertragungsgeschwindigkeit der RS-232-Schnittstelle vollkommen aus, da nur wenige Daten übertragen werden sollen. Typische Geschwindigkeiten der RS-232-Schnittstelle liegen zwischen ca. 10 und 100 kBaud. Es geht auch noch ein wenig schneller, jedoch ist dann bei manchen PCs eine zusätzliche Einsteckkarte erforderlich. Will man eine Kommunikation zwischen einem Mikrocontroller und einem Laptop herstellen, der über keine RS-232-Schnittstelle verfügt, hat man die Möglichkeit, einen Adapter an einen USB-Port anzuschließen. Die Elektronik in diesem Adapter stellt dann dem Rechner einen sogenannten *virtuellen COM-Port* zur Verfügung und regelt die Kommunikation über die serielle RS-232-Schnittstelle. Für den Benutzer sieht dann alles so aus, als würde der PC über eine RS-232-Schnittstelle verfügen.

12.1 Die serielle Schnittstelle RS-232

Bevor man mit der Programmierung der seriellen Schnittstelle beginnt, sollte man noch etwas über die Art der Datenübertragung wissen, damit man die Hardware entsprechend anpassen kann. Die RS-232 überträgt die Daten seriell, das heißt, es wird ein Bit nach dem anderen über eine Leitung gesendet. Im Folgenden wird nur die einfachste Art der Kommunikation beschrieben und nicht auf alle Besonderheiten der RS-232 eingegangen. Für die einfachste Übertragung zwischen PC und Mikrocontroller werden nur drei Leitungen benötigt: eine für das Senden, eine für das Empfangen und eine Masseleitung. Sollen die Daten nur in eine Richtung übertragen werden, sind auch nur zwei Leitungen ausreichend.

12.1.1 Anschluss der seriellen Schnittstelle

Leider überträgt die RS-232-Schnittstelle die Daten nicht als TTL-Pegel, sondern mit einer höheren Spannung. Für die Übertragung der einzelnen Bits werden positive und negative Spannungen verwendet. Ein Pegel zwischen +3 V und +15 V wird als Low-Pegel interpretiert und Spannungen zwischen –3 V und –15 V werden als High-Pegel erkannt. In der Regel werden für die Übertragung Spannungen von +12 V und –12 V verwendet. Diese können vom Mikrocontroller nicht direkt ausgegeben werden, da die Ausgänge nur Spannungen zwischen 0 V und 5 V liefern. Daher ist noch ein zusätzlicher Konverter nötig, der die Spannungen auf die richtigen Pegel bringt. Ein typischer Baustein ist z. B. der *MAX232A* von Maxim. Dieser Schnittstellenkonverter setzt die TTL-Pegel über einen internen Spannungswandler auf die entsprechenden Pegel für die RS-232-Schnittstelle um. Es gibt diese Bausteine von vielen Herstellern mit unterschiedlich vielen Kanälen und Versorgungsspannungen.

Am PC findet man in aller Regel einen neunpoligen Sub-D-Stecker, an den das serielle Datenkabel angeschlossen werden kann. Auf der Seite der anzuschließenden Hardware befindet sich dann als entsprechendes Gegenstück eine neunpolige Sub-D-Buchse. Wie die serielle Schnittstelle des PC mit dem Mikrocontroller verbunden wird, kann man *Abb. 12.1* entnehmen.

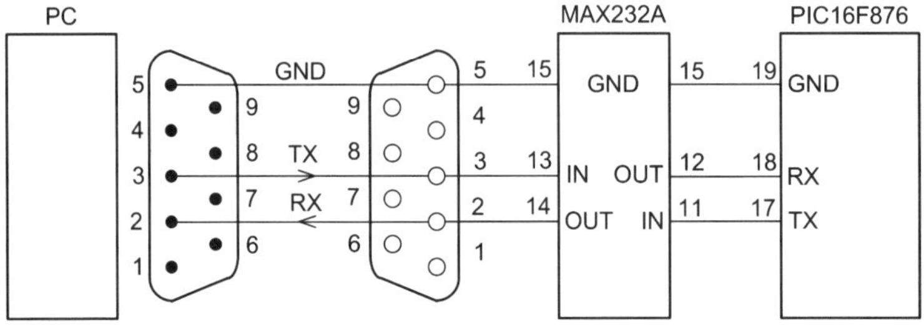

Abb. 12.1: Anschluss der seriellen Schnittstelle

Bei vielen Entwicklungen wird diese Variante der Ansteuerung gewählt, da sich die Hardware schnell aufbauen lässt und die entsprechende Software einfach zu programmieren ist.

12.1.2 Protokoll der RS-232-Schnittstelle

Damit die Daten über die Leitung gesendet werden können, müssen sie noch in einen Rahmen gepackt werden, damit man den Anfang und das Ende eines Worts erkennen kann. Es gibt viele verschiedene Arten der Übertragungsprotokolle. Allen gemeinsam ist jedoch, dass die Übertragung mit einem Startbit beginnt und mit einem Stoppbit beendet wird. Das verwendete Format und die Geschwindigkeit müssen im Sender und im Empfänger exakt gleich eingestellt sein, da sonst eine sichere Übertragung nicht funktionieren kann. Bei Übertragungsproblemen sollte man daher zuerst die Einstellungen überprüfen.

Das einfachste Verfahren überträgt 1 Startbit, 8 Datenbits und 1 Stoppbit. Wünscht man eine etwas sicherere Übertragung, kann noch ein Parity-Bit eingeschaltet und nach dem Datenwort übertragen werden. Bei dem Parity-Bit handelt es sich um einen Fehlerschutz, der einzelne Bitfehler bei der Übertragung erkennen soll. Wurde bei der Übertragung ein Bit gestört und daher nicht richtig erkannt, kann dieser Fehler gefunden werden. Werden zwei oder mehr Bits verfälscht, ist es nicht mehr sichergestellt, dass man den Fehler erkennt. Bei dem Parity-Bit kann man zwischen gerader und ungerader Parität wählen. Bei gerader Parität (Even-Parity) wird das Parity-Bit auf 0 gesetzt, wenn die Summe der Einsen im Datenwort gerade ist, und auf 1, wenn die Summe ungerade ist. Bei ungerader Parität ist es genau umgekehrt. In Tabelle 12.1 ist eine Übersicht der möglichen Zustände zusammengefasst.

Tabelle 12.1: Parity-Bit

Summe der Einsen im Datenwort	Even-Parity (gerade Parität)	Odd-Parity (ungerade Parität)
gerade	0	1
ungerade	1	0

In vielen Fällen wird auf das Senden des Parity-Bits verzichtet, da es sich um einen zusätzlichen Aufwand handelt, das Bit zu prüfen oder entsprechend zu setzen.

Nachdem man sich für ein Datenformat entschieden hat, muss man noch die Geschwindigkeit festlegen, mit der die Daten übertragen werden sollen. Da es keine gemeinsame Taktleitung gibt, muss man vor der Übertragung dem Sender und dem Empfänger mitteilen, mit welcher Geschwindigkeit die Daten übertragen werden. Daher wird diese Übertragung auch als *asynchron* bezeichnet. Die Takt- oder Schrittgeschwindigkeit wird in Baud angegeben. Man darf diese Geschwindigkeit nicht mit der

Datenrate verwechseln, da es sich dabei um die Menge der Nutzdaten handelt. Bei einer Schrittgeschwindigkeit von 19.200 Baud oder 19,2 kBaud ändert sich der Signalpegel 19.200-mal pro Sekunde. Da für die Übertragung von einem Byte noch jeweils ein Start- und ein Stoppbit benötigt werden, ist die Datenrate maximal 8/10 der Schrittgeschwindigkeit. Daraus folgt, dass bei diesem Beispiel maximal 15.360 Bit pro Sekunde = 1.920 Byte pro Sekunde übertragen werden können. Da es sich bei dieser Übertragung um eine asynchrone Übertragung handelt, kann das Startbit zu jeder beliebigen Zeit gesendet werden. Der Empfänger muss sich dann während des Startbits synchronisieren und für die Dauer des Datenworts mit der gleichen Geschwindigkeit die Daten einlesen, wie sie vom Sender gesendet werden. Den Verlauf einer Übertragung ohne Parity-Bit kann man in *Abb. 12.2* sehen. Hier wird der Buchstabe „M" im ASCII-Code übertragen („M" = 0x4D).

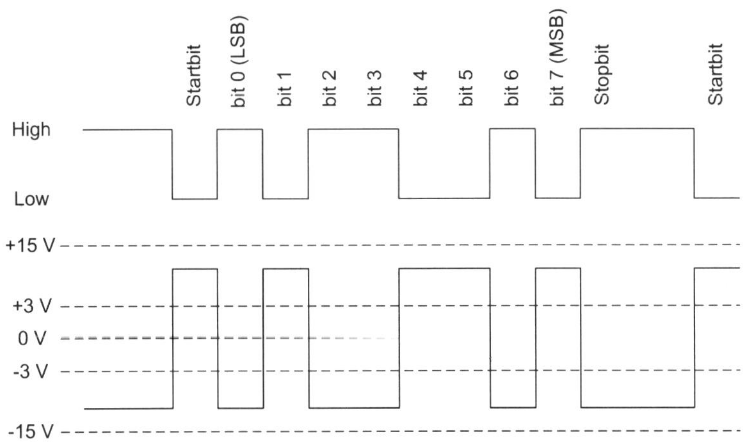

Abb. 12.2: Übertragung des Buchstabens M

Wie man bei der dargestellten Übertragung in *Abb. 12.2* sehen kann, liegt im Ruhezustand, wenn keine Daten übertragen werden, immer ein negativer Pegel an. Die Übertragung beginnt mit dem Startbit, das den negativen Pegel (logisch high) auf den positiven Pegel (logisch low) umschaltet. Danach werden die acht Datenbits gesendet. Möchte man für die Übertragung ein Parity-Bit verwenden, wird dieses hinter dem MSB (bit 7) eingefügt. Am Ende der Daten wird das Stoppbit gesendet, das den Pegel wieder in den Ruhezustand zurücksetzt. Danach kann mit der Übertragung des nächsten Worts begonnen werden, welches auch wieder mit dem Startbit beginnt.

12.2 Software zur Datenübertragung

Um Daten zum Mikrocontroller zu übertragen oder von diesem zu empfangen, ist eine spezielle Software auf dem PC erforderlich, die die Daten anzeigen kann. Im einfachsten Fall ist dies ein Terminalprogramm und in der Regel bereits bei dem Betriebssystem vorhanden. Im Fall von Windows ist es das Programm *HyperTerminal*, das man über das Startmenü unter *Zubehör/Kommunikation* findet. Man findet im Internet jede Menge ähnlicher Programme zum freien Download.

Nach dem Starten des Programms muss man einige Einstellungen für die neue Verbindung angeben. Alle vorgenommenen Einstellungen kann man zu einem späteren Zeitpunkt im entsprechenden Menü auch wieder ändern. Bei den Einstellungen wird man nach dem COM-Port und dem Format der Übertragung gefragt. Um das spätere Beispiel auszuprobieren, müssen folgende Einstellungen vorgenommen werden:

COM-Port:	abhängig vom verwendeten PC, meistens jedoch COM1
Bits pro Sekunde:	19.200
Datenbits:	8
Parität:	keine
Stoppbits:	1
Flusssteuerung:	keine

Danach sollte die Verbindung bereits hergestellt sein und das Senden und Empfangen von Daten funktionieren. Im Fenster des Terminalprogramms werden nur die empfangenen Zeichen dargestellt. Drückt man eine Taste, wird das Zeichen nicht auf dem Bildschirm dargestellt, wie man es von einem Editor gewohnt ist. Es wird aber bei einer bestehenden Verbindung über die serielle Schnittstelle übertragen. Um trotzdem ein Zeichen zu sehen, kann man sich mit einem kleinen Trick helfen: Man nimmt eine Sub-D-Buchse und verbindet Pin 2 (RX) mit Pin 3 (TX). Auf diese Weise wird das gesendete Zeichen vom Terminalprogramm sofort wieder empfangen und auf dem Bildschirm dargestellt. Dies ist auch eine einfache Möglichkeit, die serielle Schnittstelle zu testen. Macht man diesen Kurzschluss an der Stelle, an der normalerweise der Mikrocontroller sitzen würde, kann man sicherstellen, dass die Daten fehlerfrei bis zu dieser Stelle übertragen werden. Wenn danach die Übertragung nicht wie erwartet funktioniert, liegt es mit sehr hoher Wahrscheinlichkeit an der Software im Mikrocontroller.

12.3 Verwendung der USART-Schnittstelle

Der PIC16F876A verfügt über ein Modul, das die Datenübertragung über die serielle Schnittstelle stark vereinfacht. Hierbei handelt es sich um das *USART*-Modul. *USART* steht dabei für *Universal Synchronous Asynchronous Receiver Transmitter* und bedeutet, dass man sowohl eine synchrone als auch asynchrone Datenübertragung in beide Richtungen realisieren kann. Um eine Kommunikation aufzubauen, stehen fünf spezielle Register zur Verfügung. Es handelt sich hier um die Register *TXSTA* und *RCSTA*, in denen die Art der Übertragung eingestellt wird und über die der Status der Kommunikation abgefragt werden kann. Im Register *SPBRG* wird die Einstellung der Baudrate vorgenommen und in den Registern *TXREG* und *RCREG* werden die zu sendenden oder empfangenen Daten gespeichert.

12.3.1 Einstellen der Baudrate

Um die Geschwindigkeit, mit der die Daten übertragen werden sollen, einzustellen, wird von dem PIC16F876A ein Baud-Rate-Generator zur Verfügung gestellt. Dieser Taktgenerator sorgt dafür, dass die Daten mit der gleichen Geschwindigkeit übertragen werden, die auch an dem Zielrechner eingestellt ist. Um die Baudrate einzustellen, muss man den entsprechenden Wert in das Register *SPBRG* schreiben. Diesen Wert kann man der Tabelle in der Spezifikation entnehmen oder sich den besten Wert berechnen. Da der Versorgungstakt des Mikrocontrollers in der Regel kein ganzzahliges Vielfaches der gewünschten Baudrate ist, entsteht ein kleiner Fehler. Dies sollte man bei der Einstellung berücksichtigen. Bei niedrigen Baudraten ist dieser Fehler weniger kritisch als bei höheren. Man sollte daher immer versuchen, eine Einstellung zu finden, in der der Fehler möglichst klein ist. In den vorgestellten Beispielen wird der PIC mit 4 MHz getaktet und soll die Daten mit 19,2 kBaud übertragen. Bei der Einstellung der Geschwindigkeit muss man noch beachten, dass man das Bit *BRGH* im Register *TXSTA* richtig setzt. Für niedrige Übertragungsraten sollte man dieses Bit auf 0 setzen und für hohe Übertragungsraten auf 1. Bei manchen niedrigen Übertragungsraten kann es auch passieren, dass man mit BRGH = 1 einen geringeren Fehler erhält. Daher muss man die Einstellung von Fall zu Fall genau prüfen. In den folgenden Beispielen wurde *BRGH* auf 1 gesetzt. Mit dieser Einstellung ergibt sich laut Tabelle in der Spezifikation ein Wert von 12, der in das Register *SPBRG* geschrieben werden muss. Möchte man eine vom Standard abweichende Baudrate einstellen oder einen Prozessortakt verwenden, der nicht in der Tabelle angegeben ist, kann man für die Berechnung die folgende Formel verwenden:

Für BRGH = 1 (High Speed):

$$\text{Baudrate} = \frac{F_{OSZ}}{16 \cdot (SPBRG + 1)} \qquad SPBRG = \frac{F_{OSZ}}{\text{Baudrate} \cdot 16} - 1$$

Formel 12.1

Für BRGH = 0 (Low Speed):

$$\text{Baudrate} = \frac{F_{OSZ}}{64 \cdot (SPBRG + 1)} \qquad SPBRG = \frac{F_{OSZ}}{\text{Baudrate} \cdot 64} - 1$$

Formel 12.2

12.3.2 Einstellung der Register TXSTA und RCSTA

Für die Übertragung über die serielle Schnittstelle wird die asynchrone Übertragung benötigt und die Bits für den Betrieb im synchronen Mode müssen daher nicht beachtet werden. Die Anordnung der einzelnen Bits in den Registern *TXSTA* und *RCSTA* sind in *Abb. 12.3* zu sehen.

CSRC	TX9	TXEN	SYNC	-	BRGH	TRMT	TX9D	TXSTA
bit 7							bit 0	

SPEN	RX9	SREN	CREN	ADDEN	FERR	OERR	RX9D	RCSTA
bit 7							bit 0	

Abb. 12.3: Register TXSTA und RCSTA

Damit man die serielle Schnittstelle überhaupt benutzen kann, muss man die serielle Übertragung über das Bit *SPEN* freischalten. Wird dieses Bit auf 1 gesetzt, werden die Portpins *RC6* und *RC7* dem *USART*-Modul zugeordnet.

Die Bits *CSRC* und *SREN* haben im asynchronen Modus keine Bedeutung und können mit einem beliebigen Wert beschrieben werden. Um den asynchronen Modus zu aktivieren, setzt man das Bit *SYNC* auf 0. Mit dem Bit *TX9* oder *RX9* wird eingestellt, ob es sich um eine 8-Bit- oder eine 9-Bit-Übertragung handelt. Das neunte Bit kann z. B. das Parity-Bit sein. Dieses muss aber vom Programmierer berechnet werden, da es nicht automatisch von der Hardware im Mikrocontroller erledigt wird. Da es sich nur um einen 8-Bit-Mikrocontroller handelt, fehlt das neunte Bit in den Registern. Dazu existieren die Bits *TX9D* und *RX9D*. Um über die serielle Schnittstelle Daten zu senden, muss man das Bit *TXEN* auf 1 setzen und so das Senden freischalten. Die Daten werden aber noch nicht sofort übertragen, wenn dieses Bit gesetzt wird. Eine Ausgabe der Daten erfolgt erst, wenn das Datenregister *TXREG* mit einem neuen Wert beschrieben wird. Um zu prüfen, ob das Datenregister voll oder leer ist, muss man das Bit *TRMT* abfragen. Ist das Bit auf 1 gesetzt, ist das Register leer und kann mit neuen Daten beschrieben werden. Bei einer 0 werden gerade Daten über die serielle Schnittstelle ausgegeben und man muss mit dem Beschreiben von neuen Daten noch warten.

Um kontinuierlich Daten zu empfangen, wird das Bit *CREN* auf 1 gesetzt. Bei der Übertragung werden die Daten seriell in ein internes Register gelesen und nach erfolgreichem Empfang in das Register *RCREG* kopiert. Wenn das Stoppbit empfangen wurde, wird ein Interrupt ausgelöst und man kann die Daten aus dem *RCREG* abholen. Werden die Daten nicht abgeholt und bereits neue Daten übertragen, kann es zu einem Überlauf kommen. Wenn das geschieht, wird das Bit *OERR* (Overrun Error) gesetzt. Ist dies aufgetreten, muss man zuerst dieses Bit löschen, bevor man neue Daten empfangen kann. Um das Bit zu löschen, löscht man das Bit *CREN* und setzt es anschließend wieder. Danach kann man wieder Daten empfangen und aus dem *RCREG* abholen. Wird das Stoppbit nicht richtig erkannt, wird das FERR-Bit (Frame Error) gesetzt. Das Bit *ADDEN* ermöglicht es, 9-Bit-Adressen zu empfangen und auszuwerten. Wird dies nicht benötigt, kann das neunte Bit als Parity-Bit verwendet werden. Für eine Übertragung über die RS-232-Schnittstelle wird dieses Bit auf 0 gesetzt.

12.4 Beispielprogramm: PC-Steuerung

Die Übertragung der Daten über die serielle RS-232-Schnittstelle kann mit dem vorgestellten Entwicklungs-Board und dem folgenden Beispielprogramm ausprobiert werden. Den kompletten Quellcode kann man sich auf der beiliegenden CD-ROM ansehen und bei Bedarf ändern. Das Beispiel zeigt, wie man mithilfe eines Terminalprogramms (z. B. HyperTerminal) die LEDs auf dem Entwicklungs-Board einzeln schalten kann. Nach dem Betätigen eines Tasters wird je nach Taster ein anderer Text an den PC gesendet, um so die einzelnen Tastendrücke voneinander zu unterscheiden.

Bevor man Daten über die serielle Schnittstelle übertragen kann, muss diese entsprechend initialisiert werden.

```
init_serial
   _BANK_1
   movlw D'12'          ;setze Baudrate auf 19,2k (19.231 BAUD)
   movwf SPBRG
   movlw B'00000100'    ;setze 8-bit-Mode, High-Speed
   movwf TXSTA
   _BANK_0
   movlw B'10010000'    ;starte Empfang
   movwf RCSTA
```

Nach der Initialisierung beginnt die Hauptschleife, in der zyklisch abgefragt wird, ob serielle Daten vorliegen oder ob ein Taster gedrückt wurde.

```
main                 ;Beginn der Hauptschleife
   btfsc PIR1, RCIF  ;prüft, ob serielle Daten vorliegen
   goto lese_RCREG   ;springe zum Auslesen des Empfangsregisters
   btfss TASTER_1    ;prüft, ob Taster 1 gedrückt wurde
   goto taster1
   btfss TASTER_2    ;prüft, ob Taster 2 gedrückt wurde
   goto taster2
   btfss TASTER_3    ;prüft, ob Taster 3 gedrückt wurde
   goto taster3
   btfss TASTER_4    ;prüft, ob Taster 4 gedrückt wurde
   goto taster4
   goto main         ;Taster und serielle Schnittstelle erneut
                     ;abfragen
```

Wenn serielle Daten vorliegen und das Interrupt-Bit gesetzt ist, springt das Hauptprogramm zu der Sprungmarke *lese_RCREG*, holt die Daten ab und führt die entsprechende Aktion aus. Wurde auf der PC-Tastatur die Ziffer 1 gedrückt, soll die LED 1 angeschaltet werden. Bei den Ziffern 2, 3 oder 4 werden dementsprechend die LEDs 2, 3 oder 4 angeschaltet.

```
lese_RCREG
   movf RCREG, W      ;Daten aus dem Empfangsregister in das
                      ;W-Register holen
   movwf DATEN        ;Daten im Register DATEN zwischenspeichern
   movf DATEN, W      ;Daten in das W-Register holen
   xorlw A'1'         ;Daten mit „1“ vergleichen
   btfsc STATUS, Z    ;wenn eine 1 übertragen wurde,
   goto led1          ;springe zu led1
   movf DATEN, W      ;Daten in das W-Register holen
   xorlw A'2'         ;Daten mit „2“ vergleichen
   btfsc STATUS, Z    ;wenn eine 2 übertragen wurde,
   goto led2          ;springe zu led2
   movf DATEN, W      ;Daten in das W-Register holen
   xorlw A'3'         ;Daten mit „3“ vergleichen
   btfsc STATUS, Z    ;wenn eine 3 übertragen wurde,
   goto led3          ;springe zu led3
   movf DATEN, W      ;Daten in das W-Register holen
   xorlw A'4'         ;Daten mit „4“ vergleichen
   btfsc STATUS, Z    ;wenn eine 4 übertragen wurde,
   goto led4          ;springe zu led4
   goto main
```

Wurde eine andere Ziffer oder ein Buchstabe gedrückt, springt das Programm wieder zurück und führt keine Aktion aus.

```
led1                ;schaltet LED1 um
   btfsc LED_1      ;prüft, ob die LED an oder aus ist
   goto led1_aus
   bsf LED_1        ;wenn die LED aus ist, wird sie angeschaltet
   goto main
led1_aus
   bcf LED_1        ;wenn die LED an ist, wird sie ausgeschaltet
   goto main
led2                ;schaltet LED2 um
   btfsc LED_2      ;prüft, ob die LED an oder aus ist
   goto led2_aus
   bsf LED_2        ;wenn die LED aus ist, wird sie angeschaltet
   goto main
led2_aus
   bcf LED_2        ;wenn die LED an ist, wird sie ausgeschaltet
   goto main
led3                ;schaltet LED3 um
   btfsc LED_3      ;prüft, ob die LED an oder aus ist
   goto led3_aus
   bsf LED_3        ;wenn die LED aus ist, wird sie angeschaltet
   goto main
led3_aus
   bcf LED_3        ;wenn die LED an ist, wird sie ausgeschaltet
   goto main
led4                ;schaltet LED4 um
   btfsc LED_4      ;prüft, ob die LED an oder aus ist
```

```
    goto led4_aus
    bsf LED_4        ;wenn die LED aus ist, wird sie angeschaltet
    goto main
led4_aus
    bcf LED_4        ;wenn die LED an ist, wird sie ausgeschaltet
    goto main
```

Nach dem Schalten der LED wird wieder in die Hauptschleife gesprungen und die Zustände werden erneut geprüft. Wird nun ein Taster auf dem Entwicklungs-Board betätigt, springt das Hauptprogramm je nach gedrücktem Taster an die Sprungmarke *taster1*, *taster2*, *taster3* oder *taster4*. Wurde ein Taster gedrückt, soll der Text „S1" für Taster 1, „S2" für Taster 2, „S3" für Taster 3 und „S4" für Taster 4 auf den PC übertragen werden. Da das Senden eines Zeichen relativ häufig vorkommt, ist es sinnvoll, ein Unterprogramm für das Senden eines Zeichens über die serielle Schnittstelle zu entwerfen.

Das Unterprogramm *SendeZeichen* schaltet die Übertragung frei und kopiert das zu sendende Zeichen aus dem W-Register in das Senderegister *TXREG*. Nach dem Kopieren der Daten in dieses Register beginnt die Übertragung und das Unterprogramm wartet so lange, bis das komplette Zeichen übertragen wurde.

```
SendeZeichen
    _BANK_1
    bsf TXSTA, TXEN      ;freischalten für die Übertragung
    _BANK_0
    movwf TXREG
    _BANK_1
    btfss TXSTA, TRMT
    goto $-1             ;warten, bis die Daten gesendet wurden
    _BANK_0
    return
```

Damit die Zeichen geordnet auf dem Bildschirm dargestellt werden, sollten nach den eigentlichen Zeichen noch Steuerzeichen gesendet werden. Um zu demonstrieren, welche Auswirkung die Steuerzeichen haben, wurden je nach Taster unterschiedliche Steuerzeichen verwendet. Wird Taster 4 gedrückt, wird zusätzlich noch ein Signalton über den PC ausgegeben. Die wichtigsten Steuerzeichen sind:

- *n* = LF = Linefeed (schreibt die folgenden Zeichen in einer neuen Zeile, allerdings nicht am Zeilenanfang, sondern an der Stelle, an der das letzte Zeichen dargestellt wurde)
- *r* = CR = Carrige Return (schreibt die folgenden Zeichen am Anfang der aktuellen Zeile)

Um die Zeichen am Anfang einer neuen Zeile darzustellen, müssen beide Steuerzeichen hintereinander gesendet werden. Dadurch erhält man die gleiche Funktionalität wie bei der *Return*-Taste.

Ein weiterer wichtiger Punkt ist das Entprellen der Taster. Nach dem Drücken des Tasters werden die Kontakte im Inneren zusammengeführt. Bis die Kontakte stabil aufeinanderliegen, werden häufig mehrere Impulse abgegeben, die das Programm als mehrfachen Tastendruck interpretiert. Daher muss man den Taster entweder durch eine externe elektronische Schaltung entprellen oder man baut in das Programm eine kleine Zeitschleife ein. Die Zeitschleife sorgt dafür, dass erst dann weitergearbeitet wird, wenn die Kontakte einen stabilen Zustand erreicht haben. Die Dauer der Warteschleife richtet sich nach dem verwendeten Taster. In der Regel sind hier wenige Millisekunden ausreichend.

```
taster1                       ;Taster 1 wurde gedrückt
   movlw A'S'                 ;es werden die Zeichen „S1" mit
   call SendeZeichen          ;Return gesendet
   movlw A'1'
   call SendeZeichen
   movlw A'\n'                ;steht für LF = Linefeed = neue Zeile
   call SendeZeichen
   movlw A'\r'                ;steht für CR = Carrige Return
   call SendeZeichen          ;= setzte Cursor auf Zeilenanfang
   btfss TASTER_1             ;wartet, bis Taster 1 losgelassen
   goto $-1                   ;wurde, da sonst Zeichen gesendet
                              ;werden, so lange der Taster gedrückt
                              ;ist
   _DELAY_TMR1_US d'20000'    ;wartet 20 ms zum Entprellen des
   goto main                  ;Tasters
taster2                       ;Taster 2 wurde gedrückt
   movlw A'S'                 ;es werden die Zeichen „S2" mit
   call SendeZeichen          ;Leerzeichen ohne Return gesendet
   movlw A'2'
   call SendeZeichen
   movlw A' ,                 ;sende ein Leerzeichen
   call SendeZeichen
   btfss TASTER_2             ;wartet, bis Taster 2 losgelassen
   goto $-1                   ;wurde
   _DELAY_TMR1_US d'20000'    ;wartet 20 ms zum Entprellen des
   goto main                  ;Tasters
taster3                       ;Taster 3 wurde gedrückt
   movlw A'S'                 ;es werden die Zeichen „S3" mit
   call SendeZeichen          ;Return gesendet
   movlw A'3'
   call SendeZeichen
   movlw 0x0A                 ;steht für LF = Linefeed = neue Zeile
   call SendeZeichen
   movlw 0x0D                 ;steht für CR = Carrige Return
   call SendeZeichen          ;= setze Cursor auf Zeilenanfang
   btfss TASTER_3             ;wartet, bis Taster 3 losgelassen
   goto $-1                   ;wurde, da sonst Zeichen gesendet
                              ;werden, so lange der Taster gedrückt
                              ;ist
   _DELAY_TMR1_US d'20000'    ;wartet 20 ms zum Entprellen des
   goto main                  ;Tasters
```

```
taster4                         ;Taster 4 wurde gedrückt
   movlw A'S'                   ;es werden die Zeichen „S4" mit
   call SendeZeichen            ;Leerzeichen ohne Return gesendet
   movlw A'4'                   ;zusätzlich wird ein Signalton vom
   call SendeZeichen            ;PC ausgegeben
   movlw A' ,                   ;sende ein Leerzeichen
   call SendeZeichen
   movlw 0x07                   ;PC gibt einen Signalton aus
   call SendeZeichen
   btfss TASTER_4               ;wartet, bis Taster 4 losgelassen
   goto $-1                     ;wurde
   _DELAY_TMR1_US d'20000'      ;wartet 20 ms zum Entprellen des
   goto main                    ;Tasters
```

Nach dem Senden der Zeichenkette kehrt das Programm wieder in die Hauptschleife zurück und beginnt mit der Prüfung von vorne.

13 Datenübertragung über den I²C-Bus

Die Abkürzung *I²C* steht für *Inter-Integrated Circuit* und bedeutet, dass dieser Bus für die Kommunikation zwischen verschiedenen Bauteilen (ICs) verwendet wird. Die Datenübertragung erfolgt über lediglich zwei Leitungen: eine Datenleitung (SDA) und eine Taktleitung (SCL). Häufig findet man auch die Bezeichnung *TWI* für *Two-Wire-Interface* (Zweidrahtverbindung). Die Schnittstelle wurde von Philips Semiconductors (jetzt NXP Semiconductors) entwickelt, hat mittlerweile eine große Verbreitung gefunden und wird von vielen ICs unterschiedlicher Hersteller unterstützt. Die Daten werden als 8-Bit-Werte mit einer Geschwindigkeit von bis zu 3,4 Mbit/s übertragen. Die Standardgeschwindigkeit von I²C liegt bei 100 kbit/s. Diese Geschwindigkeit ist in der Regel für die Übertragung weniger Steuerregister im IC ausreichend. Daher wird die Schnittstelle sehr häufig verwendet, um die Register in den Bausteinen mit den entsprechenden Daten zu beschreiben. Da die Möglichkeiten der I²C-Schnittstelle umfangreich und vielseitig sind, werden in diesem Buch nur das Prinzip und die einfache Datenübertragung über die Schnittstelle erklärt. Die ausführliche Spezifikation des I²C-Buses findet man auf der Internetseite von NXP Semiconductors oder auf der beigelegten CD-ROM.

13.1 Funktionsweise der I²C-Schnittstelle

Jedes IC, das an den I²C-Bus angeschlossen wird, hat eine eindeutige Adresse (Device Address). In der Regel ist der Mikrocontroller der Bus-Master, der die Kommunikation regelt. Der Master spricht dann über die Adresse die angeschlossenen ICs (Slaves = Sklaven) an. Nach der Startsequenz überträgt der Master die Slave-Adresse des anzusprechenden Gerätes und teilt dem Gerät mit, ob Daten an das Gerät gesendet oder aus dessen internen Speicher gelesen werden sollen. Dies erfolgt über das letzte Bit der Adresse. Soll vom Slave gelesen werden, wird das letzte Bit auf High-Pegel gesetzt. Sollen Daten an den Slave übertragen werden, wird das Bit auf Low-Pegel gelegt. Erkennt ein Slave anhand der Adresse, dass er angesprochen wurde, bestätigt er den korrekten Empfang, indem er das nächste Bit (Acknowledge) auf 0 setzt. Danach wird in den meisten Fällen die interne Adresse des anzusprechenden Registers im IC übertragen. Im Anschluss daran werden die Daten, die in das Register geschrieben oder aus dem Register ausgelesen werden sollen, übertragen. In *Abb. 13.1* ist ein Beispiel einer Übertragungssequenz dargestellt.

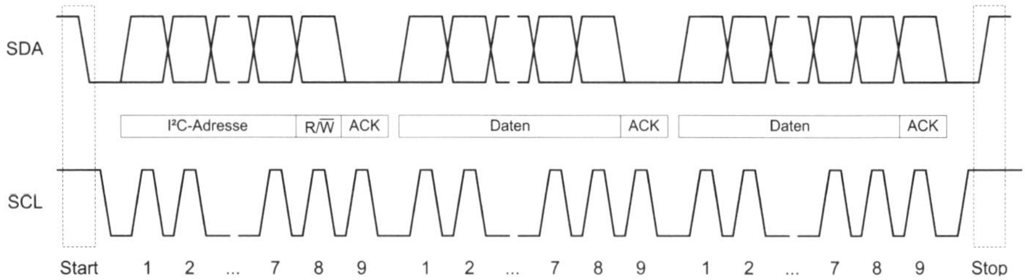

Abb. 13.1: Übertragungssequenz

Da es auch die Möglichkeit gibt, mehrere Master an einen Bus zu hängen, besteht die Gefahr, dass zwei Ausgänge gegeneinandertreiben und so einen Kurzschluss verursachen. Um dieses Problem zu umgehen, haben die ICs Open-Collector-Ausgänge (offener Kollektor). Dies bedeutet, dass im Fall eines Low-Pegels der Ausgangstransistor nach Masse durchschaltet und so die Leitung auf 0 zieht. Um einen High-Pegel zu erhalten, muss man einen Pull-up-Widerstand an den Ausgang legen. Dieser sorgt dafür, dass bei nicht angesteuertem Ausgangstransistor die Spannung auf High-Pegel gezogen wird. Werden nun zwei Ausgangstransistoren gleichzeitig angesteuert und ziehen den Pegel auf Masse, teilt sich der Strom auf die beiden Transistoren auf und es entsteht kein Kurzschluss. Durch die interne Hardware kann der Master erkennen, dass der Bus gerade belegt ist, und es wird mit der Übertragung gewartet, bis der Bus wieder frei ist. Die maximale Größe des Pull-up-Widerstands ist abhängig von der Buskapazität. Werden mehrere ICs angeschlossen oder sind die Busleitungen länger, steigt die Kapazität und der Widerstand muss kleiner sein, damit diese Kapazitäten ausreichend schnell umgeladen werden können. Dieser Effekt ist bei den höheren Datenübertragungsraten kritischer als bei der Standardgeschwindigkeit. Für die Standardgeschwindigkeit von 100 kBit/s kann der Widerstand im Bereich zwischen 3 und 10 kΩ liegen. Für die höheren Übertragungsraten sollte der Widerstand zwischen 1 und 5 kΩ gewählt werden.

Damit die angeschlossenen ICs erkennen, wann eine Übertragung beginnt und endet, gibt es spezielle Start- und Stoppsequenzen. Zum Starten einer Übertragung wird zuerst die Datenleitung (SDA) und dann die Taktleitung (SCL) auf Low-Pegel gezogen. Nach der Startsequenz wird von dem Master der Takt für die Datenübertragung vorgegeben. Zum Beenden einer Übertragung wird die Taktleitung (SCL) auf High-Pegel gezogen. Anschließend wird die Datenleitung (SDA) von low auf high geschaltet. Danach ist der Bus wieder hochohmig und kann von anderen Bus-Mastern verwendet werden.

Um eine sichere Datenübertragung zu gewährleisten, ist ein Datenwechsel nur erlaubt, wenn die Taktleitung auf Low-Pegel liegt. Die Daten müssen vor der steigenden und nach der fallenden Taktflanke stabil anliegen.

Wird das *MSSP*-Modul (Master Synchronous Serial Port) des PIC-Mikrocontrollers verwendet, muss man sich nur wenig Gedanken über die Reihenfolge der Signalzustände machen. Die meiste Arbeit wird von der internen Hardware des Mikrocontrollers erledigt. Es muss nur das entsprechende Bit in den Registern gesetzt werden, um eine Start- oder Stoppbedingung auszugeben.

13.2 Ansteuerung eines EEPROM

Im Folgenden wird ein Beispiel vorgestellt, das die Speicherung von Daten in einem externen EEPROM ermöglicht und über den I²C-Bus angesprochen wird. Dazu wird ein analoger Eingang abgefragt, die digitalisierten Daten werden anschließend im EEPROM gespeichert. Eine mögliche Anwendung dieses Beispiels ist die Aufzeichnung der Temperatur über einen längeren Zeitraum. Die Daten können anschließend über die serielle Schnittstelle ausgelesen und so auf dem PC dargestellt werden. Bevor allerdings mit dem Beispiel begonnen werden kann, müssen erst noch einige Grundlagen über die Ansteuerung eines EEPROM behandelt werden.

Die seriellen EEPROMs sind standardmäßig in einer Speichergröße zwischen 128 Bit und 1 MBit erhältlich und daher eher für kleinere Datenmengen geeignet. Werden etwas größere Speicher benötigt, können mehrere Speicherbausteine zusammengeschaltet und so der Speicher noch etwas vergrößert werden. Die Erweiterung ist allerdings durch die Anzahl der Chip-Select-Pins begrenzt. Für das Beispiel in diesem Buch wird ein EEPROM mit 32-kBit-Speicher (24LC32A) verwendet. Das EEPROM wird über die Device-Adresse angesprochen, die sich aus zwei Teilen zusammensetzt. Die ersten vier Bits sind der Control-Code, die drei nächsten Bits sind die Chip-Select-Bits, deren Zustand über die externen Pins bestimmt wird. Wird beispielsweise der Pin A2 auf high und die beiden Pins A1 und A0 auf low gelegt, muss das EEPROM über die Adresse *1010100* angesprochen werden. Wie man erkennen kann, handelt es sich hier um sieben Bits für die Device-Adresse, das achte Bit wird für die Entscheidung zum Lesen oder Schreiben verwendet. Dies führt zu einem kleinen Problem in der Angabe der Device-Adresse. Es gibt Hersteller, die eine Adresse zum Lesen und eine Adresse zum Schreiben angeben (z. B. 0xA8 zum Schreiben und 0xA9 zum Lesen). Auf der anderen Seite gibt es Hersteller, die die Device-Adresse als 7-Bit-Wert angeben (z. B. 0x54). Auf den ersten Blick sehen die Adressen unterschiedlich aus, sind aber gleich. Daher muss man sehr genau prüfen, wie die Adresse in der Spezifikation angegeben ist. Um sicherzugehen, sollte man sich die Adresse binär zusammenstellen und dann nach persönlichem Geschmack verwenden.

Im Innern des EEPROM sind die Daten byteweise abgelegt. Um alle Speicherzellen anzusprechen, wird eine 12-Bit-Adresse benötigt (2 ^ 12 = 4.096 Byte = 32.768 Bit). Um die Daten in das EEPROM zu schreiben oder aus diesem zu lesen, muss über die I²C-Schnittstelle die gewünschte Adresse übertragen werden. Dazu wird zuerst die Device-Adresse des EEPROM übertragen, anschließend werden 2-Byte-Worte gesendet, in denen die Adresse der Speicherzelle steht. Da nur 12 Bit benötigt werden, sind die obersten 4 Bit der Adresse uninteressant und werden nicht beachtet.

Die interne Adresse muss nicht vor jedem zu lesenden oder schreibenden Datenbyte übertragen werden. Es ist auch möglich, die Daten in einer Gruppe zu übertragen. Die Adresse wird dann intern vom EEPROM automatisch mit jedem übertragenen Byte um eins erhöht. Es ist möglich, alle Daten in einem Zug aus dem EEPROM auszulesen. Allerdings können nur maximal 32 Datenbytes für das Schreiben auf einmal übertragen werden. Das EEPROM muss die zu speichernden Daten zuerst zwischenpuffern, um sie dann an die entsprechende Speicherzelle zu schreiben. Dies ist erforderlich, da das Schreiben länger dauert als das Lesen.

In *Abb. 13.2* und *Abb. 13.3* ist eine Sequenz für das Schreiben von Daten in das EEPROM dargestellt. Die Sequenz für das Auslesen der Daten kann man *Abb. 13.4* und *Abb. 13.5* entnehmen.

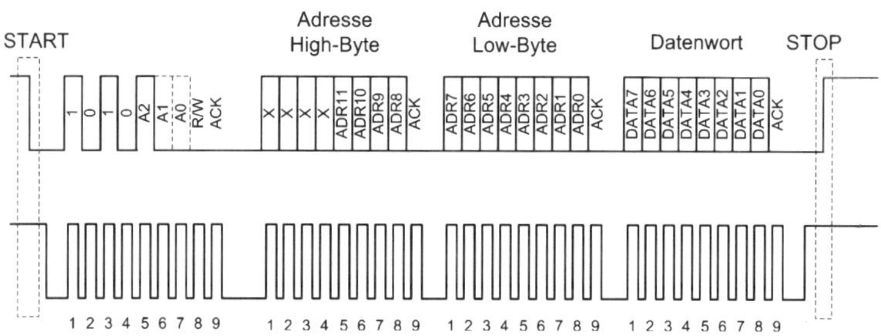

Abb. 13.2: Schreiben eines einzelnen Bytes

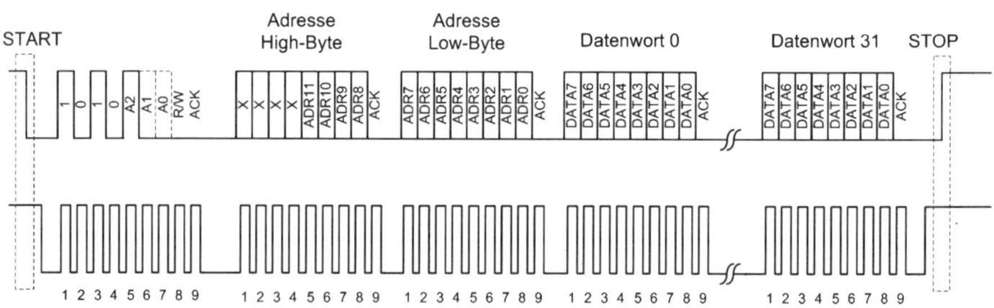

Abb. 13.3: Schreiben mehrerer Bytes

Vor dem Auslesen von Daten aus dem EEPROM muss zuerst die Adresse, von der gelesen werden soll, übertragen werden. Daher muss man im ersten Schritt das R/W-Bit nach der I²C-Adresse auf low setzen, um die Startadresse in das EEPROM zu schreiben. Im Anschluss wird eine wiederholte Starbedingung generiert, um danach dem EEPROM mit der I²C-Adresse und dem R/W-Bit mitzuteilen, dass nun gelesen werden soll.

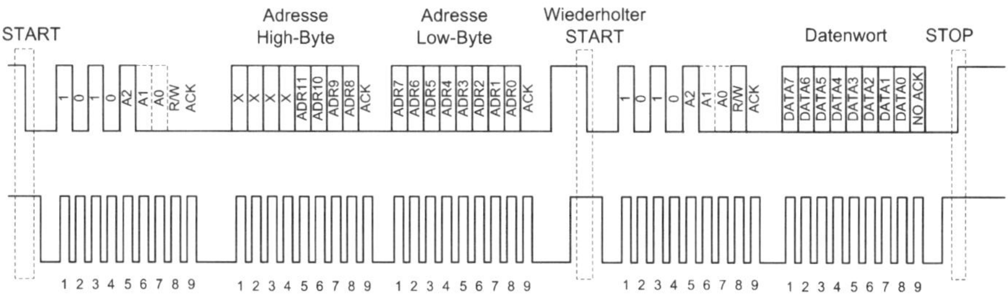

Abb. 13.4: Lesen eines einzelnen Bytes

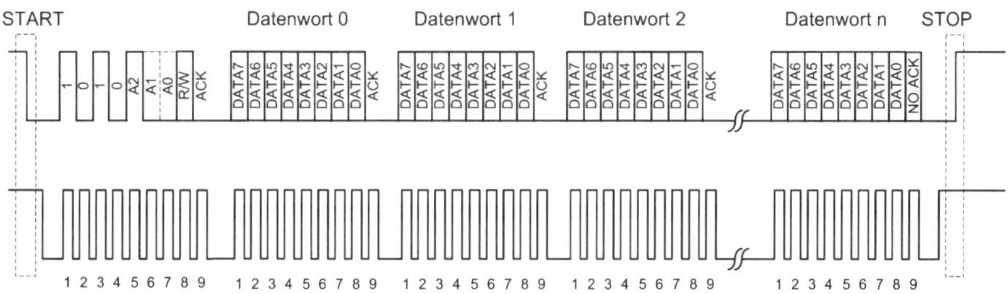

Abb. 13.5: Lesen mehrerer Bytes

13.3 Beispielprogramm: Messwertspeicherung

Mithilfe des Beispiels wird verdeutlicht, wie Daten über den I²C-Bus in das EEPROM geschrieben werden können. Um Daten zu generieren, wird die Spannung an einem analogen Eingang gelesen und digitalisiert. Für die Speicherung und das Auslesen werden zwei Taster verwendet, damit man die jeweiligen Aktionen genau nachvollziehen kann. Um die Daten aus dem EEPROM auszulesen, wird der Taster 1 verwendet. Nach dem Drücken des Tasters werden 20 Daten aus dem EEPROM ausgelesen und über die serielle Schnittstelle an den PC übertragen. Um Daten in das EEPROM zu speichern, muss der Taster 2 gedrückt werden. Nach jedem Druck wird die analoge Spannung digitalisiert und an die nächsthöhere Speicheradresse geschrieben. Werden mehr als 20 Werte in das EEPROM gespeichert, leuchtet eine LED auf, die einen Überlauf anzeigt. Bei jedem erneuten Tastendruck werden die Daten vom Anfang überschrieben. Die LED leuchtet, bis die Daten ausgelesen wurden und der Speicher somit wieder für neue Daten zur Verfügung steht.

Um das *MSSP*-Modul für die Datenübertragung zu nutzen, muss es vor der Verwendung entsprechend initialisiert werden. Es gibt insgesamt fünf Register, die für die I²C-Übertragung interessant sind. Mit dem Register *SSPADD* wird die Geschwindigkeit der Datenübertragung eingestellt. Der Übertragungsgeschwindigkeit kann mit folgender Formel berechnet werden:

$$f = \frac{f_{OSZ}}{4 \cdot (SSPADD + 1)}$$ **Formel 13.1**

Aus dieser Formel ergibt sich für eine Übertragungsgeschwindigkeit von 100 kHz der Registerwert von 9.

Die Daten, die gesendet werden sollen, oder die Daten, die empfangen wurden, stehen im Register *SSPBUF*. Ferner gibt es noch drei Steuer- und Kontrollregister, über die der Zustand der Übertragung abgefragt oder verändert werden kann. Im Register *SSPSTAT* wird z. B. angezeigt, ob ein Start- oder Stoppbit erkannt wurde und ob das Sende- und Empfangsregister voll ist. Im Register *SSPCON* wird das I²C-Modul freigeschaltet und es wird festgelegt, ob der PIC als Master oder Slave arbeiten soll. Über das Register *SSPCON2* können verschiedene Sequenzen wie Start, Stopp oder Acknowledge ausgegeben werden.

Um die I²C-Schnittstelle für die Datenübertragung zu dem EEPROM zu verwenden, wird im Beispiel folgende Initialisierungssequenz verwendet:

```
init_i2c              ;Initialisierung des I2C-Moduls
   _BANK_1
   movlw d'9'         ;I2C Takt auf 100 kHz einstellen
   movwf SSPADD       ;f = fosz/(4*(SSPADD+1))
   _BANK_0
   movlw b'00101000'  ;I2C freischalten und Pic als I2C-Master
   movwf SSPCON       ;konfigurieren
   _BANK_1
   movlw b'10100000'  ;Statuseinstellungen
   movwf SSPSTAT
   clrf SSPCON2       ;alle Bits auf 0 setzen
   _BANK_0
```

Bei der Initialisierungssequenz wird zuerst die Datenrate auf 100 kBit/s festgelegt, indem der Wert 9 in das Register *SSPADD* geschrieben wird. Anschließend wird durch das Setzen der Bits *SSPEN* und *SSPM3* das I²C-Modul des PIC als Master freigeschaltet. Im Register wird das Bit *SMP* für die Slew Rate Control (Änderungsgeschwindigkeit) gesetzt. Alle anderen Bits im Register *SSPSTAT* werden gelöscht. Zum Abschluss werden noch alle Bits im Register *SSPCON2* auf 0 gesetzt.

Das Hauptprogramm ist relativ einfach aufgebaut, überprüft hauptsächlich, welcher Taster gedrückt wurde und führt danach die entsprechende Aktion aus.

```
main                          ;Beginn der Hauptschleife
   btfsc TASTER_1             ;prüft, ob Taster_1 gedrückt wurde,
   goto prüfe_Taster2         ;wenn nicht wird Taster_2 geprüft
```

```
    movlw a'\n'                 ;Damit die Zeichen im Terminal-
    call SendeZeichen           ;programm übersichtlicher
    movlw a'\r'                 ;dargestellt werden, wird am Anfang
    call SendeZeichen           ;einer neuen Zeile begonnen.
    movlw d'20'
    movwf COUNTER               ;es sollen 20 16-Bit-Werte
                                ;ausgelesen werden
    clrf ADR_L                  ;Daten ab Adresse 0x0000 lesen
    clrf ADR_H
    call Lese_EEPROM            ;liest die gespeicherten Werte aus
                                ;dem EEPROM
    bcf LED_1                   ;LED ausschalten, falls ein Überlauf
                                ;aufgetreten war
    _DELAY_TMR1_US d'500000'    ;wartet 0,5 Sekunden, da sonst bei
                                ;länger gedrücktem Taster der Inhalt
                                ;des EEPROM mehrfach ausgelesen würde
prüfe_Taster2                   ;prüft, ob Taster_2 gedrückt wurde,
    btfsc TASTER_2              ;wenn nicht beginnt die Prüfung der
    goto main                   ;Taster wieder von vorne
lese_AN0                        ;Einlesen der Spannung an Pin AN0
    _BANK_1
    clrf ADRESL                 ;niederwertigen Teil des
                                ;A/D-Ergebnisses löschen
    _BANK_0
    clrf ADRESH                 ;höherwertigen Teil des
                                ;A/D-Ergebnisses löschen
    bsf ADCON0, ADON            ;A/D-Modul anschalten
    bsf ADCON0, GO_DONE         ;A/D-Wandlung starten
    btfsc ADCON0, GO_DONE
    goto $-1                    ;warten, bis das Bit GO_DONE von der
    nop                         ;Hardware zurückgesetzt wird
    _BANK_1
    movf ADRESL, W              ;digitalisierte Spannung in die
    _BANK_0                     ;Reg. DATEN_L und DATEN_H kopieren
    movwf DATEN_L
    movf ADRESH, W
    movwf DATEN_H
    call Schreibe_EEPROM        ;Daten in das EEPROM schreiben
    clrf ADR_H                  ;Da nur 20 16-Bit-Werte gespeichert
    movlw d'2'                  ;werden, ist das höherwertige Byte
    addwf ADR_L, F              ;der Adresse immer 0x00 Adresse um 2
                                ;erhöhen, da immer 16-bit-Werte
                                ;gespeichert werden
    movlw d'40'                 ;Prüfen, ob bereits 20 Werte
    subwf ADR_L, W              ;(=40 Byte) gespeichert wurden
    btfsc STATUS, C
    goto überlauf_EEPROM        ;springe zu überlauf_EEPROM, wenn
                                ;bereits 20 Werte gespeichert wurden
    _DELAY_TMR1_US d'500000'    ;wartet 0,5 Sekunden
    goto main
überlauf_EEPROM
    clrf ADR_L                  ;wenn die Adresse größer als 40 ist
                                ;wird wieder bei 0 begonnen
```

```
bsf LED_1                  ;schaltet die LED_1 als Warnung an
_DELAY_TMR1_US d'500000'   ;wartet 0,5 Sekunden
goto main
```

Wird der Taster 1 gedrückt, sollen die Daten aus dem EEPROM ausgelesen und über die serielle Schnittstelle an ein Terminalprogramm übertragen werden. Nachdem der Taster gedrückt wurde, werden zuerst zwei Sonderzeichen *\n* (neue Zeile) und *\r* (Zeilenanfang) gesendet, damit die Ausgabe in einer neuen Zeile beginnt und man so den Anfang der Daten auf dem Bildschirm besser erkennen kann. Anschließend wird in das Register *COUNTER* die Anzahl der zu lesenden 16-Bit-Werte geschrieben und die Startadresse der Daten auf 0x0000 gesetzt. Mit dem Aufruf des Unterprogramms *call Lese_EEPROM* werden die Daten aus dem EEPROM ausgelesen und direkt über die serielle Schnittstelle übertragen. Nachdem alle Daten ausgelesen und übertragen wurden, kann die LED, die einen Überlauf signalisiert, ausgeschaltet werden. Damit das EEPROM bei länger gedrücktem Taster nicht mehrfach hintereinander ausgelesen wird, wurde eine kleine Zeitschleife von 0,5 Sekunden eingebaut. Nach der Wartezeit wird wieder an den Anfang des Hauptprogramms gesprungen und die Taster werden erneut abgefragt.

Bei gedrücktem Taster 2 soll ein Wert ins EEPROM gespeichert werden. Dieser kommt von dem analogen Eingang *AN0*. Nachdem der Taster 2 gedrückt wurde, wird zuerst die Spannung an Pin *AN0* digitalisiert und in die Register *DATEN_L* und *DATEN_H* kopiert. Durch den Aufruf des Unterprogramms *Schreibe_EEPROM* werden die Daten aus den beiden Registern in das EEPROM gespeichert. Die Adresse in den Registern *ADR_L* und *ADR_H* wird nach jedem Speichervorgang um 2 erhöht, da immer 2 Byte = 16 Bit in das EEPROM geschrieben werden. Nach dem Erhöhen der Adresse wird geprüft, ob die maximale Adresse bereits erreicht ist. Ist dies der Fall, wird die LED, die den EEPROM-Überlauf anzeigt, angeschaltet und die Register für die Adresse werden auf 0 zurückgesetzt. Wird dieses Signal ignoriert und werden erneut Daten in das EEPROM gespeichert, werden die Daten ab Adresse 0x0000 überschrieben.

13.3.1 Das Unterprogramm Schreibe_EEPROM

Um die Daten in das EEPROM zu speichern, wird das Unterprogramm *Schreibe_EEPROM* verwendet. Mit diesem werden die entsprechenden Kontrollbits gesetzt und die Statusbits abgefragt.

```
Schreibe_EEPROM
   _BANK_0
   bcf PIR1, SSPIF        ;Interrupt zurücksetzen
   _BANK_1
   bcf SSPCON2, RCEN      ;Zurückschalten in den Sendemodus
   bsf SSPCON2, SEN       ;Startbedingung generieren
   btfsc SSPCON2, SEN     ;warten, bis die Startbedingung
   goto $-1               ;generiert wurde
```

```
_BANK_0
movlw EEPROM_ADR_S      ;EEPROM-Adresse zum Schreiben
movwf SSPBUF
bcf PIR1, SSPIF         ;Interrupt zurücksetzen
_BANK_1
btfsc SSPSTAT, R_W      ;warten, bis die Adresse ausgegeben
goto $-1                ;wurde
btfsc SSPCON2, ACKSTAT  ;Acknowledge-Bit prüfen
goto $-1                ;wartet auf die Bestätigung vom Slave
_BANK_0
bcf PIR1, SSPIF         ;Interrupt zurücksetzen
movf ADR_H, W           ;Highbyte der Speicheradresse
movwf SSPBUF
_BANK_1
btfsc SSPSTAT, R_W      ;warten, bis die Daten ausgegeben
goto $-1                ;wurden
btfsc SSPCON2, ACKSTAT  ;Acknowledge-Bit prüfen
goto $-1                ;wartet auf die Bestätigung vom Slave
_BANK_0
bcf PIR1, SSPIF         ;Interrupt zurücksetzen
movf ADR_L, W           ;Lowbyte der Speicheradresse
movwf SSPBUF
_BANK_1
btfsc SSPSTAT, R_W      ;warten, bis die Daten ausgegeben
goto $-1                ;wurden
btfsc SSPCON2, ACKSTAT  ;Acknowledge-Bit prüfen
goto $-1                ;wartet auf die Bestätigung vom Slave
_BANK_0
bcf PIR1, SSPIF         ;Interrupt zurücksetzen
movf DATEN_H, W         ;Highbyte der Daten schreiben
movwf SSPBUF
_BANK_1
btfsc SSPSTAT, R_W
goto $-1
btfsc SSPCON2, ACKSTAT  ;Acknowledge-Bit prüfen
goto $-1                ;wartet auf die Bestätigung vom Slave
_BANK_0
bcf PIR1, SSPIF         ;Interrupt zurücksetzen
movf DATEN_L, W         ;Lowbyte der Daten schreiben
movwf SSPBUF
_BANK_1
btfsc SSPSTAT, R_W
goto $-1
btfsc SSPCON2, ACKSTAT  ;Acknowledge-Bit prüfen
goto $-1                ;wartet auf die Bestätigung vom Slave
_BANK_0
bcf PIR1, SSPIF         ;Interrupt zurücksetzen
_BANK_1
bsf SSPCON2, PEN        ;Stoppbedingung generieren
_BANK_0
btfss PIR1, SSPIF       ;prüft, ob die Daten eingelesen wurden
goto $-1
```

```
bcf PIR1, SSPIF          ;Interrupt zurücksetzen
_BANK_0
btfss TASTER_2
goto $-1
nop
return
```

Zu Beginn wird der Interrupt zurückgesetzt, falls er noch von einer vorherigen Aktion gesetzt war. Danach wird das *MSSP*-Modul in den Sendemodus versetzt und die Startbedingung durch das Setzen des Bits *SEN* generiert. Wenn die Startbedingung erfolgreich ausgegeben wurde, automatisch das Bit *SEN* von der Hardware zurückgesetzt. Man kann durch die Abfrage dieses Bits erkennen, wann man mit der Ausgabe der Adresse fortfahren kann. Die Device-Adresse zum Schreiben (EEPROM_ADR_S) wird automatisch ausgegeben, sobald der Wert in das Register *SSPBUF* geschrieben wird. Nachdem das Register *SSPBUF* beschrieben wurde, wird das Bit *R/W* auf high gesetzt und die Ausgabe ausgeführt. Nachdem alle 8 Bits ausgegeben wurden, wird das Bit *R/W* zurück auf low gesetzt. Durch Prüfung dieses Bits kann man feststellen, wann die Daten komplett ausgegeben wurden. Im Anschluss muss noch der angesprochene Slave den erfolgreichen Empfang bestätigen. Dies geschieht, indem während des 9. Takts die Datenleitung SDA von dem Slave auf Low-Pegel gezogen wird. Dieses Ereignis kann man durch die Abfrage des Bits *ACKSTAT* feststellen. Hat der Slave die Adresse nicht korrekt empfangen, bleibt die Leitung SDA während des neunten Takts auf High-Pegel und das Programm hängt sich an dieser Stelle auf. Tritt dieses Problem auf, muss man zuerst prüfen, ob die Pull-up-Widerstände richtig dimensioniert sind und ob alle Einstellungen (Adresse, Mastermode etc.) richtig vorgenommen wurden. Wurde der Empfang der Device-Adresse bestätigt, kann mit dem Senden der internen Speicheradresse begonnen werden. Der Ablauf ist der gleiche wie beim Übertragen der Device-Adresse. Es wird zuerst der höherwertige Teil der Adresse geschrieben, anschließend der niederwertige Teil. Jedes übertragene Byte wird mit einem Acknowledge vom EEPROM quittiert. Nach der Adresse werden noch die beiden Datenworte aus den Registern *DATEN_L* und *DATEN_H* übertragen. Der 16-Bit-Wert ist nun an das EEPROM übertragen worden und es sollen keine weiteren Daten mehr übertragen werden. Daher kann nun die Stoppbedingung generiert und so der I²C-Bus für andere Aktionen wieder freigegeben werden. Die Stoppbedingung wird generiert, indem das Bit *PEN* auf 1 gesetzt wird. Nachdem die Stoppbedingung generiert wurde, wird ein Interrupt ausgelöst und das Bit *PEN* wieder zurückgesetzt. An dieser Stelle wurde der Interrupt ausgewertet. Es wäre auch möglich, das Bit *PEN* abzufragen. Die Übertragung ist nun beendet und die beiden Leitungen SDA und SCL werden durch die Pull-up-Widerstände auf high gezogen. Im Unterprogramm wird nun noch geprüft, ob der Taster wieder losgelassen wurde, damit die Daten, bei dauerhaft gedrücktem Taster, nicht erneut in das EEPROM geschrieben werden. Erst wenn der Taster losgelassen wurde, wird das Unterprogramm verlassen.

13.3.2 Das Unterprogramm Lese_EEPROM

Mit dem Unterprogramm *Lese_EEPROM* werden die Daten aus dem EEPROM ausgelesen und über die serielle Schnittstelle übertragen.

```
Lese_EEPROM
   _BANK_0
   bcf PIR1, SSPIF        ;Interrupt zurücksetzen
   _BANK_1
   bsf SSPCON2, SEN       ;Startbedingung generieren
   btfsc SSPCON2, SEN     ;warten, bis die Startbedingung generiert
   goto $-1               ;wurde
   _BANK_0
   bcf PIR1, SSPIF        ;Interrupt zurücksetzen
   movlw EEPROM_ADR_S     ;I2C-Addresse zum Schreiben in das EEPROM
   movwf SSPBUF
   _BANK_1
   btfsc SSPSTAT, R_W     ;warten, bis die Adresse ausgegeben wurde
   goto $-1
   _BANK_0
   movf ADR_H, W          ;Highbyte der Speicheradresse
   movwf SSPBUF
   _BANK_1
   btfsc SSPSTAT, R_W     ;warten, bis die Daten ausgegeben wurden
   goto $-1
   _BANK_0
   movf ADR_L, W          ;Lowbyte der Speicheradresse
   movwf SSPBUF
   _BANK_1
   btfsc SSPSTAT, R_W     ;warten, bis die Daten ausgegeben wurden
   goto $-1
   bsf SSPCON2, RSEN      ;Wiederholte Startbedingung ausgeben
   btfsc SSPCON2, RSEN
   goto $-1
   _BANK_0
   bcf PIR1, SSPIF        ;Interrupt zurücksetzen
   movlw EEPROM_ADR_L     ;Addresse zum Lesen vom EEPROM
   movwf SSPBUF
   _BANK_1
   btfsc SSPSTAT, R_W     ;warten, bis die Adresse ausgegeben wurde
   goto $-1
loop_read
   movlw a'0'             ;Prefix für hexadezimale Zahlen ausgeben
   call SendeZeichen
   movlw a'x'
   call SendeZeichen
   ;Highbyte lesen
   _BANK_0
   bcf PIR1, SSPIF        ;Interrupt zurücksetzen
   _BANK_1
   bsf SSPCON2, RCEN      ;umschalten in den Empfangsmodus
   _BANK_0
   btfss PIR1, SSPIF      ;prüft, ob die Daten eingelesen wurden
```

```
goto $-1
bcf PIR1, SSPIF         ;Interrupt zurücksetzen
_BANK_1
bcf SSPCON2, ACKDT      ;Acknowledge-Bit auf 1 setzen
                        ;(Acknowledge)
bsf SSPCON2, ACKEN      ;Acknowledge-Sequenz ausgeben
                        ;(ACKDT wird ausgegeben)
btfsc SSPCON2, ACKEN ;warten, bis die Sequenz ausgegeben wurde
goto $-1
_BANK_0
bcf PIR1, SSPIF         ;Interrupt zurücksetzen
movf SSPBUF, W          ;Daten aus dem I2C-Puffer holen
movwf DATEN_H
call Bin2Ascii          ;Umwandlung des Binärwerts in einen
                        ;ASCII-Wert
movf HEX_H, W           ;gibt die oberen 4 Bits als ASCII-Wert
call SendeZeichen       ;über die serielle Schnittstelle aus
movf HEX_L, W           ;gibt die unteren 4 Bits als ASCII-Wert
call SendeZeichen       ;über die serielle Schnittstelle aus
;Lowbyte lesen
_BANK_0
bcf PIR1, SSPIF         ;Interrupt zurücksetzen
_BANK_1
bsf SSPCON2, RCEN       ;umschalten in den Empfangsmodus
_BANK_0
btfss PIR1, SSPIF       ;prüft, ob die Daten eingelesen wurden
goto $-1
bcf PIR1, SSPIF         ;Interrupt zurücksetzen
_BANK_1
bcf SSPCON2, ACKDT      ;Acknowledge-Bit auf 1 setzen
                        ;(Acknowledge)
bsf SSPCON2, ACKEN      ;Acknowledge-Sequenz ausgeben
                        ;(ACKDT wird ausgegeben)
btfsc SSPCON2, ACKEN ;warten, bis die Sequenz ausgegeben wurde
goto $-1
_BANK_0
bcf PIR1, SSPIF         ;Interrupt zurücksetzen
movf SSPBUF, W          ;Daten aus dem I2C-Puffer holen
movwf DATEN_L
call Bin2Ascii          ;Umwandlung des Binärwerts in einen
                        ;ASCII-Wert
movf HEX_H, W           ;gibt die oberen 4 Bits als ASCII-Wert
call SendeZeichen       ;über die serielle Schnittstelle aus
movf HEX_L, W           ;gibt die unteren 4 Bits als ASCII-Wert
call SendeZeichen       ;über die serielle Schnittstelle aus
movlw a'\n'             ;neue Zeile
call SendeZeichen
movlw a'\r'             ;springe an Zeilenanfang
call SendeZeichen
decfsz COUNTER          ;verringert das Register COUNTER um 1
goto loop_read          ;Wenn der Counter auf 0 steht, müssen
                        ;keine Werte mehr ausgegeben werden und
                        ;die Übertragung kann beendet werden.
_BANK_1
```

```
bsf SSPCON2, ACKDT   ;Acknowledge-Bit auf 0 setzen
                     ;(not Acknowledge)
bsf SSPCON2, ACKEN   ;Acknowledge-Sequenz ausgeben
                     ;(ACKDT wird ausgegeben)
btfsc SSPCON2, ACKEN ;warten, bis die Sequenz ausgegeben wurde
goto $-1
bcf SSPCON2, RCEN    ;Zurückschalten in den Sendemodus
_BANK_1
bsf SSPCON2, PEN     ;Stoppbedingung generieren
btfsc SSPSTAT, R_W
goto $-1             ;wartet, bis die Stoppbedingung ausgegeben
                     ;wurde
_BANK_0
btfss TASTER_1       ;wartet, bis der Taster losgelassen wurde
goto $-1
return
```

Das Lesen über den I²C-Bus funktioniert ähnlich wie das Schreiben. Zu Beginn wird die Device-Adresse für das Schreiben ausgegeben. Dies wirkt auf den ersten Blick etwas verwirrend, ist aber erforderlich, da dem EEPROM zuerst mitgeteilt werden muss, von welcher Speicheradresse gelesen werden soll. Daher werden zuerst die beiden Register mit der Speicheradresse *ADR_L* und *ADR_H* an das EEPROM übertragen. Nach dem Senden der Adresse ist das EEPROM noch im Empfangsmodus und muss nun in den Sendemodus versetzt werden, um die Daten aus den Speicherzellen zu übertragen. Dazu wird eine wiederholte Startbedingung generiert. Die Sequenz ist die gleiche wie bei einer normalen Startbedingung, allerdings wird zuvor keine Stoppbedingung generiert. Nach der wiederholten Startbedingung kann die Device-Adresse zum Lesen (EEPROM_ADR_L) übertragen werden. Bevor die Daten gelesen werden, wird zuerst noch der Präfix für hexadezimale Daten „0x" über die serielle Schnittstelle ausgegeben, damit dieser vor jedem Wert steht. Der PIC wird in den Empfangsmodus versetzt, indem das Bit *RCEN* gesetzt wird. Nach dem Setzen dieses Bits werden die Daten vom EEPROM an den PIC übertragen. Am Ende der Übertragung wird ein Interrupt generiert, der über das Interrupt-Bit *SSPIF* ausgewertet werden kann. Nach erfolgreichem Empfang muss nun der PIC dem EEPROM den Empfang durch das Acknowledge-Bit bestätigen. Dazu wird das Bit *ACKDT* im Register *SSPCON2* auf 0 gesetzt. Anschließend wird die Sequenz durch Setzen des Bits *ACKEN* ausgegeben. Nach dem Acknowledge-Bit können die Daten aus dem Register *SSPBUF* geholt werden. Da das Highbyte der Daten zuerst gespeichert wurde, wird das erste Datenwort in das Register *DATEN_H* kopiert. Das 8-Bit-Wort ist im Register *DATEN_H* als Wert zwischen 0 (0x00) und 255 (0xFF) gespeichert. Damit dieser Wert im Terminalprogramm verständlich angezeigt wird, muss er in das ASCII-Format konvertiert werden. Dazu wird das Unterprogramm *Bin2Ascii* aufgerufen. Im Unterprogramm wird der 8-Bit-Wert in zwei 4-Bit-Werte aufgeteilt und jeder Teil für sich analysiert. Dabei wird geprüft, ob es sich bei dem 4-Bit-Wert um eine Ziffer (0-9) oder einen Buchstaben (A-F) handelt. Im Fall einer Ziffer wird 0x30 addiert, um die Ziffer im ASCII-Format zu erhalten. Bei einem Buchstaben müssen 0x37 addiert werden. Das komplette Unterprogramm findet man beim Beispiel auf der CD-ROM. Nach Aufruf des Unterprogramms steht der ASCII-Wert des High-Nibbles im Register *HEX_H* und der Wert des Low-Nibbles im Register *HEX_L*. Diese beiden Register werden nun über die serielle Schnittstelle nacheinander übertragen und hinter dem zuvor gesendeten Präfix dargestellt. Im Anschluss wird der nächste Wert nach dem gleichen Verfahren aus dem EEPROM gelesen und ebenfalls über die serielle Schnittstelle übertragen. Auf dem Bildschirm steht nun ein 16-Bit-Wert in der Form 0xABCD. Es werden jetzt noch die zwei Sonderzeichen *n* und *r* gesendet, damit bei der nächsten Ausgabe in einer neuen Zeile begonnen wird. Der erste 16-Bit-Wert wurde nun erfolgreich übermittelt und der Zähler kann um 1 verringert werden. Steht im Register *COUNTER* noch ein Wert größer 0, wird das nächste Wort ausgelesen und die Schleife so oft wiederholt, bis alle Daten übertragen wurden. Nachdem das letzte Datum ausgelesen wurde, darf das Acknowledge-Bit nicht auf 0 gezogen, sondern muss auf High-Pegel gesetzt werden. Auf diese Weise erkennt das EEPROM, dass die Datenübertragung beendet ist. Nach der Acknowledge-Sequenz wird der PIC wieder in den Sendemodus geschaltet und die Stoppbedingung wird generiert. Der I²C-Bus steht nun wieder anderen Busteilnehmern zur Verfügung. Das Unterprogramm wertet noch den Taster 1 aus, bis dieser losgelassen wurde, und kehrt erst dann wieder ins Hauptprogramm zurück.

Das vorgestellte Beispiel ist sehr einfach gehalten und kann beliebig erweitert werden. Eine mögliche Erweiterung wäre die Auswertung des Befehls zum Auslesen über die serielle Schnittstelle anstelle des Tasters. Ebenso kann man eine Zeitschleife einbauen und so die analoge Spannung zyklisch abfragen. Schließt man an den analogen Eingang einen Temperatur- oder Feuchtigkeitssensor an, kann man über einen längeren Zeitraum beobachten, wie sich die Temperatur und die Feuchtigkeit in einem Raum verändern. Die Daten, die z. B. im Lauf einer Woche gewonnen wurden, können dann über den PC ausgewertet werden.

14 Schalten über eine Infrarot-Fernbedienung

Jedes Fernsehgerät und jeder Satellitenempfänger wird mit einer Infrarot-Fernbedienung gesteuert. Teilweise ist eine Programmumschaltung ohne Fernbedienung nicht mehr möglich. Eine Fernsteuerung hat in der Regel zwischen 20 und 30 Tasten, wodurch man sich diese Anzahl der Tasten an dem zu steuernden Gerät sparen kann. Um sich diese Möglichkeit der Fernsteuerung zunutze zu machen, wird in diesem Kapitel ein Beispiel vorgestellt, mit dessen Hilfe das Infrarotprotokoll (IR-Protokoll) ausgewertet werden kann. Im Beispiel wird abhängig vom Tastendruck eine LED geschaltet. Würde man anstelle der LED ein Relais schalten lassen, wäre es möglich, einen Verbraucher mit 230 V Netzspannung (z. B. eine Lampe) zu schalten. Auf diese Weise kann man relativ einfach eine Lampe fernsteuern. Um Energie zu sparen, kann man diese Schaltung auch vor eine Steckdosenleiste schalten und so mehrere Verbraucher (z. B. Fernseher, Receiver, CD-ROM-Player etc.) mit einem Tastendruck auf der Fernbedienung vom Netz trennen. Dadurch verbrauchen die angeschlossenen Geräte keinen Strom mehr und die Kosten werden reduziert.

Leider konnten sich die Hersteller von IR-Fernbedienungen nicht auf einen einheitlichen Standard für die Übertragung einigen und so gibt es nun viele verschiedene Codes, mit denen die Geräte fernbedient werden. In diesem Buch wird daher ein Code verwendet, der verhältnismäßig weit verbreitet ist und gern von Bastlern für die Steuerung eigener Entwicklungen verwendet wird. Es handelt sich dabei um den *RC5-Code*, der von der Firma Philips entwickelt wurde. Sollte man in seiner Fernbedienungssammlung keine Fernbedienung mit einem RC5-Code finden, kann man sich für ca. 10 € im Fachhandel eine Universalfernbedienung kaufen, mit der nahezu jeder Code gesendet werden kann. Der Code wird in der Regel über eine dreistellige Ziffer in die Fernbedienung programmiert. Um den richtigen Code zu finden, sollte man sich das fertige Beispiel in den Mikrocontroller laden. Dann kann man einen automatischen Suchlauf auf der Universalfernbedienung starten. Wenn ein RC5-Code gesendet wird, schaltet eine LED um und man kann diesen Code für die weitere Steuerung verwenden.

14.1 Das RC5-Protokoll

Um eine möglichst stabile Übertragung zu gewährleisten, werden bei dem RC5-Protokoll nicht einfach nur High- und Low-Pegel übertragen, sondern es wird für jedes Bit eine Signaländerung gesendet. Ebenfalls wird das Infrarotsignal noch mit einer Frequenz von

36 kHz moduliert, um es so unempfindlich gegenüber Störungen aus dem Umgebungslicht zu machen. Es wurde bei der Entwicklung darauf geachtet, dass die Übertragung möglichst energiesparend erfolgt. Um die Sicherheit noch weiter zu erhöhen, wird bei jedem Tastendruck der Code der gedrückten Taste dreimal hintereinander gesendet.

Um die Modulation mit 36 kHz zu erreichen, werden 32 IR-Pulse gesendet. Die Periodendauer eines Impulses beträgt 27,777 µs (T = 1/f = 1/36 kHz). In dieser Zeit ist die IR-Sendediode für 6,944 µs (=1/4 der Periodendauer) eingeschaltet (siehe *Abb. 14.1*).

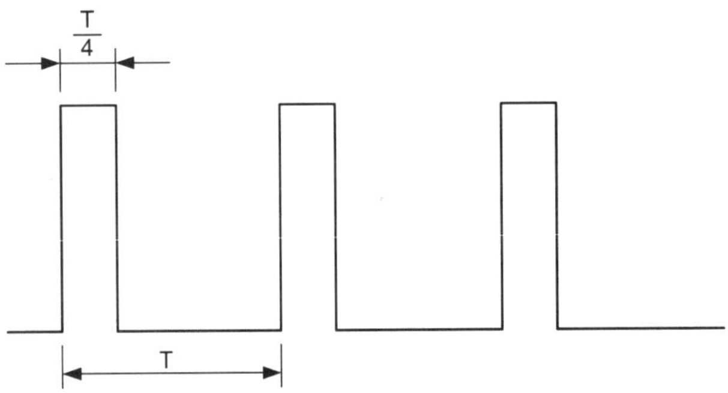

Abb. 14.1: Puls-Pausenverhältnis IR-Sender

Damit nun eine logische 1 übertragen werden kann, wird 32 Perioden lang nichts gesendet. Anschließend werden 32 Impulse mit einer Frequenz von 36 kHz übertragen. Für eine logische 0 erfolgt die Übertragung in umgekehrter Reihenfolge. Es wird zuerst das Impulspaket aus 32 Pulsen gesendet und im Anschluss eine Pause für die Dauer von 32 Pulsen gemacht.

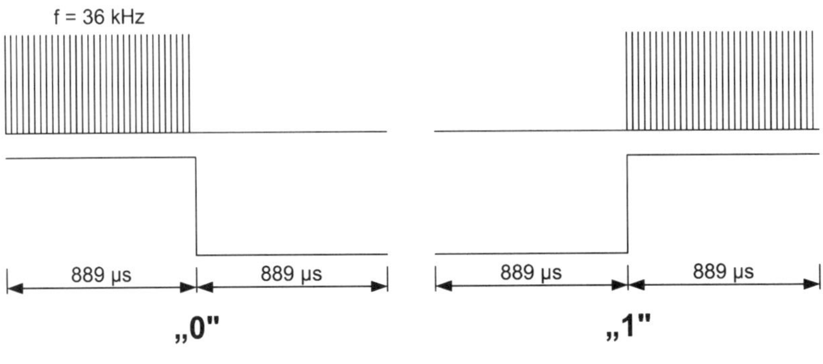

Abb. 14.2: Modulation mit 36 kHz

Das Übertragen einer logischen 0 oder einer logischen 1 dauert daher 1,777 ms (= 64/36 kHz). Durch den Wechsel der Signalpegel innerhalb eines Bits ist eine sehr gute Störsicherheit gegeben. Das Signal muss einen Pegelwechsel innerhalb der 1,777 ms durchführen. Ist dies nicht der Fall und es werden zwei oder mehr gleiche Pegel hintereinander erkannt, ist das Signal ungültig und es ist ein Fehler aufgetreten oder es wird ein anderes Protokoll gesendet. Der Empfänger muss daher genau auf den Sendetakt abgestimmt sein, um das gesendete Signal fehlerfrei zu erkennen.

Auf der Empfangsseite wird ein Empfangsmodul von Vishay eingesetzt. Es handelt sich hierbei um den Typ *TSOP1736*. In diesem Modul wird die erste Stufe der Signalverarbeitung realisiert. Es findet eine Verstärkungsregelung statt und das Signal wird über einen Bandpass mit einer Mittenfrequenz von 36 kHz gefiltert. Das Signal wird demoduliert und über einen Ausgangstransistor nach außen gegeben. Der Transistor ist über einen internen Pull-up-Widerstand an die Versorgungsspannung angeschlossen. Daher erhält man im nicht aktiven Zustand einen High-Pegel am Ausgang. Das bedeutet, dass das IR-Protokoll am Ausgang des Empfangsmoduls invertiert ausgegeben wird. Damit man das spätere Programm besser nachvollziehen kann, werden im Folgenden die Signalpegel so dargestellt, wie sie am Ausgang des Empfangsmoduls anliegen. Daher ist für die Darstellung einer logischen 1 ein Pegelwechsel von high nach low erforderlich. Bei der Übertragung einer logischen 0 findet man einen Pegelwechsel von low nach high vor.

Ein Tastencode hat eine Dauer von 24,889 ms. Dies entspricht 14 Bits mit je 1,777 ms Dauer. Mit diesen 14 Bits werden 2 Startbits, 1 Toggle-Bit, 5 Adressbits und 6 Befehlsbits übertragen. Die Startbits werden verwendet, um den Start des Infrarotprotokolls zu erkennen. Im Anschluss wird ein Toggle-Bit übertragen, mit dem man erkennen kann, ob eine Taste mehrfach hintereinander gedrückt wurde oder ob die Taste dauerhaft gedrückt ist. Dieses Toggle-Bit wechselt nach jedem Tastendruck von 0 auf 1 oder von 1 auf 0. Wird die Taste dauerhaft gedrückt, hat das Toggle-Bit immer den gleichen Wert. Nach dem Toggle-Bit werden 5 Adressbits übertragen, in denen festgelegt ist, um welches Gerät es sich handelt. In Tabelle 14.1 findet man eine Zusammenstellung, wofür die einzelnen Adressen verwendet werden.

Tabelle 14.1: Adressen für IR-Übertragung

Adr.	Gerät	Adr.	Gerät
0x00	TV 1	0x10	Preamp 1
0x01	TV 2	0x11	Tuner
0x02	Videotext	0x12	Recorder 1
0x03	Video VD	0x13	Preamp 2
0x04	Video LV 1	0x14	CD-ROM
0x05	VCR 1	0x15	Phono
0x06	VCR 2	0x16	SAT
0x07	Experimental	0x17	DAT / MD
0x08	SAT 1	0x18	

Adr.	Gerät	Adr.	Gerät
0x09	Kamera	0x19	
0x0A	SAT 2	0x1A	CDR
0x0B		0x1B	
0x0C	CDV	0x1C	
0x0D	Camcorder	0x1D	Beleuchtung 1
0x0E		0x1E	Beleuchtung 2
0x0F		0x1F	Telefon

Nach der Adresse werden 6 Bits für das Kommando übertragen. Mit diesen 6 Bits können 64 verschiedene Tastencodes übertragen werden. Die wichtigsten Befehle, über die fast jede Fernbedienung verfügt, sind in Tabelle 14.2 aufgeführt.

Tabelle 14.2: Befehle für IR-Übertragung

Befehl	Taste	Befehl	Taste	Befehl	Taste	Befehl	Taste
0x00	0	0x10	Lautstärke +	0x20	Kanal +	0x30	Pause
0x01	1	0x11	Lautstärke -	0x21	Kanal -	0x31	
0x02	2	0x12	Helligkeit +	0x22		0x32	Schnell zurück
0x03	3	0x13	Helligkeit -	0x23		0x33	
0x04	4	0x14	Farbe +	0x24		0x34	Schnell vor
0x05	5	0x15	Farbe -	0x25		0x35	Wiedergabe
0x06	6	0x16	Bass +	0x26		0x36	Stopp
0x07	7	0x17	Bass -	0x27		0x37	Aufnahme
0x08	8	0x18	Höhen +	0x28		0x38	
0x09	9	0x19	Höhen -	0x29		0x39	
0x0A		0x1A	Balance rechts	0x2A		0x3A	
0x0B		0x1B	Balance links	0x2B		0x3B	
0x0C	Stand-by	0x1C		0x2C		0x3C	
0x0D	Mute	0x1D		0x2D		0x3D	
0x0E		0x1E		0x2E		0x3E	
0x0F		0x1F		0x2F		0x3F	

Abb. 14.3 zeigt die komplette Übertragung eines Tastendrucks. Als Erstes werden die beiden Startbits übertragen, gefolgt vom Toggle-Bit. Als Adresse wurde ein Satellitenempfänger mit der Adresse 0x08 gewählt und das Kommando steht für die Taste *VOL–* (weniger Lautstärke). Die Signalpegel sind so dargestellt, wie sie auch am Eingang des Mikrocontrollers anliegen.

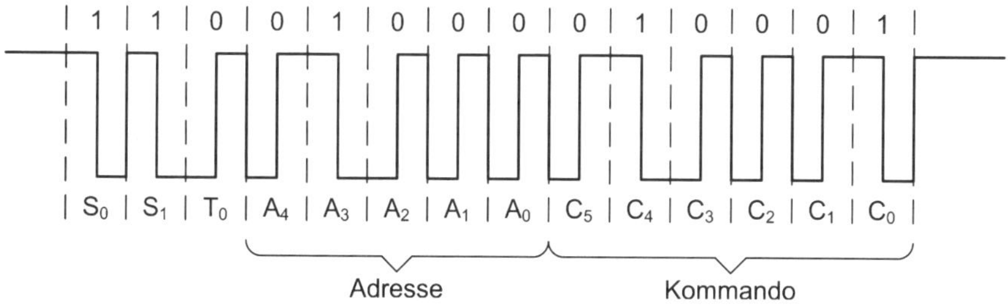

Abb. 14.3: Übertragung eines kompletten IR-Befehls

Da zur Verbesserung der Störsicherheit für jeden Tastendruck der Tastencode dreimal übertragen wird, ergibt sich am Eingang des Mikrocontrollers ein Signalverlauf wie in *Abb. 14.4* dargestellt. Zwischen den Tastencodes ist immer eine Pause von 88,889 ms.

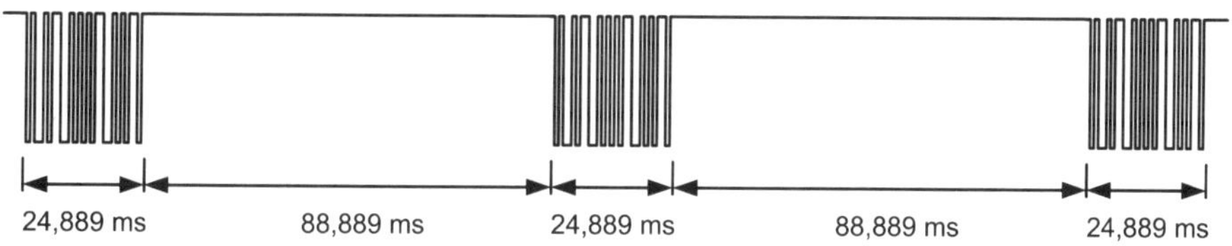

Abb. 14.4: Mehrfache Aussendung des Befehls

Dieser Signalverlauf muss nun vom Mikrocontroller ausgewertet werden. Dazu gibt es unterschiedliche Möglichkeiten, von denen das Buch eine vorstellt. Dazu wird der Signalzustand an dem Pin des Mikrocontrollers alle 889 µs abgefragt. Dies sind zwei Abtastwerte pro Bit. Die Signalzustände innerhalb eines Bits müssen unterschiedlich sein, da sonst der Empfang nicht korrekt war. Die Abtastung ist in *Abb. 14.5* gezeigt. Der Abtastzeitpunkt ist durch ein „X“ gekennzeichnet.

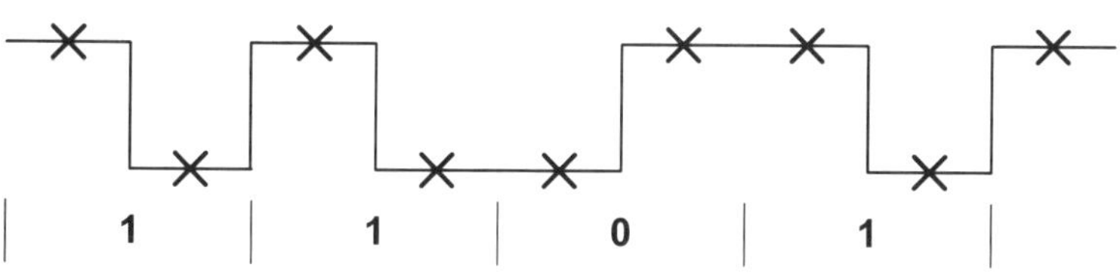

Abb. 14.5: Abtastung des IR-Signals

Bei einer logischen 1 wird ein Signalwechsel von high nach low erkannt und bei einer logischen 0 wechselt das Signal von low nach high. Liegt während eines Bits zweimal der gleiche Pegel vor, kann man den Empfang sofort abbrechen, da die Übertragung dann fehlerhaft ist. Durch diese Methode kann man sofort erkennen, ob die Daten fehlerfrei übertragen werden.

14.2 Beispielprogramm: IR-Schalter

Mithilfe des Beispiels wird verdeutlicht, wie die IR-Signale ausgewertet werden können. Dazu wird ein *RC5*-Protokoll abgetastet und analysiert. Im Beispiel werden die LEDs in Abhängigkeit von der gedrückten Taste geschaltet. LED 4 leuchtet immer und wird nur ausgeschaltet, wenn ein gültiger Code erkannt wurde. Wird die Taste *VOL+* gedrückt, wird LED 1 eingeschaltet und leuchtet für eine Sekunde, danach wird wieder auf LED 4 zurückgeschaltet. Wenn die Taste *VOL-* gedrückt wird, schaltet der Mikrocontroller LED 4 aus und LED 2 an. Wird irgendeine andere Taste gedrückt, leuchtet LED 3 für ca. eine Sekunde.

Auf der CD-ROM findet man auch die Daten für eine Simulation. Dadurch hat man die Möglichkeit, schrittweise durch das Programm zu springen. In der Praxis ist dies leider nicht so einfach möglich. Das Senden des Codes kann nicht unterbrochen werden, weil immer ein kompletter Code gesendet wird. In der Praxis treten aber noch weitere Probleme auf. Es kann passieren, dass sich die Universalfernbedienung nicht exakt an das Timing nach dem RC5-Standard hält. Dadurch kommt es mit jedem Bit zu geringen Verzögerungen, die sich im Lauf der Übertragung addieren. Ist dies der Fall, wird am Ende des Protokolls nicht mehr in der Mitte des Bits abgetastet, sondern in der Nähe der Flanken. Bei zu großen Unterschieden entstehen dann Übertragungsfehler. Ist dies der Fall, müssen die Zeitverzögerungen im Unterprogramm angepasst werden. Leider benötigt man dann für die genaue Analyse ein Oszilloskop, das nicht jeder Bastler zur Verfügung hat.

Im Hauptprogramm wird in einer Schleife der IR-Empfänger dauerhaft abgefragt. Ändert sich der Pegel von high nach low, wird mit der Auswertung des Protokolls begonnen.

```
main            ;Beginn der Hauptschleife
   bcf LED_1    ;LED 1 ausschalten
   bcf LED_2    ;LED 2 ausschalten
   bcf LED_3    ;LED 3 ausschalten
   bsf LED_4    ;LED 4 wird angeschaltet, wenn kein Code
                ;empfangen wurde oder ein Fehler erkannt wurde
   btfsc IR_RCV ;prüfen, ob sich das Signal des IR-Empfängers
                ;geändert hat
   goto main    ;es wurde keine Signaländerung erkannt
```

Nachdem das Hauptprogramm eine Änderung festgestellt hat, werden die beiden Startbits geprüft. So wird geprüft, ob es sich um einen RC5-Code handelt. Ist an dieser Stelle schon das Timing falsch, wird die Auswertung unterbrochen.

```
startbits_prüfen
   movlw d'14'          ;es werden insgesamt 14 Bits eingelesen
   movwf IR_COUNTER
   bsf IR_ABTAST        ;zeigt den Abtastzeitpunkt an
```

```
_DELAY_TMR1_US d'445'   ;Zeitverzögerung, damit in der Mitte
                        ;des nächsten Signals abgetastet wird
bcf IR_ABTAST           ;zeigt den Abtastzeitpunkt an
btfsc IR_RCV
goto fehler             ;das erste Startbit wurde nicht richtig
                        ;erkannt
decf IR_COUNTER         ;erstes Startbit erkannt und gültig
btfsc STATUS, Z         ;prüfen, ob der Zähler bis 0
                        ;heruntergezählt wurde
goto fehler             ;Zähler wurde auf 0 heruntergezählt
_DELAY_TMR1_US d'889'
bsf IR_ABTAST           ;zeigt den Abtastzeitpunkt an
btfss IR_RCV            ;erste Hälfte des 2. Startbits muss
                        ;high sein
goto fehler             ;Fehler
_DELAY_TMR1_US d'889'
bcf IR_ABTAST           ;zeigt den Abtastzeitpunkt an
btfsc IR_RCV            ;zweite Hälfte des 2. Startbits muss
                        ;low sein
goto fehler             ;Fehler
decf IR_COUNTER
btfsc STATUS, Z         ;prüfen, ob der Zähler bis 0
                        ;heruntergezählt wurde
goto fehler             ;Zähler wurde auf 0 heruntergezählt
```

Während der Auswertung wird vor jeder Abtastung des IR-Empfängers der Ausgang RC5 des PIC umgeschaltet. Lässt man sich diesen Ausgangspegel in der Simulation anzeigen oder misst mit einem Oszilloskop an diesem Pin, kann man erkennen, zu welchem Zeitpunkt das IR-Signal abgetastet wird. Dadurch ist es leicht möglich, eine Verschiebung des Timings zu erkennen. Mit dem Register *IR_COUNTER* wird die Anzahl der bereits ausgewerteten Bits gezählt. Wird dieser Zähler vor dem Ende der Auswertung auf 0 heruntergezählt, handelt es sich um einen Fehler und es wird zu der Sprungmarke *fehler* gesprungen.

Da sich die Prüfung der einzelnen Bits wiederholt und immer gleich abläuft, wurde für diesen Zweck das Unterprogramm *IR_Bittest* geschrieben.

```
IR_Bittest
   clrf IR_FLANKE          ;alte Daten aus dem Register IR_FLANKE
                           ;löschen
   clrf IR_STATUS          ;alte Daten aus dem Register IR_STATUS
                           ;löschen
ir_test_1                  ;erste Hälfte des Bits testen
   _DELAY_TMR1_US d'875'   ;Zeitverzögerung ist weniger als 889 µs,
                           ;da die Befehle auch Zeit in Anspruch
                           ;nehmen
   bsf IR_ABTAST           ;damit man erkennt, wo die Abtastpunkte
                           ;liegen
   btfsc IR_RCV            ;prüft den Signalpegel des
                           ;IR-Empfängers
```

```
   goto ir_high_1          ;erste Hälfte des Bits ist high
   goto ir_low_1           ;erste Hälfte des Bits ist low
ir_high_1
   bsf IR_FLANKE, 1        ;bei High-Pegel wird Bit 1 im Register
                           ;IR_FLANKE gesetzt
   goto ir_test_2          ;zweite Hälfte des Bits prüfen
ir_low_1
   bcf IR_FLANKE, 1        ;bei Low-Pegel wird Bit 1 im Register
                           ;IR_FLANKE zurückgesetzt
   goto ir_test_2          ;zweite Hälfte des Bits prüfen
ir_test_2                  ;zweite Hälfte des Bits testen
   _DELAY_TMR1_US d'860'   ;Zeitverzögerung ist weniger als 889 µs,
                           ;da die Befehle auch Zeit in Anspruch
                           ;nehmen
   bcf IR_ABTAST           ;damit man erkennt, wo die Abtastpunkte
                           ;liegen
   btfsc IR_RCV            ;prüft den Signalpegel des
                           ;IR-Empfängers
   goto ir_high_2          ;zweite Hälfte des Bits ist high
   goto ir_low_2           ;zweite Hälfte des Bits ist low
ir_high_2
   bsf IR_FLANKE, 0        ;bei High-Pegel wird Bit 0 im Register
                           ;IR_FLANKE gesetzt
   goto ir_test_ende       ;beide Hälften des Bits wurden
                           ;ausgewertet -> Ende
ir_low_2
   bcf IR_FLANKE, 0        ;bei Low-Pegel wird Bit 0 im Register
                           ;IR_FLANKE zurückgesetzt
   goto ir_test_ende       ;beide Hälften des Bits wurden
                           ;ausgewertet -> Ende
ir_test_ende
   nop                     ;Ende der Abtastung
ir_bittest_low
   movlw 0x01              ;prüfen, ob logisch 0
   subwf IR_FLANKE, W
   btfss STATUS, Z
   goto ir_bittest_high
   bsf IR_STATUS, 0        ;wenn das Bit 0 ist, wird das Bit 0 im
   bcf IR_STATUS, 1        ;Register IR_STATUS gesetzt und das
                           ;Bit 1 zurückgesetzt
   bcf IR_STATUS, 2        ;Fehlerbit auf 0 setzen
   return
ir_bittest_high
   movlw 0x02              ;prüfen, ob logisch 1
   subwf IR_FLANKE, W
   btfss STATUS, Z
   goto ir_bittest_fehler
   bcf IR_STATUS, 0        ;wenn das Bit 1 ist, wird das Bit 0 im
   bsf IR_STATUS, 1        ;Register IR_STATUS gelöscht und das
                           ;Bit 1 gesetzt
   bcf IR_STATUS, 2        ;Fehlerbit auf 0 setzen
   return
ir_bittest_fehler
   bcf IR_STATUS, 0        ;ist ein Fehler aufgetreten, werden
```

```
    bcf IR_STATUS, 1        ;Bit 0 und Bit 1 zurückgesetzt
    bsf IR_STATUS, 2        ;Fehler -> Fehlerbit auf 1 setzen
                            ;es sind zwei gleiche Signalzustände
                            ;hintereinander aufgetreten
    return
```

Im Unterprogramm wird jedes Bit zweimal abgetastet und dadurch entschieden, ob es sich um eine steigende (logisch 0) oder eine fallende (logisch 1) Flanke handelt. Nachdem die beiden Bithälften abgetastet wurden, wird ab der Sprungmarke *ir_bittest_low* geprüft, um welche Flanke es sich handelt. Wurde zweimal hintereinander ein High-Pegel oder ein Low-Pegel eingelesen, handelt es sich um einen Fehler und im Register *IR_STATUS* wird das Fehlerbit (Bit 2) gesetzt. Dieses Register kann nach der Rückkehr in das aufrufende Programm ausgewertet werden.

Das Unterprogramm wird im Programm zum ersten Mal aufgerufen, um das Toggle-Bit einzulesen. Nach dem Aufruf wird geprüft, welchen Wert das Toggle-Bit hat. Dieser Wert wird dann in das Register *IR_TOGGLE* geschrieben. Wurde über das Register *IR_STATUS* ein Fehler gemeldet, springt das Programm an die Sprungmarke *fehler*.

```
togglebit_lesen
    call IR_Bittest         ;Unterprogramm prüft das nächste Bit
    btfsc IR_STATUS, 0
    clrf IR_TOGGLE          ;Togglebit = 0
    btfsc IR_STATUS, 1
    bsf IR_TOGGLE, 0        ;Togglebit = 1
    btfsc IR_STATUS, 2
    goto fehler             ;Fehler
    decf IR_COUNTER
    btfsc STATUS, Z         ;prüfen, ob der Zähler bis 0
                            ;heruntergezählt wurde
    goto fehler             ;Zähler wurde auf 0 heruntergezählt
```

Auch bei der Prüfung des Toggle-Bits wird überprüft, ob der Bitzähler bereits auf 0 heruntergezählt wurde. Wenn das Programm ordnungsgemäß arbeitet, sollte der Zähler an dieser Stelle noch nicht 0 erreichen.

```
    movlw d'5'              ;es sollen 5 Adressbits gelesen werden
    movwf COUNTER
    clrf IR_ADRESSE
    bcf STATUS, C           ;Carry-Bit löschen, damit es beim
                            ;Rotieren nicht stört
adressbits_lesen
    rlf IR_ADRESSE
    call IR_Bittest         ;Unterprogramm prüft das nächste Bit
    btfsc IR_STATUS, 0
```

```
    bcf IR_ADRESSE, 0       ;Adressbit = 0
    btfsc IR_STATUS, 1
    bsf IR_ADRESSE, 0       ;Adressbit = 1
    btfsc IR_STATUS, 2
    goto fehler ;Fehler
    decf IR_COUNTER
    btfsc STATUS, Z         ;prüfen, ob der Zähler bis 0
                            ;heruntergezählt wurde
    goto fehler             ;Zähler wurde auf 0 heruntergezählt
    decfsz COUNTER
    goto adressbits_lesen   ;es wurden noch nicht alle Adressbits
                            ;gelesen
```

Nach der Auswertung des Toggle-Bits werden die 5 Adressbits untersucht. Dazu wird das Register *COUNTER* mit dem Wert 5 geladen. Das Unterprogramm *IR_Bittest* wird so lange aufgerufen, bis alle Adressbits eingelesen sind. Nach jedem Bit werden die bereits eingelesenen Bits im Register *IR_ADRESSE*, um eine Stelle nach links geschoben. Am Ende der Schleife steht der eingelesene Wert im Register *IR_ADRESSE.*

An dieser Stelle wurden bereits 8 Bits eingelesen und es fehlen noch die 6 Bits für das Kommando. Dies funktioniert nach dem gleichen Prinzip wie das Einlesen der Adresse.

```
    movlw d'6'              ;es sollen 6 Befehlsbits gelesen werden
    movwf COUNTER
    clrf IR_BEFEHL
    bcf STATUS, C           ;Carry-Bit löschen, damit es beim
                            ;Rotieren nicht stört
befehlbits_lesen
    rlf IR_BEFEHL
    call IR_Bittest         ;Unterprogramm prüft das nächste Bit
    btfsc IR_STATUS, 0
    bcf IR_BEFEHL, 0        ;Befehlbit = 0
    btfsc IR_STATUS, 1
    bsf IR_BEFEHL, 0        ;Befehlbit = 1
    btfsc IR_STATUS, 2
    goto fehler             ;Fehler
    decf IR_COUNTER
    btfsc STATUS, Z         ;prüfen, ob der Zähler bis 0
                            ;heruntergezählt wurde
    goto ende_daten         ;Zähler wurde auf 0 heruntergezählt
    decfsz COUNTER
    goto befehlbits_lesen   ;es wurden noch nicht alle Befehlbits
                            ;gelesen
```

Nachdem die Schleife sechsmal durchlaufen wurde, steht im Register *IR_BEFEHL* der Code der gedrückten Taste. Es sind nun alle 14 Bits eingelesen und die Auswertung der einzelnen Register kann beginnen.

Im Beispiel wird nur das Register mit dem Kommando ausgewertet. Die Adresse kann daher beliebig gewählt werden. Das heißt, dass es egal ist, ob die Taste auf einer Fernbedienung für einen Satellitenempfänger oder einen Fernseher gedrückt wurde.

```
ende_daten                ;Alle Datenbits wurden eingelesen und
                          ;werden nun analysiert
   movlw VOL_P            ;Wert für VOL+ (Lautstärke + = 0x10)
   subwf IR_BEFEHL, W
   btfsc STATUS, Z
   goto led1_an           ;schalte LED1 an
   movlw VOL_M            ;Wert für VOL- (Lautstärke -= 0x11)
   subwf IR_BEFEHL, W
   btfsc STATUS, Z
   goto led2_an           ;schalte LED2 an
   goto led3_an           ;es wurde eine andere Taste gedrückt
```

Für die Auswertung wird das Register *IR_BEFEHL* mit dem Kommando für die Tasten *VOL+* und *VOL-* verglichen. Wurde die Taste *VOL+* erkannt, wird an die Sprungmarke *led1_an* gesprungen und die LED 1 angeschaltet. Bei der Taste *VOL-* wird die LED 2 angeschaltet und bei jeder anderen Taste die LED 3.

```
led1_an                      ;LED 1 für eine Sekunde anschalten
   bsf LED_1                 ;LED 1 an
   bcf LED_2                 ;LED 2 aus
   bcf LED_3                 ;LED 3 aus
   bcf LED_4                 ;LED 4 aus
   _DELAY_TMR1_US d'500000'
   _DELAY_TMR1_US d'500000'
   goto main                 ;Code erkannt -> zurück zum
                             ;Hauptprogramm
led2_an                      ;LED 2 für eine Sekunde anschalten
   bcf LED_1                 ;LED 1 aus
   bsf LED_2                 ;LED 2 an
   bcf LED_3                 ;LED 3 aus
   bcf LED_4                 ;LED 4 aus
   _DELAY_TMR1_US d'500000'
   _DELAY_TMR1_US d'500000'
   goto main                 ;Code erkannt -> zurück zum
                             ;Hauptprogramm
led3_an                      ;LED 3 für eine Sekunde anschalten
   bcf LED_1                 ;LED 1 aus
   bcf LED_2                 ;LED 2 aus
   bsf LED_3                 ;LED 3 an
   bcf LED_4                 ;LED 4 aus
   _DELAY_TMR1_US d'500000'
   _DELAY_TMR1_US d'500000'
   goto main                 ;Es wurde ein unbekannter Code
                             ;erkannt -> zurück zum Hauptprogramm
```

An den jeweiligen Sprungmarken wird jeweils nur eine LED angeschaltet. Nach einer anschließenden Pause von einer Sekunde wird wieder in das Hauptprogramm zurückgesprungen und erneut der Ausgang des IR-Empfängers abgefragt.

Tritt während der Prüfung der einzelnen Bits ein Fehler auf, wird an die Sprungmarke *fehler* gesprungen.

```
fehler
   _DELAY_TMR1_US d'40000' ;wartet 40 ms nach einem Fehler,
                           ;damit weitere Signale nicht mehr
                           ;beachtet werden
   goto main
```

An dieser Stelle wartet das Programm 40 ms, bis alle Daten von der IR-Fernbedienung ausgesendet wurden, und springt dann zurück in das Hauptprogramm.

15 Anhang

Aufteilung der Register mit speziellen Funktionen

Bank 0		**Bank 1**		**Bank 2**		**Bank 3**	
Adr.	**Name**	**Adr.**	**Name**	**Adr.**	**Name**	**Adr.**	**Name**
0x00	ind. Adr.	0x80	ind. Adr.	0x100	ind. Adr.	0x180	ind. Adr.
0x01	TMR0	0x81	OPTION_REG	0x101	TMR0	0x181	OPTION_REG
0x02	PCL	0x82	PCL	0x102	PCL	0x182	PCL
0x03	STATUS	0x83	STATUS	0x103	STATUS	0x183	STATUS
0x04	FSR	0x84	FSR	0x104	FSR	0x184	FSR
0x05	PORTA	0x85	TRISA	0x105		0x185	
0x06	PORTB	0x86	TRISB	0x106	PORTB	0x186	TRISB
0x07	PORTC	0x87	TRISC	0x107		0x187	
0x08	PORTD	0x88	TRISD	0x108		0x188	
0x09	PORTE	0x89	TRISE	0x109		0x189	
0x0A	PCLATH	0x8A	PCLATH	0x10A	PCLATH	0x18A	PCLATH
0x0B	INTCON	0x8B	INTCON	0x10B	INTCON	0x18B	INTCON
0x0C	PIR1	0x8C	PIE1	0x10C	EEDATA	0x18C	EECON1
0x0D	PIR2	0x8D	PIE2	0x01D	EEADR	0x18D	EECON2
0x0E	TMR1L	0x8E	PCON	0x10E	EEDATH	0x18E	
0x0F	TMR1H	0x8F		0x10F	EEADRH	0x18F	
0x10	T1CON	0x90		0x110		0x190	
0x11	TMR2	0x91	SSPCON2	0x111		0x191	
0x12	T2CON	0x92	PR2	0x112		0x192	
0x13	SSPBUF	0x93	SSPADD	0x113		0x193	
0x14	SSPCON	0x94	SSPSTAT	0x114		0x194	
0x15	CCPR1L	0x95		0x115		0x195	
0x16	CCPR1H	0x96		0x116		0x196	
0x17	CCP1CON	0x97		0x117	frei verfügbar	0x197	frei verfügbar
0x18	RCSTA	0x98	TXSTA	0x118		0x198	
0x19	TXREG	0x99	SPBRG	0x119		0x199	
0x1A	RCREG	0x9A		0x11A		0x19A	
0x1B	CCPR2L	0x9B		0x11B		0x19B	
0x1C	CCPR2H	0x9C	CMCON	0x11C		0x19C	
0x1D	CCP2CON	0x9D	CVRCON	0x11D		0x19D	
0x1E	ADRESH	0x9E	ADRESL	0x11E		0x19E	
0x1F	ADCON0	0x9F	ADCON1	0x11F		0x19F	
0x20		0xA0		0x120		0x1A0	
	frei verfügbar		frei verfügbar		frei verfügbar		frei verfügbar
0x6F		0xEF		0x16F		0x1EF	
0x70		0xF0	greift auf	0x170	greift auf	0x1F0	greift auf
	frei verfügbar		0x70 bis 0x7F		0x70 bis 0x7F		0x70 bis 0x7F
0x7F		0xFF	zu	0x17F	zu	0x1FF	zu

Übersicht der Steuer- und Statusregister

In der folgenden Tabelle sind die wichtigsten Register mit deren Bitnamen aufgelistet. Die Bitnamen entsprechen der Bezeichnung aus der *Include*-Datei *P16F876A.INC*.

Adr.	Name	Bit 7	Bit 6	Bit 5	Bit 4	Bit 3	Bit 2	Bit 1	Bit 0
Bank 0									
0x03	STATUS	IRP	RP1	RP0	NOT_TO	NOT_PD	Z	DC	C
0x0B	INTCON	GIE	PEIE	TMR0IE	INTE	RBIE	TMR0IF	INTF	RBIF
0x0C	PIR1	PSPIF	ADIF	RCIF	TXIF	SSPIF	CCP1IF	TMR2IF	TMR1IF
0x0D	PIR2		CMIF		EEIF	BCLIF			CCP2IF
0x10	T1CON			T1CKPS1	T1CKPS0	T1OSCEN	NOT_T1SYNC	TMR1CS	TMR1ON
0x12	T2CON		TOUTPS3	TOUTPS2	TOUTPS1	TOUTPS0	TMR2ON	T2CKPS1	T2CKPS0
0x14	SSPCON	WCOL	SSPOV	SSPEN	CKP	SSPM3	SSPM2	SSPM1	SSPM0
0x17	CCP1CON			CCP1X	CCP1Y	CCP1M3	CCP1M2	CCP1M1	CCP1M0
0x18	RCSTA	SPEN	RX9	SREN	CREN	ADDEN	FERR	OERR	RX9D
0x1D	CCP2CON			CCP2X	CCP2Y	CCP2M3	CCP2M2	CCP2M1	CCP2M0
0x1F	ADCON0	ADCS1	ADCS0	CHS2	CHS1	CHS0	GO_DONE		ADON
Bank 1									
0x81	OPTION_REG	NOT_RBPU	INTEDG	T0CS	T0SE	PSA	PS2	PS1	PS0
0x8C	PIE1	PSPIE	ADIE	RCIE	TXIE	SSPIE	CCP1IE	TMR2IE	TMR1IE
0x8D	PIE2		CMIE		EEIE	BCLIE			CCP2IE
0x8E	PCON							NOT_POR	NOT_BOR
0x91	SSPCON2	GCEN	ACKSTAT	ACKDT	ACKEN	RCEN	PEN	RSEN	SEN
0x94	SSPSTAT	SMP	CKE	D_A	P	S	R_W	UA	BF
0x98	TXSTA	CSRC	TX9	TXEN	SYNC		BRGH	TRMT	TX9D
0x9C	CMCON	C2OUT	C1OUT	C2INV	C1INV	CIS	CM2	CM1	CM0
0x9D	CVRCON	CVREN	CVROE	CVRR		CVR3	CVR2	CVR1	CVR0
0x9F	ADCON1	ADFM	ADCS2			PCFG3	PCFG2	PCFG1	PCFG0
Bank 3									
0x18C	EECON1	EEPGD				WRERR	WREN	WR	RD

Statusregister

Im Statusregister stehen verschiedene Informationen über den Zustand nach mathematischen oder logischen Operationen und darüber, welche Registerbank aktiviert ist.

STATUS (Adressen 0x03, 0x83, 0x103, 0x183)

R/W (0)	R/W (0)	R/W (0)	R (1)	R (1)	R/W (x)	R/W (x)	R/W (x)
IRP	RP1	RP0	NOT_TO	NOT_PD	Z	DC	C
7	6	5	4	3	2	1	0

Bit 7: IRP: Auswahlbit für Registerbank (wird für indirekte Adressierung verwendet)
1 = Bank 2, 3 (0x100-0x1FF)
0 = Bank 0, 1 (0x00-0xFF)

Bit 6-5: RP1:RP0: Auswahlbits für Registerbank (wird für die direkte Adressierung verwendet)
11 = Bank 3 (0x180-0x1FF)
10 = Bank 2 (0x100-0x17F)
01 = Bank 1 (0x80-0xFF)
00 = Bank 0 (0x00-0x7F)
Jede Bank hat 128 Bytes.

Bit 4: NOT_TO: Time-Out Bit
1 = Nach dem Power-up, einem *CLRWDT*-Befehl oder einem *SLEEP*-Befehl
0 = Der Watchdog-Timer ist abgelaufen

Bit 3: NOT_PD: Power-down-Bit
1 = Nach dem Power-up oder einem *CLRWDT*-Befehl
0 = Nach dem Ausführen eines *SLEEP*-Befehls

Bit 2: Z: Zero Bit (Null-Bit)
1 = Das Resultat einer mathematischen oder logischen Operation ist null.
0 = Das Resultat einer mathematischen oder logischen Operation ist nicht null.

Bit 1: DC: Digit Carry/Borrow (für den Übertrag nach einer Subtraktion ist die Polarität umgekehrt)
1 = Ein Übertrag von dem vierten niederwertigsten Bit ist aufgetreten.
0 = Kein Übertrag von dem vierten niederwertigsten Bit ist aufgetreten.

Bit 0: C: Carry/Borrow (für den Übertrag nach einer Subtraktion ist die Polarität umgekehrt)
1 = Ein Übertrag von dem höchstwertigen Bit ist aufgetreten.
0 = Kein Übertrag von dem höchstwertigen Bit ist aufgetreten.

Optionsregister

Im Optionsregister stehen verschiedene Kontrollbits zum Konfigurieren des Timers und des Watchdogs. Ebenfalls kann hier die Flanke für einen Interrupt eingestellt werden und die Pull-up-Widerstände für *PORTB* eingeschaltet werden.

OPTION_REG (Adressen 0x81, 0x181)

R/W (1)	R/W (1)	R/W (1)	R/W (1)	R/W (1)	R/W (1)	R/W (1)	R/W (1)
NOT_RBPU	INTEDG	T0CS	T0SE	PSA	PS2	PS1	PS0
7	6	5	4	3	2	1	0

Bit 7: NOT_RBPU: Einschalten der Pull-up-Widerstände an *PORTB*
1 = Pull-up-Widerstände an *PORTB* sind eingeschaltet
0 = Pull-up-Widerstände an *PORTB* sind ausgeschaltet

Bit 6: INTEDG: Auswahlbit für die Interruptflanke
1 = Interrupt wird bei einer steigenden Flanke von Pin RB0/INT ausgelöst
0 = Interrupt wird bei einer fallenden Flanke von Pin RB0/INT ausgelöst

Bit 5: T0CS: Auswahlbit der Taktquelle von Timer 0 (TMR0)
1 = Signalwechsel an Pin RA4/T0CKI
0 = Interner Befehlstakt

Bit 4: T0SE: Auswahlbit der Taktflanke von Timer 0 (TMR0)
1 = Erhöhung bei einem Wechsel von high nach low an Pin RA4/T0CKI
0 = Erhöhung bei einem Wechsel von low nach high an Pin RA4/T0CKI

Bit 3: PSA: Zuweisung des Vorteilers (Prescaler)
1 = Vorteiler ist dem Watchdogtimer (WDT) zugeteilt
0 = Vorteiler ist dem Timer 0 zugeteilt

Bit 2-0: PS2:PS0: Auswahl des Teilerverhältnisses

Bitwert	TMR0	WDT
000	1 : 2	1 : 1
001	1 : 4	1 : 2
010	1 : 8	1 : 4
011	1 : 16	1 : 8
100	1 : 32	1 : 16
101	1 : 64	1 : 32
110	1 : 128	1 : 64
111	1 : 256	1 : 128

Interrupt-Kontroll-Register (INTCON)
Im INTCON-Register stehen verschiedene Bits zum Freischalten und Kontrollieren von Interrupts.

INTCON (Adressen 0xB, 0x8B, 0x10B, 0x18B)							
R/W (0)	R/W (0)	R/W (0)	R/W (0)	R/W (0)	R/W (0)	R/W (0)	R/W (x)
GIE	PEIE	TMR0IE	INTE	RBIE	TMR0IF	INTF	RBIF
7	6	5	4	3	2	1	0

Bit 7: GIE: Freigabebit des globalen Interrupts
1 = Gibt alle unmaskierten Interrupts frei.
0 = Sperrt alle Interrupts.

Bit 6: PEIE: Freigabebit von Interrupts, die von der Peripherie kommen.
1 = Gibt alle unmaskierten Interrupts von der Peripherie frei.
0 = Sperrt alle Interrupts von der Peripherie.

Bit 5: TMR0IE: Freigabebit des Interrupts bei einem Überlauf von Timer 0 (TMR0)
1 = Freigabe des Interrupts von TMR0
0 = Sperren des Interrupts von TMR0

Bit 4: INTE: Freigabebit des Interrupts von Pin RB0/INT
1 = Freigabe des Interrupts von Pin RB0/INT
0 = Sperren des Interrupts von Pin RB0/INT

Bit 3: RBIE: Freigabebit des Interrupts bei einem Signalwechsel an *PORTB*
1 = Freigabe des Interrupts bei einem Signalwechsel an *PORTB*
0 = Sperren des Interrupts bei einem Signalwechsel an *PORTB*

Bit 2: TMR0IF: Anzeigebit, wenn Timer 0 überläuft
1 = *TMR0*-Register ist übergelaufen (in Software zurücksetzen)
0 = *TMR0*-Register ist nicht übergelaufen.

Bit 1: INTF: Anzeigebit für externen Interrupt an Pin RB0/INT
1 = Ein Interrupt an Pin RB0/INT ist aufgetreten (in Software zurücksetzen).
0 = Es ist kein Interrupt an Pin RB0/INT aufgetreten.

Bit 0: RBIF: Anzeigebit für einen Interrupt durch einen Signalwechsel an PORTB
1 = Mindestens ein Pin zwischen RB7 und RB4 hat den Zustand gewechselt (in Software zurücksetzen).
0 = Keiner der Pins zwischen RB7 und RB4 hat den Zustand geändert.

Peripherie-Interrupt-Register

Im *PIR1*-Register sind individuelle Flags für die Interrupts von der Peripherie enthalten.

PIR1 (Adresse 0x0C)							
R/W (0)	R/W (0)	R (0)	R (0)	R/W (0)	R/W (0)	R/W (0)	R/W (0)
PSPIF	ADIF	RCIF	TXIF	SSPIF	CCP1IF	TMR2IF	TMR1IF
7	6	5	4	3	2	1	0

Bit 7: PSPIF: Schreib-Lese-Interruptflag vom Parallel Slave Port
1 = Eine Schreib- oder Leseoperation wurde ausgeführt (in Software zurücksetzen).
0 = Keine Schreib- oder Leseoperation
Bei einem PIC16F876A wird dieses Bit nicht benutzt und muss immer auf 0 gesetzt sein.

Bit 6: ADIF: A/D-Wandler Interruptflag
1 = Die A/D-wWandlung ist beendet.
0 = Die A/D-Wandlung ist noch nicht beendet.

Bit 5: RCIF: USART-Interruptflag für Empfang
1 = Der Empfangspuffer des *USART* ist voll.
0 = Der Empfangspuffer des *USART* ist leer.

Bit 4: TXIF: USART-Interruptflag für das Senden
1 = Der Sendepuffer des *USART* ist leer.
0 = Der Sendepuffer des *USART* ist voll.

Bit 3: SSPIF: Interruptflag für den synchronen seriellen Port (SSP)
1 = Eine SSP-Interrupt-Bedingung ist aufgetreten (muss in der Software zurückgesetzt werden, bevor man die Interrupt-Service-Routine verlässt)
0 = Keine SSP-Interrupt-Bedingung ist aufgetreten

Bit 2: CCP1IF: Interruptflag für Capture-Compare-PWM-Modul (CCP1)
Capture mode:
1 = Ein Interrupt von TMR1 ist aufgetreten (in Software zurücksetzen)
0 = Kein Interrupt von TMR1 ist aufgetreten.
Compare mode:
1 = Beim Registervergleich ist eine Übereinstimmung aufgetreten (in Software zurücksetzen).
0 = Es ist keine Übereinstimmung aufgetreten.
PWM mode:
Wird im PWM-Mode nicht benutzt

Bit 1: TMR2IF: Interruptflag für Übereinstimmung zwischen TMR2 und PR2
1 = TMR2 und PR2 stimmen überein.
0 = Keine Übereinstimmung der Register TMR2 und PR2

Bit 0: TMR1IF: Interruptflag für Überlauf von TMR1
1 = Ein Überlauf im Register TMR1 ist aufgetreten (in Software zurücksetzen).
0 = Kein Überlauf im Register TMR1

Zweites Peripherie-Interrupt-Register

Im PIR2 Register sind die restlichen Interruptflags von der Peripherie enthalten.

PIR2 (Adresse 0x0D)

U (0)	R/W (0)	U (0)	R/W (0)	R/W (0)	U (0)	U (0)	R/W (0)
	CMIF		EEIF	BCLIF			CCP2IF
7	6	5	4	3	2	1	0

Bit 7: Nicht implementiert, wird als 0 gelesen

Bit 6: CMIF: Interruptflag für den Komparator
1 = Der Eingangspegel am Komparator hat gewechselt (in Software zurücksetzen)
0 = Keine Änderung am Komparatoreingang

Bit 5: Nicht implementiert, wird als 0 gelesen

Bit 4: EEIF: Interruptflag für eine EEPROM-Schreiboperation
1 = Das Schreiben ins EEPROM ist beendet (in Software zurücksetzen).
0 = Das Schreiben ist noch nicht beendet oder noch nicht gestartet.

Bit 3: BCLIF: Interruptflag für eine Kollision auf dem I^2C-Bus
1 = Eine Buskollision ist aufgetreten (I^2C-Master-Mode).
0 = Es ist keine Kollision aufgetreten.

Bit 2-1: Nicht implementiert, wird als 0 gelesen

Bit 0: CCP2IF: Interruptflag für Capture-Compare-PWM-Modul (CCP2)
Capture mode:
1 = Ein Interrupt von TMR1 ist aufgetreten (in Software zurücksetzen).
0 = Kein Interrupt von TMR1 ist aufgetreten.
Compare mode:
1 = Beim Registervergleich ist eine Übereinstimmung aufgetreten (in Software zurücksetzen).
0 = Es ist keine Übereinstimmung aufgetreten.
PWM mode:
Wird im PWM-Mode nicht benutzt.

Freigabe der Peripherie Interrupts

Im Register *PIE1* können Interrupts individuell aktiviert werden.

PIE1 (Adresse 0x8C)

R/W (0)	R/W (0)	R/W (0)	R/W (0)	R/W (0)	R/W (0)	R/W (0)	R/W (0)
PSPIE	ADIE	RCIE	TXIE	SSPIE	CCP1IE	TMR2IE	TMR1IE
7	6	5	4	3	2	1	0

Bit 7: PSPIE: Freigabe Schreib-Lese-Interrupt vom Parallel Slave Port
1 = Gibt den PSP-Schreib-Lese-Interrupt frei
0 = Sperrt den PSP-Schreib-Lese-Interrupt
Bei einem PIC16F876A wird dieses Bit nicht benutzt und muss immer auf 0 gesetzt sein.

Bit 6: ADIE: Freigabe des A/D-Wander-Interrupts
1 = Gibt den Interrupt für die A/D-Wandlung frei.
0 = Sperrt den Interrupt für die A/D-Wandlung.

Bit 5: RCIE: Freigabe des Interrupts für den *USART*-Empfang
1 = Gibt den Interrupt für den *USART*-Empfang frei.
0 = Sperrt den Interrupt für den *USART*-Empfang.

Bit 4: TXIE: Freigabe des Interrupts für das Senden über *USART*
1 = Gibt den Interrupt für das Senden über *USART* frei.
0 = Sperrt den Interrupt für das Senden über *USART*.

Bit 3: SSPIE: Freigabe des Interrupts vom synchronen seriellen Port (*SSP*)
1 = Gibt den Interrupt für den *SSP* frei.
0 = Sperrt den Interrupt für den *SSP*.

Bit 2: CCP1IE: Freigabe des Interrupts vom *CCP1*-Modul
1 = Gibt den Interrupt vom *CCP1*-Modul frei.
0 = Sperrt den Interrupt vom *CCP1*-Modul.

Bit 1: TMR2IE: Freigabe des Interrupts der Übereinstimmung zwischen *TMR2* und *PR2*
1 = Gibt den Interrupt für die Übereinstimmung zwischen *TMR2* und *PR2* frei.
0 = Sperrt den Interrupt für die Übereinstimmung zwischen *TMR2* und *PR2*.

Bit 0: TMR1IE: Freigabe des Interrupts für Überlauf von *TMR1*
1 = Gibt den Interrupt für den *TMR1*-Überlauf frei.
0 = Sperrt den Interrupt für den *TMR1*-Überlauf.

Freigabe der Peripherie Interrupts 2

Im Register *PIE2* sind die Freigabeflags für Komparator, EEPROM und Capture-Compare-PWM enthalten.

PIE2 (Adresse 0x8D)

U (0)	R/W (0)	U (0)	R/W (0)	R/W (0)	U (0)	U (0)	R/W (0)
	CMIE		EEIE	BCLIE			CCP2IE
7	6	5	4	3	2	1	0

Bit 7: Nicht implementiert, wird als 0 gelesen

Bit 6: CMIE: Freigabe des Interrupts vom Komparator
1 = Gibt den Interrupt vom Komparator frei.
0 = Sperrt den Interrupt vom Komparator.

Bit 5: Nicht implementiert, wird als 0 gelesen

Bit 4: EEIE: Freigabe des Interrupts vom EEPROM-Schreiben
1 = Gibt den Interrupt vom EEPROM frei.
0 = Sperrt den Interrupt vom EEPROM.

Bit 3: BCLIE: Freigabe des Interrupts von einer I^2C-Bus-Kollision
1 = Gibt den Interrupt für I^2C-Bus-Kollisionen frei.
0 = Sperrt den Interrupt für I^2C-Bus-Kollisionen.

Bit 2-1: Nicht implementiert, wird als 0 gelesen

Bit 0: CCP2IE: Freigabe des Interrupts vom *CCP2*-Modul
1 = Gibt den Interrupt vom *CCP2*-Modul frei.
0 = Sperrt den Interrupt vom *CCP2*-Modul.

Power Control Register

Im *PCON*-Register stehen Flags, die eine Unterscheidung zwischen einem Power-on-Reset, einem Brown-out-Reset, einem Watchdog-Reset und einem externen Reset ermöglichen.

PCON (Adresse 0x8E)

U (0)	U (0)	U (0)	U (0)	U (0)	U (0)	R/W (0)	R/W (1)
						NOT_POR	NOT_BOR
7	6	5	4	3	2	1	0

Bit 7-2: Nicht implementiert, wird als 0 gelesen

Bit 1: NOT_POR: Statusbit für Power-on-Reset
1 = Kein Power-on-Reset ist aufgetreten.
0 = Ein Power-on-Reset ist aufgetreten (in Software zurücksetzen).

Bit 0: NOT_BOR: Statusbit für Brown-Out Reset
1 = Kein Brown-out-Reset ist aufgetreten.
0 = Ein Brown-out-Reset ist aufgetreten (in Software zurücksetzen).

Timer 1 Modul

Im Register *T1CON* werden die Teilerverhältnisse und verschiedene Steuerbits eingestellt.

T1CON (Adresse 0x10)

U (0)	U (0)	R/W (0)	R/W (0)	R/W (0)	R/W (0)	R/W (0)	R/W (0)
		T1CKPS1	T1CKPS0	T1OSCEN	NOT_T1SYNC	TMR1CS	TMR1ON
7	6	5	4	3	2	1	0

Bit 7-6: Nicht implementiert, wird als 0 gelesen

Bit 5-4: T1CKPS1:T1CKPS0: Auswahlbits für den Vorteiler von Timer 1
11 = Teilerverhältnis 1:8
10 = Teilerverhältnis 1:4
01 = Teilerverhältnis 1:2
00 = Teilerverhältnis 1:1

Bit 3: T1OSCEN: Freigabebit für Timer-1-Oszillator
1 = Oszillator ist angeschaltet
0 = Oszillator ist ausgeschaltet

Bit 2: NOT_T1SYNC: Kontrollbit für externen Takt für Timer 1
Wenn TMR1CS = 1:
1 = Externer Takteingang wird nicht synchronisiert
0 = Synchronisiere externen Takteingang
Wenn TMR1CS = 0:
Bit wird ignoriert. Timer 1 benutzt den internen Takt.

Bit 1: TMR1CS: Auswahlbit für Timer-1-Takt
1 = Externer Takt von Pin RC0/T1OSO/T1CKI (steigende Flanke)
0 = Interner Takt (Fosz/4)

Bit 0: TMR1ON: Ein- und Ausschalten von Timer 1
1 = Timer 1 ist angeschaltet
0 = Timer 1 ist gestoppt

Timer-2-Modul

In Register *T2CON* wird die Steuerung von Timer 2 vorgenommen.

T2CON (Adresse 0x12)

U (0)	R/W (0)	R/W (0)	R/W (0)	R/W (0)	R/W (0)	R/W (0)	R/W (0)
	TOUTPS3	TOUTPS2	TOUTPS1	TOUTPS0	TMR2ON	T2CKPS1	T2CKPS0
7	6	5	4	3	2	1	0

Bit 7: Nicht implementiert, wird als 0 gelesen

Bit 6-3: TOUTPS3:TOUTPS0: Ausgangsteiler von Timer 2
0000 = Ausgangsteiler 1:1
0001 = Ausgangsteiler 1:2
0010 = Ausgangsteiler 1:3
...
...
1111 = Ausgangsteiler 1:16

Bit 2: TMR2ON: Ein- und Ausschalten von Timer 2
1 = Timer 2 ist eingeschaltet
0 = Timer 2 ist ausgeschaltet

Bit 1-0: T2CKPS1:T2CKPS0: Eingangsteiler von Timer 2
00 = Eingangsteiler ist 1:1
01 = Eingangsteiler ist 1:4
10 = Eingangsteiler ist 1:16
11 = Eingangsteiler ist 1:16

Statusregister des *MSSP*-Moduls (SPI-Mode)

Die Bits im Register *SSPSTAT* geben Auskunft über den Status des *MSSP*-Moduls. Die Bedeutung der Bits ist abhängig vom gewählten Modus (SPI oder I²C).

SSPSTAT (Adresse 0x94)

R/W (0)	R/W (0)	R (0)	R (0)	R (0)	R (0)	R (0)	R (0)
SMP	CKE	D_A	P	S	R_W	UA	BF
7	6	5	4	3	2	1	0

Bit 7: SMP: Sample Bit
SPI Master Mode:
1 = Eingangsdaten werden am Ende der ausgegebenen Daten abgetastet
0 = Eingangsdaten werden in der Mitte der ausgegebenen Daten abgetastet
SPI Slave Mode:
SMP muss auf 0 gesetzt werden, wenn SPI im Slave-Modus betrieben wird.

Bit 6: CKE: Auswahlbit für SPI-Takt
1 = Ausgabe erfolgt bei dem Wechsel vom aktiven in den wartenden Taktstatus
0 = Ausgabe erfolgt bei dem Wechsel vom wartenden in den aktiven Taktstatus
Die Polarität des Takts wird durch das Bit *CKP* gesetzt.

Bit 5: D_A: Daten-Adress-Bit
Wird nur im I²C-Modus verwendet.

Bit 4: P: Stoppbit
Wird nur im I²C-Modus verwendet.

Bit 3: S: Startbit
Wird nur im I²C-Modus verwendet.

Bit 2: R_W: Lese-Schreib-Information
Wird nur im I²C-Modus verwendet.

Bit 1: UA: Update Adress-Bit
Wird nur im I²C-Modus verwendet.

Bit 0: BF: Statusbit für Puffer voll (nur im Empfangsmodus)
1 = Vollständig empfangen (SSPBUF ist voll)
0 = Noch nicht alles empfangen (SSPBUF ist leer)

Statusregister des *MSSP*-Moduls (I²C-Mode)

Die Bits im Register SSPSTAT geben Auskunft über den Status des MSSP-Moduls. Die Bedeutung der Bits ist abhängig vom gewählten Modus (SPI oder I²C).

SSPSTAT (Adresse 0x94)

R/W (0)	R/W (0)	R (0)	R (0)	R (0)	R (0)	R (0)	R (0)
SMP	CKE	D_A	P	S	R_W	UA	BF
7	6	5	4	3	2	1	0

Bit 7: SMP: Kontrollbit für Änderungsgeschwindigkeit
Im Master- oder Slave-Modus:
1 = Änderungsgeschwindigkeit für den Standard-Modus (100 kHz und 1 MHz)
0 = Änderungsgeschwindigkeit für den High-Speed-Modus (400 kHz)

Bit 6: CKE: Auswahlbit SMBus
Im Master- oder Slave-Modus:
1 = Freischalten des SMBus-Eingangs
0 = Sperren des SMBus-Eingangs

Bit 5: D_A: Daten-Adress-Bit
Im Mastermodus:
Reserviert
Im Slave-Modus:
1 = Zeigt an, dass das letzte empfangene Bit ein Datenbit ist.
0 = Zeigt an, dass das letzte empfangene Bit ein Adressbit ist.

Bit 4: P: Stoppbit
1 = Zeigt an, dass ein Stoppbit erkannt wurde.
0 = Es wurde kein Stoppbit erkannt.

Bit 3: S: Startbit
1 = Zeigt an, dass ein Startbit erkannt wurde.
0 = Es wurde kein Startbit erkannt.

Bit 2: R_W: Lese-Schreib-Information
Im Slave-Modus:
1 = Lesen
0 = Schreiben
Im Master-Modus:
1 = Es werden Daten übertragen.
0 = Keine Datenübertragung

Bit 1: UA: Update Adress-Bit (nur 10-bit-Slave-Modus)
1 = Zeigt an, dass der Benutzer die Adresse im Register *SSPADD* erneuern muss.
0 = Adresse muss nicht aktualisiert werden.

Bit 0: BF: Statusbit für Puffer voll
Im Sendemodus:
1 = Empfang komplett (*SSPBUF* ist voll)
0 = Empfang nicht komplett (*SSPBUF* ist leer)

Im Empfangsmodus:
1 = Datenübertragung ist aktiv (*SSPBUF* ist voll)
0 = Datenübertragung ist beendet (*SSPBUF* ist leer)

Kontrollregister für das *MSSP*-Modul (SPI-Modus)

Im Register *SSPCON* werden spezielle Einstellungen für die Übertragung vorgenommen. Die Bedeutung der Bits ist abhängig vom gewählten Modus (SPI oder I²C).

SSPCON (Adresse 0x14)

R/W (0)	R/W (0)	R/W (0)	R/W (0)	R/W (0)	R/W (0)	R/W (0)	R/W (0)
WCOL	SSPOV	SSPEN	CKP	SSPM3	SSPM2	SSPM1	SSPM0
7	6	5	4	3	2	1	0

Bit 7: WCOL: Erkennung einer Datenkollision beim Schreiben (nur Sendemodus)
1 = Das Register *SSPBUF* wurde beschrieben, während das vorherige Wort noch übertragen wird.
0 = Keine Kollision.

Bit 6: SSPOV: Anzeigebit für einen Überlauf während des Empfangs
SPI-Slave-Modus:
1 = Ein neues Byte wurde empfangen, während das vorherige Byte noch im Empfangspuffer *SSPBUF* steht. Dies kann nur im Slave-Modus vorkommen.
0 = Kein Überlauf

Bit 5: SSPEN: Freigabebit für den synchronen seriellen Port
1 = Gibt den seriellen Port frei und konfiguriert die Pins SCK, SDO, SDI und SS für den seriellen Port
0 = Sperrt den seriellen Port und konfiguriert die Pins als I/O-Pins

Bit 4: CKP: Auswahlbit für die Polarität des Takts
1 = Im wartenden Zustand (Idle) hat der Takt einen High-Pegel.
0 = Im wartenden Zustand (Idle) hat der Takt einen Low-Pegel.

Bit 3-0: SSPM3:SSPM0: Auswahlbits für den Modus
0101 = SPI-Slave-Modus, Takt = SCK Pin, SS Pin nicht aktiv und kann als I/O-Pin verwendet werden.
0100 = SPI-Slave-Modus, Takt = SCK-Pin, SS-Pin ist aktiviert
0011 = SPI-Mastermodus, Takt = Ausgang TMR2/2
0010 = SPI-Mastermodus, Takt = Fosz/64
0001 = SPI-Mastermodus, Takt = Fosz/16
0000 = SPI-Mastermodus, Takt = Fosz/4

Kontrollregister für das *MSSP*-Modul (I^2C-Modus)
Im Register *SSPCON* werden spezielle Einstellungen für die Übertragung vorgenommen. Die Bedeutung der Bits ist abhängig vom gewählten Modus (SPI oder I^2C).

SSPCON (Adresse 0x14)

R/W (0)	R/W (0)	R/W (0)	R/W (0)	R/W (0)	R/W (0)	R/W (0)	R/W (0)
WCOL	SSPOV	SSPEN	CKP	SSPM3	SSPM2	SSPM1	SSPM0
7	6	5	4	3	2	1	0

Bit 7: WCOL: Erkennung einer Datenkollision beim Schreiben
Im Mastermodus (Senden):
1 = Es wurde versucht, in den *SSPBUF* zu schreiben, während noch keine gültigen Bedingungen für eine Übertragung vorliegen.
0 = Keine Kollision
Im Slave-Modus (Senden):
1 = Es wurde ein Wert in den *SSPBUF* geschrieben, während das vorherige Wort noch übertragen wird.
0 = Keine Kollision
Im Master- oder Slave-Modus (Empfang):
Dieses Bit hat für den Empfang keine Bedeutung.

Bit 6: SSPOV: Anzeigebit für einen Überlauf während des Empfangs
Im Empfangsmodus:
1 = Es wurde ein neues Byte empfangen, während noch das vorherige Byte im Register *SSPBUF* steht.
0 = Kein Überlauf.
Im Sendemodus:
Dieses Bit hat im Sendemodus keine Bedeutung.

Bit 5: SSPEN: Freigabebit für den synchronen seriellen Port
1 = Gibt den seriellen Port frei und konfiguriert die Pins SDA und SCL entsprechend.
0 = Sperrt den seriellen Port und konfiguriert die Pins als I/O-Pins.

Bit 4: CKP: Auswahlbit für die Polarität des Takts
Im Slave-Modus:
1 = Gibt den Takt frei
0 = Hält den Takt auf low
Im Mastermodus:
Das Bit wird in diesem Modus nicht benutzt.

Bit 3-0: SSPM3:SSPM0: Auswahlbits für den Modus
1111 = I^2C-Slave-Modus, 10-Bit-Adresse und freigeschaltetem Interrupt für Start- und Stoppbits.
1110 = I^2C-Slave-Modus, 7-Bit-Adresse und freigeschaltetem Interrupt für Start- und Stoppbits.
1011 = I^2C-Master-Modus von der Firmware gesteuert (Slave inaktiv)
1000 = I^2C-Master-Modus, Takt = Fosz/(4 * (SSPADD + 1))
0111 = I^2C-Slave-Modus, 10-Bit-Adresse
0110 = I^2C-Slave-Modus, 7-Bit-Adresse

Zweites Kontrollregister für das *MSSP*-Modul (I^2C-Modus)

Die Bits für die Generierung der Start- und Stoppsequenz befinden sich im Register *SSPCON2*.

SSPCON2 (Adresse 0x91)

R/W (0)	R/W (0)	R/W (0)	R/W (0)	R/W (0)	R/W (0)	R/W (0)	R/W (0)
GCEN	ACKSTAT	ACKDT	ACKEN	RCEN	PEN	RSEN	SEN
7	6	5	4	3	2	1	0

Bit 7: GCEN: Aktivierung einer generellen Abfrage (nur Slave-Modus)
1 = Ein Interrupt wird ausgelöst, wenn die allgemeine Adresse 0x0000 im Register *SSPSR* empfangen wurde.
0 = Die allgemeine Adresse ist nicht aktiviert.

Bit 6: ACKSTAT: Acknowledge-Statusbit (nur Senden im Mastermodus)
1 = Es wurde keine Bestätigung vom Slave empfangen.
0 = Es wurde eine Bestätigung vom Slave empfangen.

Bit 5: ACKDT: Acknowledge-Datenbit (nur Empfang im Mastermodus)
1 = Keine Bestätigung senden
0 = Bestätigung senden

Bit 4: ACKEN: Aktiviere Acknowledge-Sequenz (nur Empfang im Mastermodus)
1 = Gebe eine Acknowledge-Sequenz an den Pins SDA und SCL aus und übertrage das Bit ACKDT. Das Bit wird vom Mikrocontroller automatisch zurückgesetzt.
0 = Acknowledge-Sequenz ist nicht aktiv.

Bit 3: RCEN: Freigabe für den Empfang (nur im Mastermodus)
1 = Gibt dem Empfang im I^2C-Modus frei.
0 = Empfang ist nicht aktiv.

Bit 2: PEN: Ausgabe der Stoppbedingung (nur im Mastermodus)
1 = Gebe die Stoppbedingung an den Pins SDA und SCL aus. Das Bit wird automatisch zurückgesetzt.
0 = Es wird keine Stoppbedingung ausgegeben.

Bit 1: RSEN: Ausgabe der wiederholten Startbedingung (nur im Mastermodus)
1 = Gebe eine wiederholte Startbedingung aus. Das Bit wird automatisch zurückgesetzt.
0 = Es wird keine wiederholte Startbedingung ausgegeben.

Bit 0: SEN: Ausgabe der Startbedingung/Taktdehnung
Im Mastermodus:
1 = Gebe die Startbedingung an den Pins SDA und SCL aus. Das Bit wird automatisch zurückgesetzt.
0 = Es wird keine Startbedingung ausgegeben.
Im Slave-Modus:
1 = Dehnung des Takts ist für den Empfang und das Senden aktiviert.
0 = Dehnung des Takts ist nur für das Senden aktiviert.

Kontrollregister für Capture-Compare-PWM

In den Register *CCP1CON* und *CCP2CON* werden die Einstellungen für die Capture-Compare-PWM-Module vorgenommen.

CCP1CON (Adresse 0x17)

CCP2CON (Adresse 0x1D)

U (0)	U (0)	R/W (0)	R/W (0)	R/W (0)	R/W (0)	R/W (0)	R/W (0)
		CCP1X	CCP1Y	CCP1M3	CCP1M2	CCP1M1	CCP1M0
		CCP2X	CCP2Y	CCP2M3	CCP2M2	CCP2M1	CCP2M0
7	6	5	4	3	2	1	0

Bit 7-6: Nicht implementiert, wird als 0 gelesen

Bit 5-4: CCPxX:CCPxY: Niederwertige Bits für PWM
Capture-Modus:
Nicht benutzt
Compare-Modus:
Nicht benutzt
PWM-Modus:
Dies sind die beiden niederwertigsten Bits des PWM-Tastverhältnisses. Die acht höchstwertigen Bits stehen im Register *CCPRxL*.

Bit 3-0: CCPxM3:CCPxM0: Auswahlbits für den CCP-Modus
0000 = Capture/Compare/PWM nicht aktiviert
0100 = Capture-Modus, jede fallende Flanke
0101 = Capture-Modus, jede steigende Flanke
0110 = Capture-Modus, jede 4. steigende Flanke
0111 = Capture-Modus, jede 16. steigende Flanke
1000 = Compare-Modus, setzt den Ausgang bei Übereinstimmung (CCPxIF wird ge setzt)
1001 = Compare-Modus, löscht den Ausgang bei Übereinstimmung (CCPxIF wird gesetzt)
1010 = Compare-Modus, generiert einen Interrupt bei Übereinstimmung (CCPxIF wird gesetzt, CCPx-Pin ist nicht beeinflusst)
1011 = Compare-Modus, löst ein spezielles Ereignis aus (CCPxIF wird gesetzt, CCPx-Pin ist nicht beeinflusst); CCP1 setzt TMR1 zurück; CCP2 setzt TMR1 zurück und startet A/D-Wandlung, wenn das A/D-Modul aktiviert ist.
11xx = PWM-Modus

Statusregister für USART (Empfang)
Im Register *RCSTA* wird der Empfang über das *USART*-Modul geregelt.

RCSTA (Adresse 0x18)

R/W (0)	R/W (0)	R/W (0)	R/W (0)	R/W (0)	R (0)	R (0)	R (x)
SPEN	RX9	SREN	CREN	ADDEN	FERR	OERR	RX9D
7	6	5	4	3	2	1	0

Bit 7: SPEN: Aktivieren des seriellen Ports
1 = Serieller Port ist aktiviert. Die Pins RC7/RX/DT und RC6/TX/CK werden als serielle Portpins konfiguriert.
0 = Serieller Port ist nicht aktiviert.

Bit 6: RX9: Aktiviert den Empfang von 9 Bits
1 = 9 Bit Empfang ist aktiviert
0 = 8 Bit Empfang ist aktiviert

Bit 5: SREN: Aktiviert einmaligen Empfang
Asynchroner Modus:
Keine Bedeutung
Synchroner Modus – Master:
1 = Aktiviert den einmaligen Empfang
0 = Sperrt den einmaligen Empfang
Das Bit wird nach erfolgreichem Empfang gelöscht.
Synchroner Modus – Slave:
Keine Bedeutung

Bit 4: CREN: Aktiviert den kontinuierlichen Empfang
Asynchroner Modus:
1 = Aktiviert den kontinuierlichen Empfang
0 = Sperrt den kontinuierlichen Empfang
Synchroner Modus:
1 = Aktiviert den kontinuierlichen Empfang, bis das Bit *CREN* zurückgesetzt wird (CREN überschreibt SREN)
0 = Sperrt den kontinuierlichen Empfang

Bit 3: ADDEN: Aktiviert die Adresserkennung
Asynchroner 9 Bit Modus (RX9 = 1):
1 = Aktiviert die Adresserkennung, aktiviert den Interrupt und lädt den Empfangspuffer, wenn RSR<8> gesetzt wird.
0 = Deaktiviert die Adresserkennung, alle Bytes werden empfangen und das 9. Bit kann als Paritätsbit verwendet werden.

Bit 2: FERR: Rahmenfehler (Framing Error)
1 = Rahmenfehler (kann erneuert werden, indem das Register *RCREG* gelesen und das nächste gültige Byte empfangen wird)
0 = kein Rahmenfehler

Bit 1: OERR: Fehler durch Überlauf
1 = Überlauffehler (kann gelöscht werden, indem das Bit *CREN* zurückgesetzt wird)
0 = kein Überlauffehler

Bit 0: RX9D: 9. Bit der empfangenen Daten (kann auch das Paritätsbit sein, muss aber vom Benutzer berechnet werden)

Statusregister für USART (Senden)
Im Register *RCSTA* wird das Senden über das *USART*-Modul geregelt.

TXSTA (Adresse 0x98)

R/W (0)	R/W (0)	R/W (0)	R/W (0)	U (0)	R/W (0)	R (1)	R/W (0)
CSRC	TX9	TXEN	SYNC		BRGH	TRMT	TX9D
7	6	5	4	3	2	1	0

Bit 7: CSRC: Auswahl der Taktquelle
Asynchroner Modus:
Keine Bedeutung
Synchroner Modus:
1 = Mastermodus (Takt wird intern vom Baudrategenerator (BRG) generiert)
0 = Slave-Modus (Takt kommt von einer externen Quelle)

Bit 6: TX9: Aktiviert 9-Bit-Übertragung
1 = Wählt die 9-Bit-Übertragung aus
0 = Wählt die 8-Bit-Übertragung aus

Bit 5: TXEN: Aktiviert das Senden
1 = Senden ist aktiviert
0 = Senden ist deaktiviert

Bit 4: SYNC: Wählt den USART-Modus aus
1 = Synchroner Modus
0 = Asynchroner Modus

Bit 3: Nicht implementiert, wird als 0 gelesen

Bit 2: BRGH: Auswahl der hohen Baudrate
Asynchroner Modus:
1 = High Speed
0 = Low Speed
Synchroner Modus:
Wird in diesem Modus nicht benutzt.

Bit 1: TRMT: Status des Schieberegisters für das Senden
1 = TSR ist leer
0 = TSR ist voll

Bit 0: TX9D: 9. Bit der zu übertragenden Daten, kann auch Paritätsbit sein

Kontrollregister für das A/D-Modul (Teil 1)

Über das Register *ADCON0* aktiviert man den A/D-Wandler und wählt den Kanal für die Wandlung aus.

ADCON0 (Adresse 0x1F)

R/W (0)	R/W (0)	R/W (0)	R/W (0)	R/W (0)	R/W (0)	U (0)	R/W (0)
ADCS1	ADCS0	CHS2	CHS1	CHS0	GO_DONE		ADON
7	6	5	4	3	2	1	0

Bit 7-6: ADCS1:ADCS0: Auswahl des A/D-Wandler-Takts

ADCON1 <ADCS2>	ADCON0 <ADCS1:ADCS0>	Takt Konvertierung
0	00	Fosz/2
0	01	Fosz/8
0	10	Fosz/32
0	11	Frc (Takt des internen RC-Oszillators)
1	00	Fosz/4
1	01	Fosz/16
1	10	Fosz/64
1	11	Frc (Takt des internen RC-Oszillators)

Bit 5-3: CHS2:CHS0: Auswahl des analogen Kanals
000 = Kanal 0 (AN0)
001 = Kanal 1 (AN1)
010 = Kanal 2 (AN2)
011 = Kanal 3 (AN3)
100 = Kanal 4 (AN4)
101 = Kanal 5 (AN5)
110 = Kanal 6 (AN6)
111 = Kanal 7 (AN7)
Im PIC16F876A sind nur die Kanäle 0 bis 4 implementiert. Daher sollten die anderen Kanäle bei diesem Typ nicht ausgewählt werden.

Bit 2: GO_DONE: Status der A/D-Wandlung
Wenn ADON = 1:
1 = Es wurde ein analoger Wert digitalisiert. Wird dieses Bit gesetzt, startet die Wand lung und wird nach Beendigung automatisch zurückgesetzt.
0 = Keine A/D-Wandlung aktiv.

Bit 1: Nicht implementiert, wird als 0 gelesen

Bit 0: ADON: Ein- und Ausschalten des A/D-Moduls
1 = A/D-Modul ist angeschaltet
0 = A/D-Modul ist ausgeschaltet und verbraucht keinen Strom

Kontrollregister für das A/D-Modul (Teil 2)
Im Register *ADCON1* wählt man das Format der A/D-Wandlung und die Referenzspannung.

ADCON1 (Adresse 0x9F)

R/W (0)	R/W (0)	U (0)	U (0)	R/W (0)	R/W (0)	R/W (0)	R/W (0)
ADFM	ADCS2			PCFG3	PCFG2	PCFG1	PCFG0
7	6	5	4	3	2	1	0

Bit 7: ADFM: Auswahl des Darstellungsformats
1 = Rechtsbündig. Die 6 höchstwertigen Bits im Register *ADRESH* werden als 0 gelesen.
0 = Linksbündig. Die 6 niederwertigsten Bits im Register *ADRESL* werden als 0 gelesen.

Bit 6: ADCS2: Auswahl des A/D-Wandler-Takts

ADCON1 <ADCS2>	ADCON0 <ADCS1:ADCS0>	Takt Konvertierung
0	00	Fosz/2
0	01	Fosz/8
0	10	Fosz/32
0	11	Frc (Takt des internen RC-Oszillators)
1	00	Fosz/4
1	01	Fosz/16
1	10	Fosz/64
1	11	Frc (Takt des internen RC-Oszillators)

Bit 5-4: Nicht implementiert, wird als 0 gelesen

Bit 3-0: PCFG3:PCFG0: Kontrollbits für die Portkonfigurierung

PCFG [3..0]	AN7	AN6	AN5	AN4	AN3	AN2	AN1	AN0	VREF+	VREF-
0000	A	A	A	A	A	A	A	A	VDD	VSS
0001	A	A	A	A	VREF+	A	A	A	AN3	VSS
0010	D	D	D	A	A	A	A	A	VDD	VSS
0011	D	D	D	A	VREF+	A	A	A	AN3	VSS
0100	D	D	D	D	A	D	A	A	VDD	VSS
0101	D	D	D	D	VREF+	D	A	A	AN3	VSS
0110	D	D	D	D	D	D	D	D	-	-
0111	D	D	D	D	D	D	D	D	-	-
1000	A	A	A	A	VREF+	VREF-	A	A	AN3	AN2
1001	D	D	A	A	A	A	A	A	VDD	VSS
1010	D	D	A	A	VREF+	A	A	A	AN3	VSS
1011	D	D	A	A	VREF+	VREF-	A	A	AN3	AN2
1100	D	D	D	A	VREF+	VREF-	A	A	AN3	AN2
1101	D	D	D	D	VREF+	VREF-	A	A	AN3	AN2
1110	D	D	D	D	D	D	D	A	VDD	VSS
1111	D	D	D	D	VREF+	VREF-	D	A	AN3	AN2

Komparator-Modul

Das Register *CMCON* steuert die Komparator-Eingangs- und Ausgangsmultiplexer.

CMCON (Adresse 0x9C)

R (0)	R (0)	R/W (0)	R/W (0)	R/W (0)	R/W (1)	R/W (1)	R/W (1)
C2OUT	C1OUT	C2INV	C1INV	CIS	CM2	CM1	CM0
7	6	5	4	3	2	1	0

Bit 7: C2OUT: Ausgang Komparator 2
Wenn C2INV = 0:
1 = C2 Vin+ > C2 Vin-
0 = C2 Vin+ < C2 Vin-
Wenn C2INV = 1:
1 = C2 Vin+ < C2 Vin-
0 = C2 Vin+ > C2 Vin-

Bit 6: C1OUT: Ausgang Komparator 1
Wenn C1INV = 0:
1 = C1 Vin+ > C1 Vin-
0 = C1 Vin+ < C1 Vin-
Wenn C1INV = 1:
1 = C1 Vin+ < C1 Vin-
0 = C1 Vin+ > C1 Vin-

Bit 5: C2INV: Invertierung des Ausgangs von Komparator 2
1 = Ausgang C2 ist invertiert
0 = Ausgang C2 ist nicht invertiert

Bit 4: C1INV: Invertierung des Ausgangs von Komparator 1
1 = Ausgang C1 ist invertiert
0 = Ausgang C1 ist nicht invertiert

Bit 3: CIS: Auswahl des Komparatoreingangs
Wenn CM2:CM0 = 110:
1 = C1 Vin- ist verbunden mit RA3/AN3
C2 Vin- ist verbunden mit RA2/AN2
0 = C1 Vin- ist verbunden mit RA0/AN0
C2 Vin- ist verbunden mit RA1/AN1

Bit 2-0: CM2:CM0: Auswahl des Komparatormodus
Die einzelnen Betriebszustände findet man in der Spezifikation auf Seite 136 in Bild 12.1

Referenzspannungsgenerierung für Komparator

Mit dem Register *CVRCON* wird die Referenzspannung für den Komparator eingestellt.

CVRCON (Adresse 0x9D)

R/W (0)	R/W (0)	R/W (0)	U (0)	R/W (0)	R/W (0)	R/W (0)	R/W (0)
CVREN	CVROE	CVRR		CVR3	CVR2	CVR1	CVR0
7	6	5	4	3	2	1	0

Bit 7: CVREN: Aktivierung Komparator-Referenzspannung
1 = CV_{REF} ist aktiviert
0 = CV_{REF} ist ausgeschaltet

Bit 6: CVROE: Aktivierung des V_{REF} Ausgangs
1 = CV_{REF}-Spannungspegel liegt an Pin RA2/AN2/VREF-/CVREF
0 = CV_{REF}-Spannungspegel ist nicht mit dem Pin verbunden

Bit 5: CVRR: Bereichsauswahl von V_{REF}
1 = 0 bis 0,75 * CV_{RSRC} mit Schrittweite CV_{RSRC} / 24
0 = 0,25*CV_{RSRC} bis 0,75 * CV_{RSRC} mit Schrittweite CV_{RSRC} / 32

Bit 4: Nicht implementiert, wird als 0 gelesen

Bit 3-0: CVR3:CVR0: Auswahl des Spannungswerts
Wenn CVRR = 1:
CVREF = (VR<3:0> / 24) * (CVRSRC)
Wenn CVRR = 0:
CVREF = 1/4 * (CVRSRC) + (VR3:VR0 / 32) * (CVRSRC)

EEPROM-Register

Das Register *EECON1* regelt das Schreiben und Lesen des internen EEPROM.

EECON1 (Adresse 0x18C)

R/W (x)	U (0)	U (0)	U (0)	R/W (x)	R/W (0)	R/W (0)	R/W (0)
EEPGD				WRERR	WREN	WR	RD
7	6	5	4	3	2	1	0

Bit 7: EEPGD: Auswahl des Programm- oder Datenspeichers
1 = Greift auf den Programmspeicher zu
0 = Greift auf den Datenspeicher zu

Bit 6-4: Nicht implementiert, wird als 0 gelesen

Bit 3: WRERR: Fehlerbit des EEPROM
1 = Eine Schreiboperation wurde vorzeitig beendet
0 = Die Schreiboperation wurde beendet.

Bit 2: WREN: EEPROM zum Schreiben freigeben
1 = Schreiboperationen sind erlaubt.
0 = Verbietet Schreiboperationen

Bit 1: WR: Kontrollbit zum Schreiben
1 = Startet einen Schreibzyklus. Das Bit wird automatisch zurückgesetzt, wenn die Schreiboperati on beendet ist. Das Bit kann in der Software nur gesetzt werden.
0 = Der Schreibzyklus ist beendet.

Bit 0: RD: Kontrollbit zum Lesen
1 = Startet einen Lesezyklus. Das Bit wird automatisch zurückgesetzt, wenn die Leseoperation beendet ist. Das Bit kann in der Software nur gesetzt werden.
0 = Ein Lesezyklus wurde nicht gestartet.

Quellenverzeichnis

Michael Hofmann
http://www.edmh.de (Homepage des Autors)

Microchip
http://www.microchip.com
Spezifikationen, Handbücher und Anleitungen

NXP
http://www.nxp.com
Spezifikationen I²C- und RC5-Code

Electronic Assembly
http://www.lcd-module.de
Spezifikation Display EA-DOG M

Sitronix
http://www.sitronix.com.tw
Spezifikation LCD-Controller

Maxim
http://www.maxim-ic.com
Spezifikation RS-232-Treiber

Vishay
http://www.vishay.com
Spezifikation IR-Empfänger

Cadsoft
http://www.cadsoft.de
Schaltplan- und Layoutsoftware

DL4YHF
http://www.qsl.net/dl4yhf/
http://freenet-homepage.de/dl4yhf/
Programmiersoftware WinPic

Reichelt Elektronik
Elektronikring 1
26452 Sande
Tel.: 04422 955-333
http://www.reichelt.de
Lieferant von Bauteilen

Conrad Electronic
Klaus-Conrad-Str. 1
92240 Hirschau
Tel.: 0180 5312111
http://www.conrad.de
Lieferant von Bauteilen Index

Sachverzeichnis